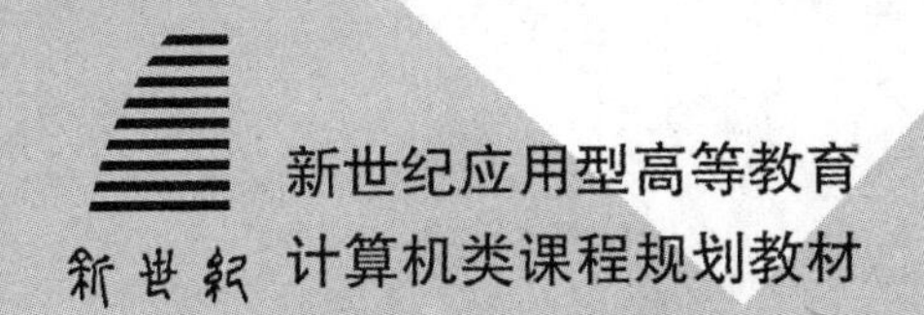

新世纪应用型高等教育
计算机类课程规划教材

Web
前端开发与应用教程
——HTML5+CSS3

WEB QIANDUAN KAIFA YU YINGYONG JIAOCHENG
——HTML5+CSS3

主　编　吴春兰
副主编　田　红
　　　　靳恒清
　　　　张　燕
　　　　王　晟

大连理工大学出版社

图书在版编目(CIP)数据

Web 前端开发与应用教程 / 吴春兰主编. -- 大连 :
大连理工大学出版社，2022.8(2023.2 重印)
新世纪应用型高等教育计算机类课程规划教材
ISBN 978-7-5685-3887-9

Ⅰ. ①W… Ⅱ. ①吴… Ⅲ. ①网页制作工具－高等学校－教材 Ⅳ. ①TP393.092.2

中国版本图书馆 CIP 数据核字(2022)第 140370 号

大连理工大学出版社出版
地址:大连市软件园路 80 号　邮政编码:116023
发行:0411-84708842　邮购:0411-84708943　传真:0411-84701466
E-mail:dutp@dutp.cn　URL:https://www.dutp.cn

大连雪莲彩印有限公司印刷　　大连理工大学出版社发行

幅面尺寸:185mm×260mm　印张:18.5　字数:474 千字
2022 年 8 月第 1 版　2023 年 2 月第 2 次印刷

责任编辑:王晓历　责任校对:孙兴乐
封面设计:对岸书影

ISBN 978-7-5685-3887-9　定　价:51.80 元

前言

Preface

教育不是强行改变,而是一种心灵的滋养。让每一位教师都承担好育人的责任,每一门课程都发挥好育人的作用,将专业课程与弘扬真善美相结合,方可春风化雨,寓教于心。

随着Web新技术的广泛应用,网页设计制作中标准化的设计方式正逐渐取代传统的布局方式,使其更便于分工设计和代码重用。在标准化的网页设计方式中,HTML是基础架构,CSS是样式表现。“Web前端开发与应用”课程包括HTML(HTML5)和CSS(CSS3)两部分内容。本课程站在初学者的角度,以“项目+任务式”的体系进行规划,符合学生的认知习惯,激发了学生的学习热情。

本教材是通过对Web前端工程师的职业岗位进行系统化调研与分析,对接工信部Web前端开发“1+X”证书标准,构建课证融通的教学实施范式。本教材将职业技能认证标准与课程内容相融合,职业技能考核与课程考核评价同步,将课程内容进行重构,形成了10个典型项目。每个项目由若干任务组成,每个任务对接相关知识点和技能点,同时课后采用工单任务形式让学生拓展训练。10个典型项目主要来源于教学团队名师工作室已开发完成的项目,充分体现了实用性。师生在教学中共同探讨如何加强编写代码的规范性、严谨性。本教材融入思政元素,力求在培养学生成为一名合格的Web前端工程师的同时,兼具家国情怀、职业道德和匠心精神。

本教材推荐学时安排见下表。

序号	内　　容	推荐学时
项目1	创建第一个网页——Web前端概述	4
项目2	旅游专题网站首页——HTML入门	8
项目3	书海遨游主题网页——CSS入门	8
项目4	视觉摄影协会主题网站首页——盒子模型	8
项目5	“经史子集”主题网站首页——浮动与定位	8
项目6	“书与创”主题网页制作——列表与超链接	8
项目7	“文创联盟”登录注册页面——表格与表单	8
项目8	春节主题网站首页——CSS3进阶	8
项目9	冬奥会主题网站首页——HTML5进阶	8
项目10	抗疫专题网站制作——实战开发	4
合　　计		72

本教材提供完备教材资源库可供下载,包括项目源代码、授课PPT、教学设计、授课计划、微课。同时,本课程对应开发的省级在线资源精品课在“学银在线”上线,提供二维码扫描加入。

本教材编者都是多年从事实践工作和教学的一线教师,并负责或跟踪学生岗位实习工作,书中的内容都来自其长期教学经验的积累。

本教材由吴春兰任主编，由田红、靳恒清、张燕、王晟任副主编。具体编写分工如下：吴春兰编写项目 2、项目 5、项目 6；田红编写前言、项目 1、项目 10；靳恒清编写项目 4、项目 8；张燕编写项目 9；王晟编写项目 3、项目 7。全书由吴春兰制定编写大纲，并负责统稿和定稿工作。

本课程将持续改进，课程团队成员将依托学校校企合作平台，轮流下企业实践锻炼，及时充电，了解行业最新发展趋势与人才需求，更加努力提升自身职业素质，不忘初心，牢记使命，砥砺前行，为学生的健康成长、成才提供源头活水。

在编写本教材的过程中，编者参考、引用和改编了国内外出版物中的相关资料以及网络资源，在此表示深深的谢意！相关著作权人看到本教材后，请与出版社联系，出版社将按照相关法律的规定支付稿酬。

限于水平，书中仍有疏漏和不妥之处，敬请专家和读者批评指正，以使教材日臻完善。

编　者

2022 年 8 月

所有意见和建议请发往：dutpbk@163.com

欢迎访问高教数字化服务平台：https://www.dutp.cn/hep/

联系电话：0411-84708445　84708462

Contents

目录

项目1

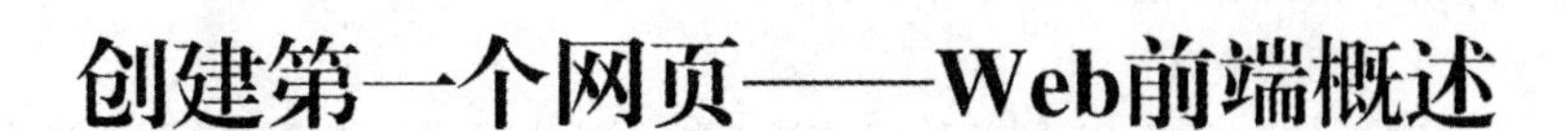

创建第一个网页——Web前端概述

学习目标

了解 Web 标准及基本概念
熟悉网站建设流程
掌握常见网站开发工具的基本操作
能够使用 Dreamweaver 创建简单的网页

学习路线

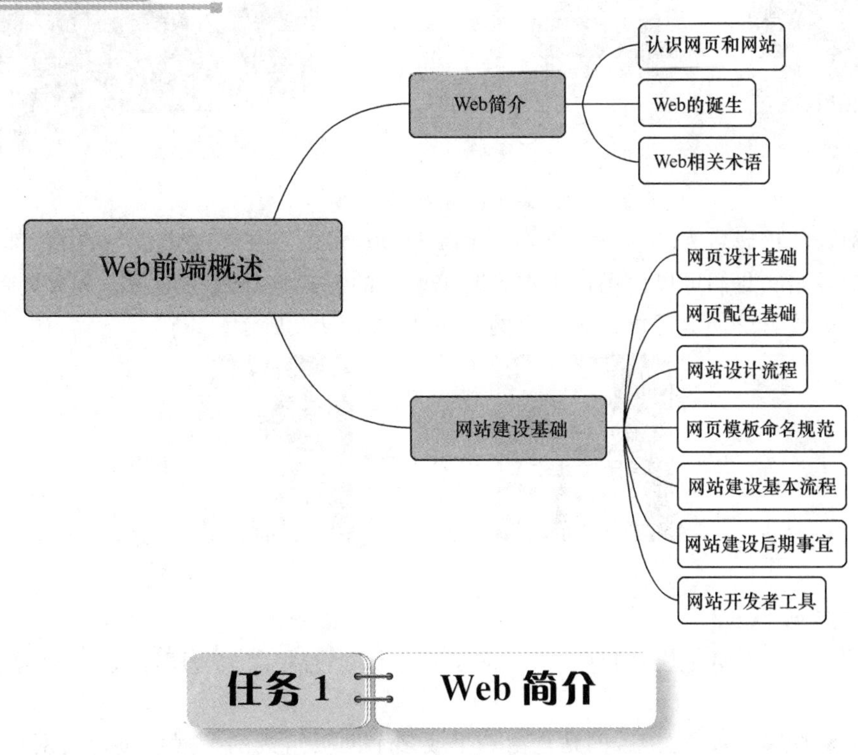

任务 1 Web 简介

说到网页、网站其实大家并不陌生，我们用电脑浏览新闻、查询信息、查看图片等都是在浏览网页。但是对于学习网页制作的初学者来说，还是很有必要了解网页和网站之间的相关知识。

本节将对于网页和网站的相关知识做具体讲解。

1.1 认识网页和网站

1.1.1 网页和网站基本概念

网页和网站是相互关联的两个因素，两者之间相互作用，共同推动了互联网技术的飞速发展。上过网、浏览过网页的人很多，但并不是所有人都知道什么是网页、什么是网站。下面对网页和网站的概念做具体介绍。

1. 认识网页

网页是一种可以在互联网传输，能被浏览器识别和翻译成页面并显示出来的文件，是网站的基本构成元素。只要是经常上网的用户，都浏览过网页。例如：打开浏览器在地址栏中输入小米官网地址，按【Enter】键，这时浏览器界面就会转换为小米官网，如图 1-1 所示。

图 1-1 小米官网首页

通常网页的扩展名为.htm 和.html。.htm 和.html 二者在本质上没有区别，都是静态网页文件的扩展名。我们可以使用记事本更改扩展名的方式创建一个网页。例如，将记事本的扩展名.txt 更改为.html，即可得到一个网页文件，如图 1-2 所示。

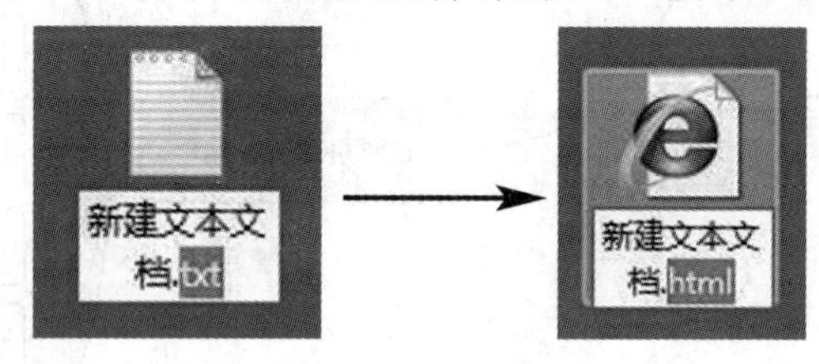

图 1-2 扩展名更改

2. 认识网站

网站是由多个网页组成，网页之间并不是杂乱无章的，将网页有序连接在一起就组成了一个网站。

网站和网页属于包含关系，网站是由一个或多个网页组成的。网站包含的网页分别负责不同的职能与任务。

1.1.2 网页基本构成元素

虽然网页的表现形式千变万化，但网页的基本构成要素是相同的，主要包含文字、图像、超链接和多媒体四大要素。下面详细介绍网页基本构成的相关知识，如图1-3所示。

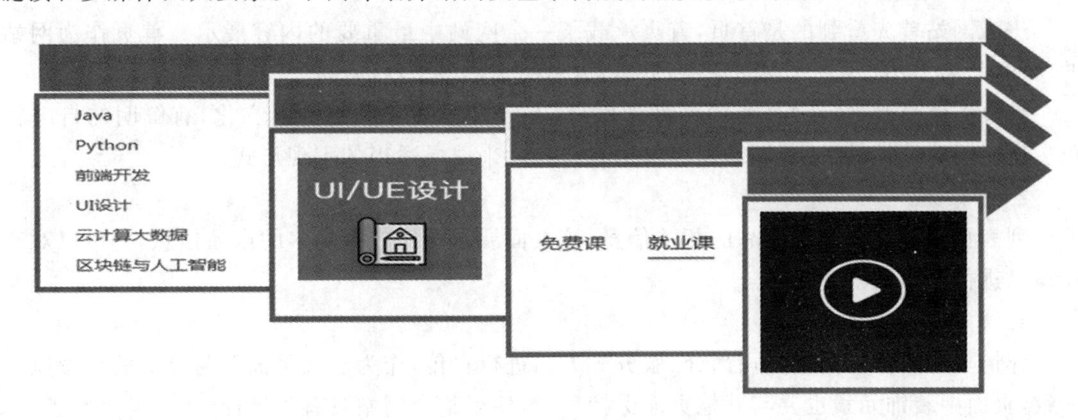

图1-3　网页素材

1. 文字

文字作为信息传达的重要载体，也是网页构成的基础要素。网页中文字主要包括标题、信息、文字链接等几种形式，字体、字体大小、颜色和排版对整体网页版面设计影响极大，应该多花心思编排设计。

2. 图像

图像具有比文字更加直观、强烈的视觉表现效果，在网页中主要是承担提供信息、展示作品、装饰网页、表现风格和超链接的功能。在网页中，图像往往是创意的集中体现，需要与传达的信息含义和理念相符。网页中使用的图像主要包括GIF、JPG和PNG等格式。

3. 超链接

超链接是指从一个网页指向另一个网页目标的链接关系，所指向的目标可以是一个网页，也可以是相同网页上的不同位置，还可以是图片、电子邮件地址、文件甚至是应用程序。在网页中的超链接分为文字链接和图形链接，用户单击带有链接的文字或者图像，就可以自动链接到对应的其他文件。可以通过超链接的方式让网页成为一个整体。

4. 多媒体

多媒体主要包括动画、音频和视频，这些是网页构成元素中最吸引人的地方，能够使网页更时尚、更炫酷。但是，在设计网站时不应一味追求视觉效果而忽略信息的传达，任何技术和应用都是为了更好地传递信息。

(1)动画

在网页中使用动画可以有效地吸引用户的注意。由于动态的图像比静态的图像更能吸引用户注意，因而在网页上通常有大量的动画。

(2)音频

音频的格式有WAV、MP3和OGG等，不同的浏览器对于音频文件的处理方法不同，彼此间有可能不兼容。一般不建议使用音频作为网页的背景音乐，会影响网页的下载速度。

(3)视频

在网页中视频文件也很常见，常见的视频文件格式有FLV、MP4等。视频文件的采用让网页变得更加精彩，具有动感。

1.1.3　网站页面构成

根据网站内容，可将网页页面构成划分为首页、列表页和详情页三部分，具体介绍如下：

1. 首页

进入网站首先看到的是首页，首页承载了一个网站中最重要的内容展示。首页作为网站的门面，是给予用户第一印象的核心页面，也是品牌形象呈现的窗口。

首页应该直观地展示企业的产品和服务，在设计时需要贴近企业文化，有鲜明的自身特色。由于行业特性的差别，网站需要根据自身行业来选择适当的表现形式。

2. 列表页

列表页主要用于展示产品的相关信息，该页面展示了比首页更多的产品信息，还可以对产品信息进行初步的筛选。

3. 详情页

详情页主要是对网站公司简介、服务等方面进行宣传，作为子级页面要与首页的色彩风格一致，页面中装饰元素也要与其他页面保持一致，使得整个网站具有整体性。

1.1.4 网站类型

根据网站性质，可以将网站大致划分为企业类网站、门户类网站、电商类网站、个人网站四大类，具体介绍如下。

1. 企业类网站

企业类网站是企业的“商标”，在高度信息化的社会里，创建富有特色的企业网站是企业最直接的宣传手段。企业通过网站可以将企业的新闻动态、企业案例、产品信息、文化理念、联系方式等内容传达给用户来扩大影响力，提高知名度。

2. 门户类网站

门户类网站是非常大的统称，细分下去也有很多不同的分类，如信息资讯类、贴吧、论坛、社区、生活服务资讯等。

门户类网站的特点是信息量大，并且包含很多分支信息。由于此类网站信息量过大，在设计时通常会划分很多模块和栏目，所以版面篇幅也比较长。国内比较常见的门户类网站主要有新浪、搜狐、网易、腾讯等。

3. 电商类网站

电商类网站简单来说就是可以在线购物的商城类的网站，国内比较有代表性的商城就是淘宝网、京东商城等网站。电商类网站也有很多细分种类，主要不同点就是它们的商业模式和经营方式的不同。除了这些大型的电商平台外，还有一些小型的官方商城，如苹果官网、小米官网，它们不是一个电商平台，其商城只销售它们自生产的产品。所以这类一般称为官方商城，官方商城类的网站适合各种需要线上销售产品的公司。

4. 个人网站

个人网站一般是个人为了兴趣爱好或展示个人等目的而建的网站，具有较强的个性特色，带有明显的个人色彩，无论是内容、风格还是样式，都形色各异、包罗万象。个人网站是由一个人来完成的，相对于大型网站来说，个人网站的内容一般比较少，但是个人网站对于技术的运用不一定比大型网站的差。很多精彩的个人网站的站长往往就是一些大型网站的设计人员。

1.2 Web的诞生

1.2.1 Internet的历史

Internet是世界上规模较大的计算机网络系统，因特网（Internet）又称国际互联网，是一个全球性的信息系统。它以 TCP/IP 协议(传输控制协议/网际协议)为通信协议,把世界各地的计算机网络连接在一起,进行信息交换和资源共享。

Internet 的前身是美国国防部高级研究计划局(Advanced Research Projects Agency,ARPA),其资助建立了世界上第一个分组交换试验网 ARPANET,ARPANET 将位于美国不同地方的几个军事及研究机构的计算机主机连接起来,它的建成和不断发展标志着计算机网络发展的新纪元。

目前,Internet 常用的服务可以概括为以下几种:

• E-mail:电子邮件,具有速度快、成本低、方便灵活等优点,是目前 Internet 的重要服务项目之一。

• FTP:文件传输协议,用户通过该协议可以进行文件传输或者文件访问。由于安全问题,其使用场景也越来越少。

• BBS::电子公告,最早是用来公布股市价格等信息的,现在的 BBS 已经发展成功能齐全的社区,可以实现信息公告、线上交流、分类讨论、经验交流、文件共享等。

• WWW:World Wide Web,中文名为万维网,也被称为 Web,是 Internet 中发展最迅速的部分。

• Web:是 Intermet 的一个应用。它的诞生也是极其富有戏剧性的。

1.2.2 Web 的历史

1984 年,Tim Bermers-Lee 进入由欧洲原子核研究会建立的粒子实验室。他在这里接受了一项工作,为了使欧洲各国的核物理学家能通过计算机网络及时沟通传递信息进行合作研究,需要开发一个软件,以便使分布在各国物理实验室和研究所的最新信息、数据、图像资料供大家共享。Tim Bermers-Lee 于 1989 年夏天,成功开发出世界上第一个 Web 服务器和第一个 Web 客户机。1989 年 12 月,Tim Bermers-Lee 将他的发明正式命名为 World Wide Web,即 WWW。1991 年 8 月 6 日,Tim Bermers-Lee 建立了世界上第一个网站,该网站解释了 World Wide Web 是什么,以及如何使用网页浏览器和如何建立一个网页服务器等。此时,Web 正式诞生。

1994 年 10 月,Tim Bermers-Lee 在麻省理工学院创立了 World Wide Web Consortium,中文名为万维网联盟,简称为 W3C,是 Web 技术领域最具权威和影响力的国际中立性技术标准机构。

1.3 Web 相关术语

对于从事网页制作的人员来说,与互联网相关的一些相关专业术语是必须要了解。

1.3.1 Internet 网络

所谓 Internet 网络就是通常所说的因特网,是由一些使用公用语言互相通信的计算机连接而成的网络。简单地说,因特网就是将世界范围内不同国家、不同地区的众多计算机连接起来形成的结果。

1.3.2 WWW

WWW(World Wide Web)也可写为 W3、Web,中文译为“万维网”。但 WWW 不是网络,也不代表 Internet,只是 Internet 提供的一种服务——网页浏览服务。WWW 是 Internet 的核心部分，是 Internet 上那些支持 WWW 服务和 HTTP 协议的服务器集合。

WWW 在使用上分为 Web 客户端和 Web 服务器。用户可以使用 Web 客户端(多用网络浏览器)访问 Web 服务器上的页面。

1.3.3 W3C 组织

W3C(World Wide Web Consortium)中文译为“万维网联盟”。万维网联盟是国际著名的标准化组织。W3C 最重要的工作是发展 Web 规范，如超文本标签语言(HTML)、可扩展标签语言(XML)等。这些规范有效地促进了 Web 技术的兼容，对互联网的发展和应用起到了基础性和根本性的支撑作用。

1.3.4 Website

Website 中文名为网站，是指在 Internet 上根据一定的规则，使用 HTML 等工具制作的用于展示特定内容相关网页的集合。人们可以通过网站发布自己想要公开的资讯，或者利用网站提供相关的网络服务。

1.3.5 URL

URL(Uniform Resource Locator)中文译为“统一资源定位符”。URL 其实就是 Web 地址，俗称“网址”。在万维网上的所有文件(HTML、CSS、图片、音乐、视频等)都有唯一的 URL，只要知道资源 URL，就能够对其进行访问。URL 可以是“本地磁盘”，也可以是局域网上的某一台计算机，更多的是 Internet 上的站点。

URL 的一般格式如下：协议://主机地址(IP 地址)＋目录路径＋参数。

1.3.6 DNS

DNS (Domain Name System)是域名解析系统。在 Internet 上域名与 IP 地址之间是一一对应的，域名虽然便于记忆，但计算机只认识 IP 地址，将域名转换成 IP 的过程被称为域名解析。DNS 就是进行域名解析的系统。

1.3.7 HTTP

HTTP (Hypertext Transfer Protocol) 中文译为超文本传输协议。它是一种详细规定了浏览器和万维网服务器之间互相通信的规则。HTTP 是非常可靠的协议，其具有强大的自检能力，所有用户请求文件到达客户端时，一定是准确无误的。

1.3.8 Web 标准

Web 应用开发需要遵循的标准就是 Web 标准，这里 Web 标准是一系列标准的集合。网页主要由三部分组成：结构标准(XML、HTML 和 XHTML)、表现标准(CSS)、行为标准(DOM、JavaScript)。

1.3.9 Web 浏览器

Web 浏览器，简称浏览器，是一个显示网页服务器内的 HTML 文件，并让用户与这些文件互动的软件。第一个网页浏览器就是 Tim Berners-Lee 编写的 Word wide Web。浏览器是网页运行的平台，浏览器的作用是读取 HTML 文件，并以网页的形式显示，浏览器使用标签来解释网页的内容。

常用的浏览器有 Microsoft Edge 浏览器、火狐浏览器、谷歌浏览器、猎豹浏览器、Safari 浏览器和 Opera 浏览器等。对于一般的网站，只要兼容 Microsoft Edge 浏览器、火狐浏览器和谷歌浏览器，即可满足绝大多数用户的需求，如图 1-4 所示。

图 1-4　常见浏览器图标

1. Microsoft Edge 浏览器

Microsoft Edge 浏览器是由微软开发的基于 Chromium 开源项目及其他开源软件的网页浏览器。2015 年 4 月 30 日，微软在旧金山举行的 Build 2015 开发者大会上宣布，Windows 10 内置代号为“Project Spartan”的新浏览器被正式命名为“Microsoft Edge”，其内置于 Windows 10 版本中。2018 年 3 月，微软宣布 Edge 登陆平板电脑。这意味着 Microsoft Edge 浏览器已经覆盖了桌面平台和移动平台。用户被允许在 Google Play 和 App Store 上下载 Microsoft Edge 浏览器。2022 年 5 月 16 日，微软官方发布公告，称 IE 浏览器于 2022 年 6 月 16 日正式退役，此后其功能将由 Microsoft Edge 浏览器接棒。

2. 火狐浏览器

火狐浏览器简称 Firefox，是一个自由及开源的网页浏览器。Firefox 使用 Gecko 内核，该内核可以在多种操作系统上运行。2010 年 7 月，Mozilla 基金会发布了 Firefox4 浏览器的第一个早期测试版。从官方文档来看，Firefox4 对 HTML5 是完全支持的。

说到火狐浏览器，就不得不提到它的开发插件 Firebug。Firebug 一直是火狐浏览器中一款必不可少的开发插件，主要用来调试浏览器的兼容性。它集 HTML 查看和编辑、JavaScript 控制台、网络状况监视器于一体，是开发 HTML、CSS、JavaScript 等的得力助手。

3. 谷歌浏览器

谷歌浏览器的英文名称为 Chrome，是由 Google 公司开发的网页浏览器。谷歌浏览器是基于其他开放原始码软件所编写的，目标是提升浏览器稳定性、快速性和安全性，并创造出简单有效的使用界面。早期谷歌浏览器使用 WebKit 内核，2013 年 4 月后版本的谷歌浏览器开始使用 Blink 内核。2010 年 2 月，谷歌放弃对 Gears 浏览器插件项目支持，以重点开发 HTML5 项目。在目前的浏览器市场，谷歌浏览器依靠其卓越的性能占据着浏览器市场的半壁江山。因此，本教材涉及的案例将全部在谷歌浏览器中运行演示。

4. Safari 浏览器

2010 年 6 月 7 日，苹果在开发者大会的会后发布了 Safari5，这款浏览器支持 10 个以上的 HTML5 新技术，包括全屏幕播放、HTML5 视频、HTML5 地理位置、HTML5 切片元素、HTML5 的可拖动属性、HTML5 的形式验证等。

5. Opera 浏览器

2010 年 5 月 5 日，Opera 软件公司首席技术官认为 HTML5 和 CSS3 是全球互联网发展的未来趋势，目前包括 Opera 在内的诸多浏览器厂商纷纷研发 HTML5 相关产品。

1.3.10 Web 服务器

Web 服务器的主要功能是提供网上信息浏览服务。Web 服务器可以解析 HTTP 协议，当 Web 服务器接收到一个 HTTP 请求时，会返回一个 HTTP 响应，这样客户端就可以从服务器上获取网页，包括 HTML 、CSS、JavaScript、音频、视频等资源。

1.3.11 Web 开发

目前，Web 开发主要分为前端和后端两个部分。前端指的是直接与用户接触的网页，网页上通常有 HTML、CSS、JavaScript 等内容；后端指的是程序、数据库和服务器层面的开发。

任务 2 网站建设基础

一个优秀的网站不仅包括前期的设计，还包括后期的建设。网站建设包括静态页面搭建、动态模块开发和后期的发布、维护、推广等诸多事宜。因此在进行网站建设之前，我们有必要掌握一些网站建设的基本知识，为后面的学习夯实基础。

2.1 网页设计基础

2.1.1 网页设计原则

大量文字堆积的网页，虽然能够让访问者获取信息，但是不利于浏览阅读，页面的美观度也大打折扣。想要制作一个优秀的网页，还需要设计师精心的设计，这样才能给访问者提供一个视觉效果突出、便于阅读的页面。下面将从网页设计原则、流程、内容元素设计和配色方案等几个方面介绍网页设计的相关技巧。

2.1.2 以用户为中心

以用户为中心的原则实际是要求设计师要站在用户的角度进行思考，主要体现在下面几点：

1. 用户优先

网页设计的目的是吸引用户浏览使用，无论何时都应该以用户优先。

2. 考虑用户带宽

当前是网络高度发达的时代，可以考虑在网页中添加动画、音频、视频等多媒体元素，打造内容丰富的网页效果。

2.1.3 视觉美观

由于网页内容包罗万象，形式千变万化，往往容易使人产生视觉疲劳，赏心悦目、富有创意的网页往往更能抓住访问者的眼球，如图 1-5 所示。

2.1.4 主题明确

鲜明的主题可以使网站轻松转化一些高质量、有直接需求的用户，还可以增加搜索引擎的友好性。

2.1.5 内容与形式的统一

一个优秀的网页是内容与形式统一的完美体现，也就是说网页在主题、形象、风格等方面都是统一的。

图 1-5 视觉美观网页

2.2 网页配色基础

色彩是影响人眼视觉最重要的因素，色彩不同的网页给人的感觉会有很大差异。网页的色彩处理得很好，可以锦上添花。

2.2.1 认识色彩

色彩在网页配色中通常分为主题色、辅助色、点睛色三类。

1. 主题色

主题色是网页中最主要的颜色，网页中占面积较大的颜色、装饰图形颜色或者主要模块使用的颜色一般都是主题色。

2. 辅助色

一个网站页面通常存在不止一种颜色，除了具有视觉中心作用的主题色之外，还有作为呼应主题色的辅助色。辅助色的作用是使页面配色更完美、更丰富。辅助色的视觉重要性和体积仅次于主题色，常常用于陪衬主题色，使主题色更突出。

3. 点睛色

点睛色通常用来打破单调的网页整体效果，营造生动的网页空间氛围。所以在网页设计中通常以对比强烈或较为鲜艳的颜色作为点睛色。

2.2.2 色彩三属性

色彩三属性指色相、饱和度、明度，任何一种颜色都具备这三种属性。

1. 色相

色相是区别各种不同色彩的最准确的标准。在不同波长的光的照射下，人眼会感觉到不同的颜色，如蓝色、红色等。我们把这些色彩的外在表现特征称为色相，如图 1-6 所示。

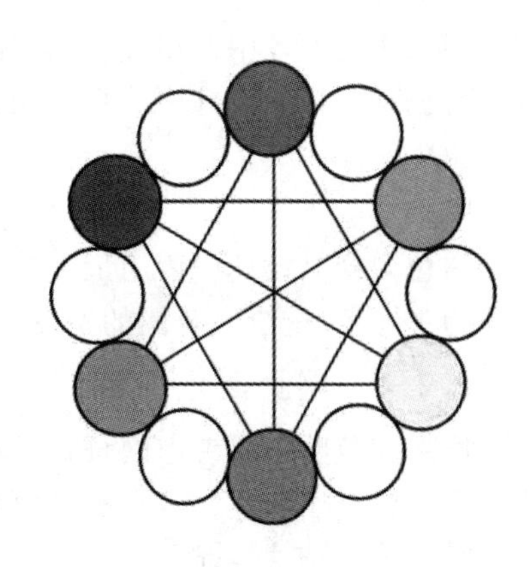

图 1-6 色相

2. 饱和度

饱和度也称“纯度”，是指色彩的鲜艳度。饱和度越高，颜色越纯，色彩越鲜明，一旦与其他颜色进行混合，颜色的饱和度就会下降，色彩就会变暗、变淡。当颜色饱和度降到最低时就会失去色相，变为无彩色（黑、白、灰）。

3. 明度

明度是指色彩光亮的程度，所有颜色都有不同程度的光亮。在无色彩中，明度最高的为白色，中间是灰色，最暗为黑色。需要注意的是，色彩明度的变化往往会影响纯度，例如红色加入白色后，明度提高了，纯度却会降低。

2.2.3 色彩象征意义

在色彩心理学中，色彩不仅仅是一种颜色，其还包含着象征意义。不同的色彩会带给人不同的心理感受。

1. 红色

红色是热烈、冲动、强有力的色彩。红色代表热情、活泼、热闹，容易引起人的注意，也容易使人兴奋、激动、冲动。此外，红色也代表警告、危险等含义。

2. 橙色

橙色是一种充满生机和活力的颜色，象征收获、富足和快乐。橙色虽然不像红色那样强烈，但也能获取消费者的注意力。橙色用于食物、促销等网站。

3. 黄色

黄色是一种明朗、愉快的颜色，饱和度较高，象征着光明、温暖和希望。通常儿童更喜欢明快的色彩，在设计中加入黄色更能营造出活力感。

4. 绿色

绿色是一种清爽、平和、安稳的颜色，象征着和平、新鲜和健康。在设计中添加绿色既可以带给人健康的感觉，又可以带给人健康的感觉，食物网站为提倡健康无污染的企业理念，在网站配色上选用绿色作为主题色。

5. 蓝色

蓝色是一种安静的冷色调颜色，象征着沉稳和智慧，因此一些科技类的企业网站通常会使用蓝色作为主题色。科技类网站一般选用蓝色作为主题色。

6. 紫色

紫色是一种高贵的色彩，象征着高贵、优雅。中国一直用“紫气东来”比喻吉祥的征兆。网站选用紫色来营造优雅、奢华的氛围，来吸引消费者。

7. 黑色

黑色作为设计中使用最广泛的颜色之一，象征着权威、高雅、低调和创意，此外也象征着执着、冷漠和防御，是设计中的百搭颜色。网站以黑色为背景，通过黑白两色进行对比可以生动地突出主体。

8. 白色

白色同样是设计中使用最广泛的颜色之一，象征着纯洁、神圣、善良。在设计中，通常用白色作为主题色，配合大范围的留白彰显网站格调。

2.2.4 网页配色原则

网站配色除了要考虑网页自身特点外，还要遵循相应的配色原则，避免盲目地使用色彩造成网页配色过于杂乱。网页配色原则包括使用网页安全色和遵循配色方案，具体介绍如下。

1. 使用网页安全色

网页安全色是指颜色十六进制值的组合内部含有 ff、cc、99、66、33、00，只有这样值的组合才是网页安全色。

2. 遵循配色方案

使用同类色、邻近色、对比色进行配色。

(1)同类色

同类色是指色相一致，但是饱和度和明度不同的颜色。尽管在网页设计时要避免采用单一的色彩，以免产生单调的感觉，但通过调整色彩的饱和度和明度也可以产生丰富的色彩变化，可使网页色彩避免单调。网站选用了不同明度的蓝色，不仅整体性很强，而且符合科技类公司自身的特色。

(2)邻近色

邻近色是12色相环上间隔30°左右的颜色，色相彼此近似、冷暖性质一致。例如，朱红色与橘黄色，朱红色以红色为主，里面含有少量黄色；而橘黄色以黄色为主，里面含有少量红色。朱红色和橘黄色在色相上分别属于红色系和橙色系，但是二者在人眼视觉上却很接近。采用邻近色设计网页可以使网页达到和谐统一，避免色彩杂乱。

(3)对比色

对比色是24色相环上间隔120°～180°的颜色。对比色包含色相对比、明度对比、饱和度对比等，例如黑色与白色、深色与浅色均为对比色。对比色可以突出重点，产生强烈的视觉效果。设计时以一种颜色为主题色，对比色作为点睛色或辅助色起到画龙点睛的作用。

2.3 网站设计流程

设计师在设计网页时，只有遵循设计流程才能有条不紊地完成网页设计，让网页的结构更加规范合理。网页设计流程主要包括确定网站主题、网站整体规划、收集素材、设计网页效果图四个步骤。

2.3.1 确定网站主题

网站主题是网站的核心部分。一个网站只有在确定主题之后，才能有针对性地选取内容。确定主题可以通过前期的调查和分析或与客户沟通来确定该网站的主题。

1. 调查

调查的目的是了解各类网站的发展状况，总结出当前主流网站的特点、优势、竞争力，为网站的定位确定一个方向。在调查时主要考虑以下问题：

- 网站建设的目标。
- 网站面向人群。
- 企业的产品。
- 企业的服务。

2. 分析

分析是指根据调查的结果，对企业自身进行特点、优势、竞争力的分析，初步确定网站的主题。在确定主题时要遵循以下原则：

- 主题要小而精，定位不宜过大、过高。
- 主题要能体现企业自身的特点。

2.3.2 网站整体规划

对网站进行整体规划能够帮助设计师快速理清网站结构，让网页之间的关联更加紧密。

通常规划网站时，可以先把每个页面的名称列出来，如图 1-7 所示。

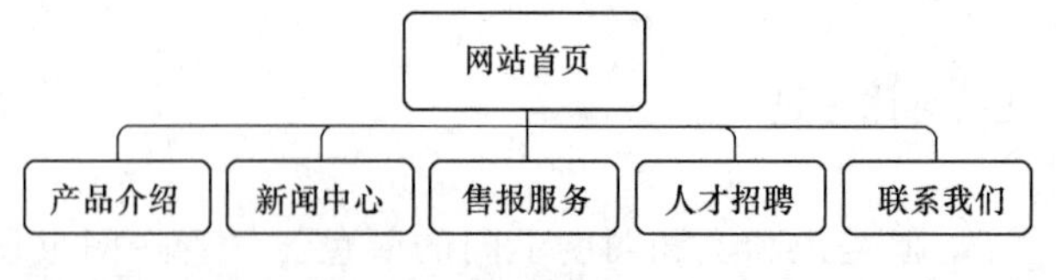

图 1-7　整体规划

整体的网站框架确定后，就可以规划网站的其他内容了，主要包括网站的功能、网站的结构、版面布局等。如果是功能需求较多的网站，还需要产品经理设计原型线框图。

2.3.3　收集素材

在网站整体规划完成之后，就可以收集网页设计需要的素材了。丰富的素材不仅能够让设计师更轻松地完成网站的设计，还能极大地节约设计成本。在网页设计中，收集素材主要包括两种：一种为文本素材；另一种为图片素材，具体介绍如下。

1. 文本素材

设计师可以从书刊、网络上收集需要的文本，然后将这些文本加工、整理，制作成 Word 文档保存。需要注意的是，在使用搜集的文本素材时要去伪存真，加工成自己的素材，避免版权纠纷。

2. 图片素材

只有文字内容的网站对于访问者来说是枯燥无味的，因此在网页设计中，通常会加入一些图片素材，使页面的内容更加充实，更具有可读性。设计师可以从网上的一些图片素材库获取图片（如千图网、百度图片等）或者自己拍摄一些图片作为素材。同时在使用图片素材时也需要注意版权问题。

2.3.4　设计网页效果图

设计网页效果图就是根据设计需求，对收集的素材进行排版和美化，给用户提供一个布局合理、视觉效果突出的界面。在设计网页效果图时，设计师应该根据网站的内容确定网站的风格、色彩和表现形式等要素，完成页面的设计部分。在设计效果图时往往要遵循一些相应的规范。

1. 适配主流屏幕分辨率

屏幕分辨率是指屏幕显示的分辨率，通常以水平像素和垂直像素来衡量。在设计网页时，页面的宽度尽量不要超过屏幕的分辨率，否则页面将不能完全显示（响应式布局页面除外）。设计师在设计网站时应尽量适配主流的屏幕分辨率。

2. 考虑页面尺寸和版心

页面尺寸就是网页的宽度和高度。版心是指页面的有效使用面积，是主要元素以及内容所在的区域。在设计网页时，页面尺寸宽度一般为 1200～1920 px，高度可根据内容调整设定。

3. 字体规范

网页界面中，字体编排设计是一种感性的、直观的行为。设计师可根据字体、字号来表达设计所要表达的情感。需要注意的是选择什么样的字体、字号以整个网页界面和用户的感受为准。另外，考虑到大多数用户的计算机里的基本字体类型，因此，正文内容最好采用基本字体，如“宋体”“微软雅黑”等，数字和字母可选择 Arial 等字体。

4. 页面中特殊元素的设计

特殊元素是指网页中包含的非系统默认字体、动态图、视频等。这些元素在制作效果图时都会以静态图片的形式展现。

2.4 网页模块命名规范

网页模块的命名看似无足轻重，但如果没有统一的命名规范进行必要约束，随意的命名就会使整个网站的后续工作很难进行。因此网页模块命名规范非常重要，需要引起初学者的足够重视。网页设计命名常用规则见表 1-1。通常网页模块的命名需要遵循以下几个原则：

- 避免使用中文字符命名(如 id="导航栏")。
- 不能以数字开头(如 id="1nav")。
- 不能占用关键字(如 id="h1")。
- 尽量用最少的字母达到最容易理解的意义。

在网页中，常用的命名方式有"驼峰式命名"和"帕斯卡命名"两种。

- 驼峰式命名：除了第一个单词外，其余单词首字母都要大写(如 contentPart)。
- 帕斯卡命名：每一个单词之间用"_"连接(如 nav_one)。

表 1-1　网页设计命名常用规则

相关模块	命名	相关模块	命名
头	header	内容	content/container
导航	nav	尾	footer
侧栏	sidebar	栏目	column
左边、右边、中间	left right center	登录条	loginbar
标志	logo	广告	banner
页面主体	main	热点	hot
新闻	news	下载	download
子导航	subany	菜单	menu
子菜单	submenu	搜索	search
友情链接	filEndlink	版权	copyright
滚动	scroll	标签页	tab
文章列表	list	提示信息	msg
小技巧	tips	栏目标题	title
加入	joinus	指南	guild
服务	aervice	注册	regsiter
状态	status	投票	vote
合作伙伴	partner		
CSS 文件	命名	CSS 文件	命名
主要样式	master	基本样式	base
模块样式	module	版面样式	layout
主题	themes	专栏	columns
文字	font	菜单	forms
打印	print		

2.5 网站建设基本流程

2.5.1 静态页面搭建

静态页面搭建是指将设计的网页效果图转换为能够在浏览器浏览的页面。这就需要对页面设计规范有一个整体的认识并掌握一些基本的网页脚本语言，如 HTML、CSS 等。需要注意的是，在拿到网页设计效果图后，切忌直接切图、搭建结构。应该先仔细观察效果图，对页面的配色和布局有一个整体的认识，主要包括颜色、尺寸、辅助图片等。具体介绍如下：

• 颜色：观察网页效果图的主题色、辅助色、点睛色，了解页面的配色方案。

• 尺寸：观察网页效果图的尺寸，确定页面的宽度和模板的分布。

• 辅助图片：观察网页效果图，看哪些地方使用了素材图片，确定需要单独保留的图片。

对页面效果图有一个基本的分析之后，就能够"切图"了。"切图"就是对效果图进行分割，将无法用代码实现的部分保存为图片。当切完图后就可以使用 HTML、CSS 搭建静态页面。静态页面搭建就是将效果图转换为浏览器能够识别的标签语言的过程。

2.5.2 动态页面搭建

静态页面搭建完成后，如果网页还需要具备一些动态功能（如搜索功能、留言板、注册登录系统等），就需要开发动态功能模板。比如目前常用的动态网站技术有 PHP、ASP、JSP。

1. PHP

PHP（Hypertext Preprocesso）即超文本预处理器，是一种通用的脚本语言。PHP 语法吸收了 C 语言、Java 的特点，利于学习，使用广泛。

PHP 主要适用于 Web 开发领域。PHP 提供了标准的数据库接口，数据库连接方便，兼容性和扩展性非常强，是目前使用较广泛的技术。

2. ASP

ASP（Active Server Pages）即动态服务器页面，是一种局限于微软操作系统平台之上的动态网站开发技术，主要工作环境为微软的旧应用程序结构。ASP 入门比较简单，但是安全性较低，而且不宜构架大中型站点，其升级版虽然解决了这个问题，但开放程度低、操作麻烦。

3. JSP

JSP（Java Server Pages）即 Java 服务器页面，是基 Java Server 及整个 Java 体系的 web 开发技术，它与 ASP 有一定的相似之处。JSP 被认为是网站建设技术中安全性较好的，虽然学习和操作均较为复杂，但目前仍被认为是三种动态网站技术中有前途的技术。

2.6 网站建设后期事宜

网站建设后期事宜主要包括网站的测试、上传、推广、维护等，具体介绍如下：

2.6.1 网站测试

网站测试主要包括本地测试和上传到服务器之后的网络测试，具体介绍如下。

本地测试是指在网站搭建完成之后的一系列测试。例如，链接是否错乱，是否兼容不同的浏览器，页面功能逻辑是否正常等，以确保网站发布到服务器上不会出现此基本错误。

网络测试是指网站上传到服务器之后针对网站的各项性能进行的检测工作。例如，网页打开速度的测试，网站安全的测试（服务器安全、脚本安全）等。

2.6.2　网站上传

网页制作完成后，最终要上传到 Web 服务器上，网页才具备访问功能。在网页上传之前首先要申请域名和购买空间，然后使用相应的工具上传即可。上传网站的工具有很多，可以运用 FTP 软件上传。

2.6.3　网站推广

当网站上传发布后，还要不断对其进行推广宣传以提高网站的访问率和知名度。推广网站的方法有很多，如到搜索引擎上注册、与其他网站交换链接、加入广告链接等。

2.6.4　网站维护

网站只有经常注意更新与维护保持内容的新鲜感，才能持续吸引访问者。网站维护阶段的主要工作是更新网站内容、确保网站的正常运行、历史文件的归类等。

2.7　网站开发者工具

在建设网页时，为了快速、高效地完成任务，通常会使用一些具有代码高亮显示、语法提示等便捷功能的工具。常见网站建设工具有：

2.7.1　Dreamweaver

Dreamweaver 简称“DW”中文译为“梦想编织者”，集网页制作和网站管理于一身的“所见即所得” 网页编辑器。下面对 Dreamweaver 界面进行详细介绍。

1. 工作区布局

双击运行桌面上的 DW 软件图标，进入软件界面，为了统一，建议大家选择菜单栏中的【窗口】→【工作区布局】→【经典】选项，如图 1-8 所示。

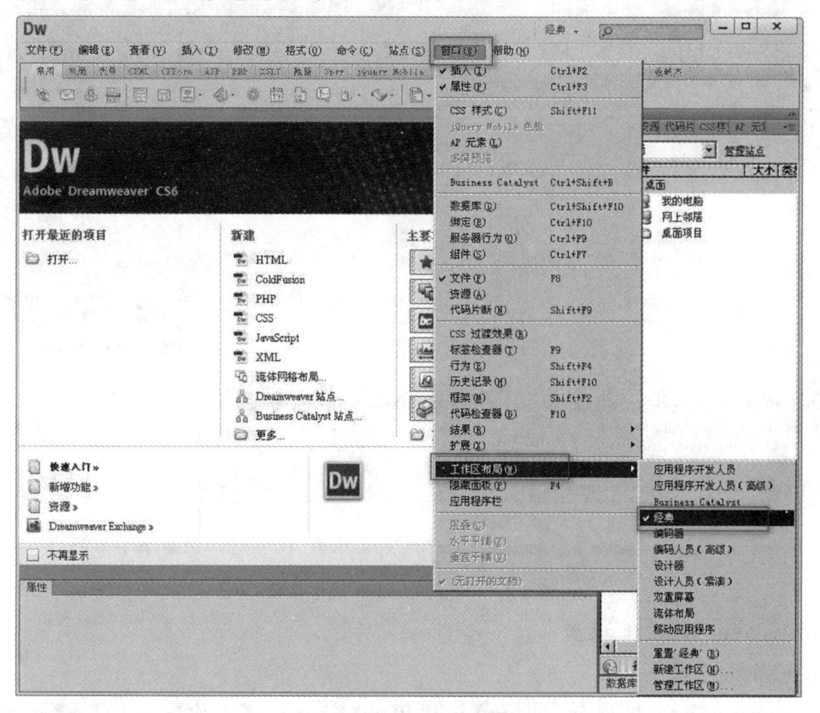

图 1-8　Dreamweaver 界面

2. 新建文档

选择菜单栏中的【文件】→【新建】选项，会出现“新建文档”窗口。这时，在“文档类型”下拉选项中选择“HTML5”，单击“创建”按钮，如图 1-9 所示，即可创建一个空白的 HTML 文档。

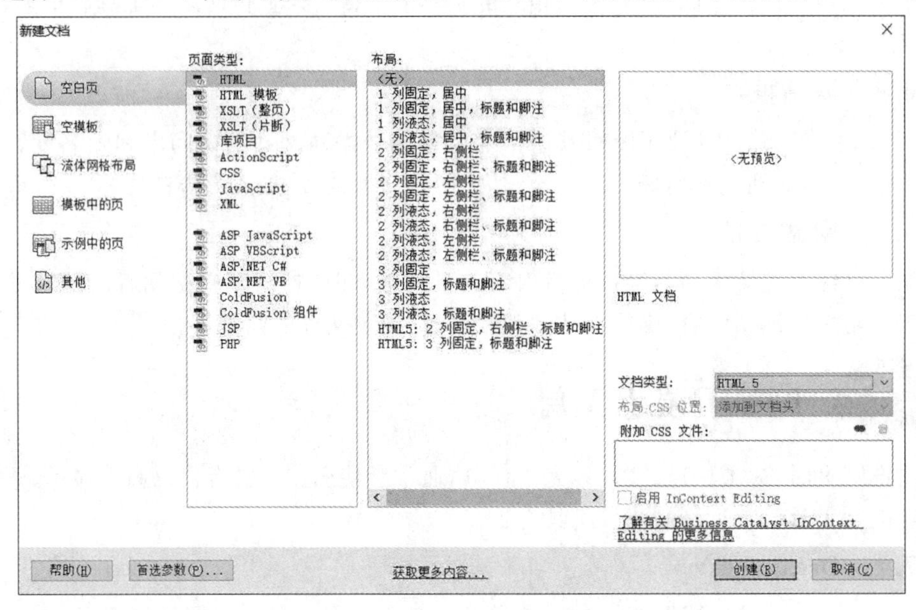

图 1-9 Dreamweaver 新建文档

3. 操作界面

Dreamweaver 的操作界面主要由六部分组成，包括菜单栏、插入栏、文档工具栏、文档窗口、属性面板和常用面板，每个部分的具体位置如图 1-10 所示。

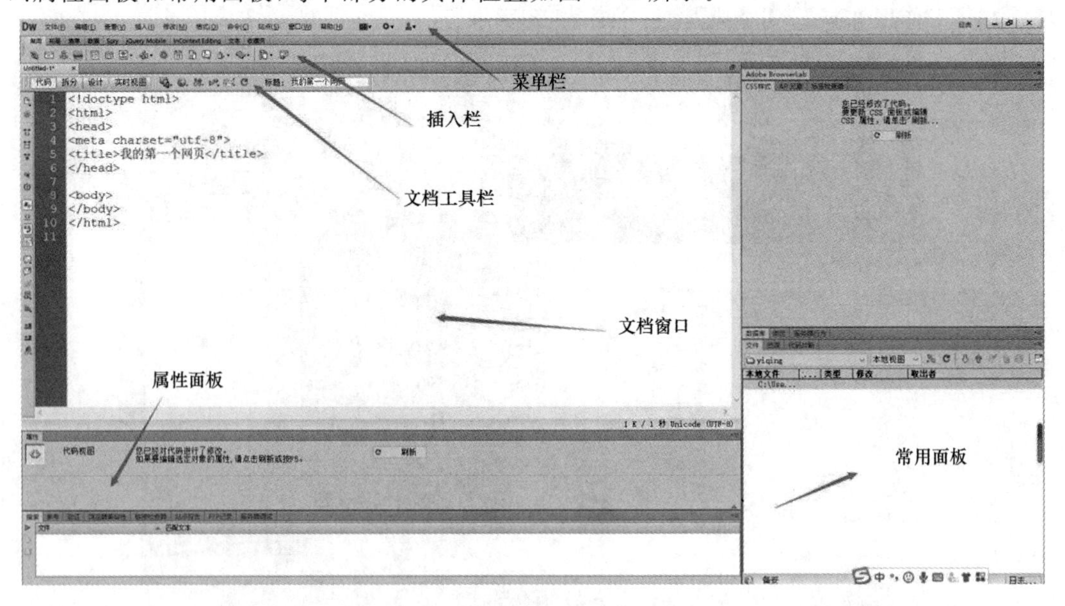

图 1-10 Dreamweaver 操作界面

4. Dreamweaver 初始化设置

(1)工作区布局设置

打开 Dreamweaver 工具界面，选择菜单栏里的【窗口】→【工作区布局】→【经典】选项。

(2)必备面板

设置为“经典”模式后，需要把常用的三个面板调出来，分别选择菜单栏“窗口”菜单项下的插入、属性、文件三个选项。

(3)新建默认文档设置

单击菜单栏中的【编辑】→【首选参数】选项(快捷键为 Ctrl+U)，选中左侧分类中的“新建文档”菜单，右侧就会出现对应的设置，如图 1-11 所示，选择最常用的 HTML 文档类型。

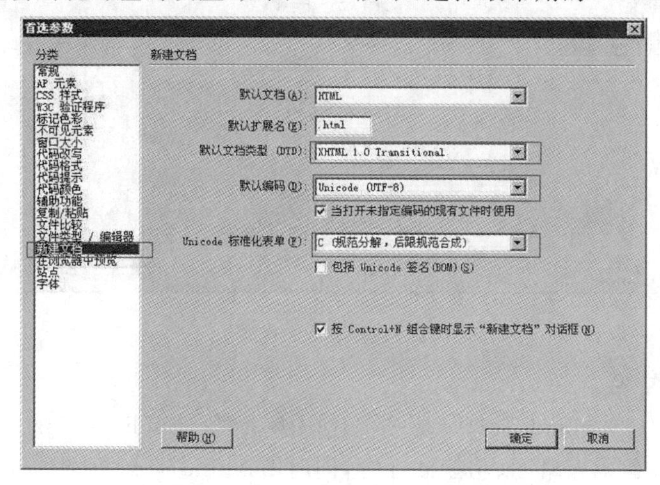

图 1-11　首选参数

(4)代码提示

Dreamweaver 有强大的代码提示功能，可以提高书写代码的速度。在“首选参数”对话框中可设置代码提示，选择“代码提示”菜单，然后选中“结束标签”选项中的第二项，单击“确定”按钮即可，如图 1-12 所示。

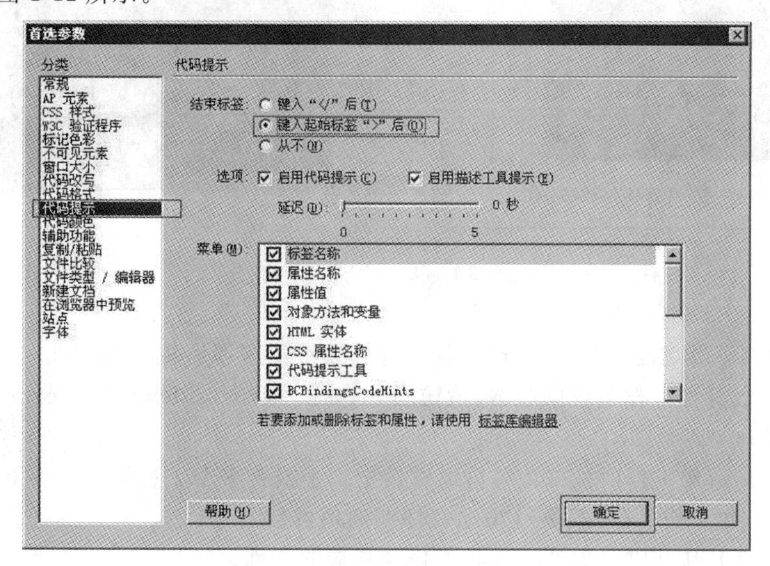

图 1-12　代码提示

(5)浏览器设置

对于初学者来说，电脑上必备的三大浏览器分别是火狐浏览器、Microsoft Edge 浏览器和谷歌浏览器。可以分别设置主浏览器和次浏览器，如图 1-13 所示。

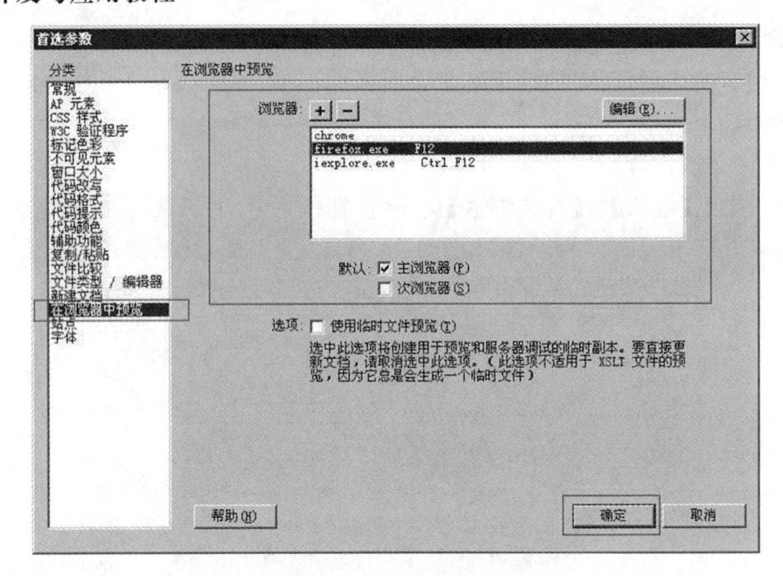

图 1-13 浏览器设置

2.7.2 Sublime

Sublime 全称为“Sublime Text”，是一个代码编辑器。Sublime Text 具有漂亮的用户界面和强大的功能，如代码缩略图、功能插件等，同时 Sublime Text 还是一个跨平台的编辑器，支持 Windows、Linux 等操作系统，如图 1-14 所示。

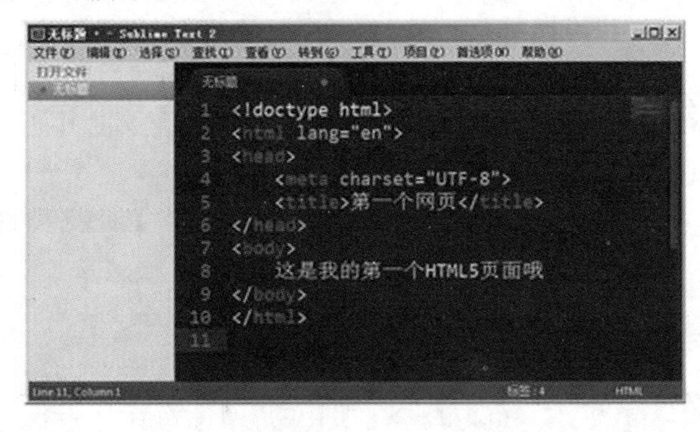

图 1-14 Sublime 界面

1. Sublime 下载与安装

当你使用浏览器访问该地址时，会检测你操作系统的版本后提示你下载对应版本的 Sublime，如果想下载其他操作系统的版本，请访问 https://www.sublimetext.com/。

2. 基本操作功能

(1)Sublime 新建工程项目：第一，可以直接把一个或者多个工程拖到左侧 Folders 文件夹管理界面；第二，可以打开【项目】→【添加文件夹到项目】。

(2)按 Ctrl+P 快捷键可以快速查找切换到相应的文件。

2.7.3 Hbuilder

HBuilder 是 DCloud 推出的一款支持 HTML5 的 Web 开发软件。“快”是 HBuilder 的最大优势，通过完整的语法提示、代码输入法和代码块等，HBuilder 可以大幅提升 HTML、JavaScript 的开发效率。

1. 下载地址

(1)HBuilder 下载地址:在 HBuilder 官方网站单击免费下载,下载最新版的 HBuilder。

(2)HBuilder 目前有两个版本:一个是 windows 版,另一个是 mac 版。下载的时候根据自身用途或计算机配置选择适合自己的版本。

2. 使用 HBuilder 新建项目

依次单击【文件】→【新建】→【Web 项目】,如图 1-15 所示。

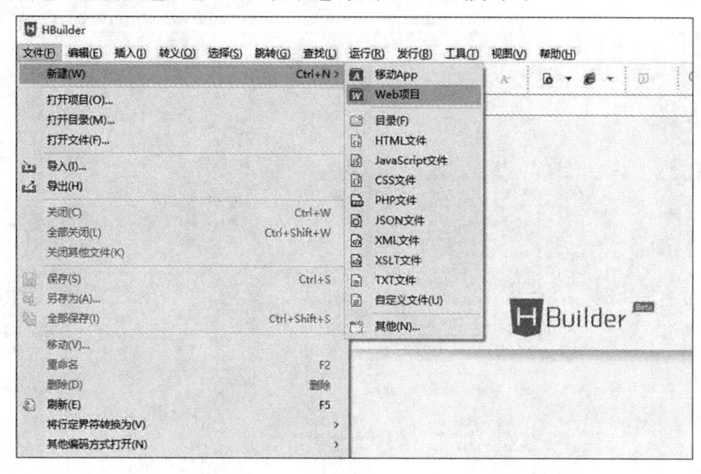

图 1-15　HBuilder 新建项目

3. 使用 HBuilder 创建 HTML 页面

在项目资源管理器中选择上面新建的项目,依次单击【文件】→【新建】→【HTML 文件】,并选择文件模板,如图 1-16 所示。

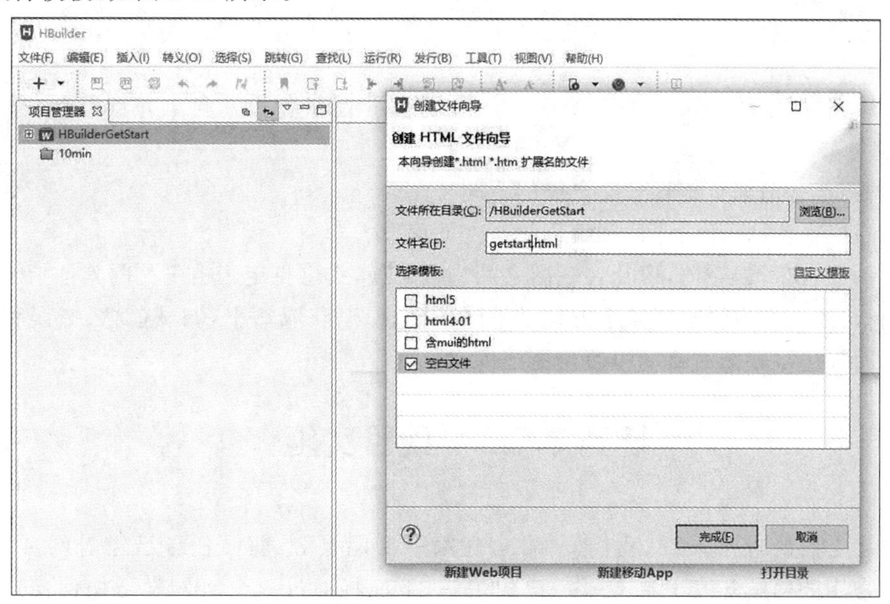

图 1-16　新建 HTML 页面

2.7.4　VS Code

VS Code 是一款开源、免费、跨平台、高性能、轻量级的代码编辑器,并且可用于 Windows 和 Linux 操作系统。它具有对 JavaScript、TypeScript 和 Node. js 的内置支持,并具有丰富的其他语言扩展的生态系统，适用于几乎所有的编程和开发任务，包含了非常丰富的应用插件，越来越多的新生代互联网青年正在使用它。

当启动 VS Code 时，它的打开状态与上次关闭时的状态相同，文件夹、布局和打开的文件将保留。VS Code 具有简单直观的布局，可最大限度地为编辑器提供空间，同时为浏览和访问文件夹或项目的整个上下文留出足够的空间。用户界面分为五个区域，如图 1-17 所示。

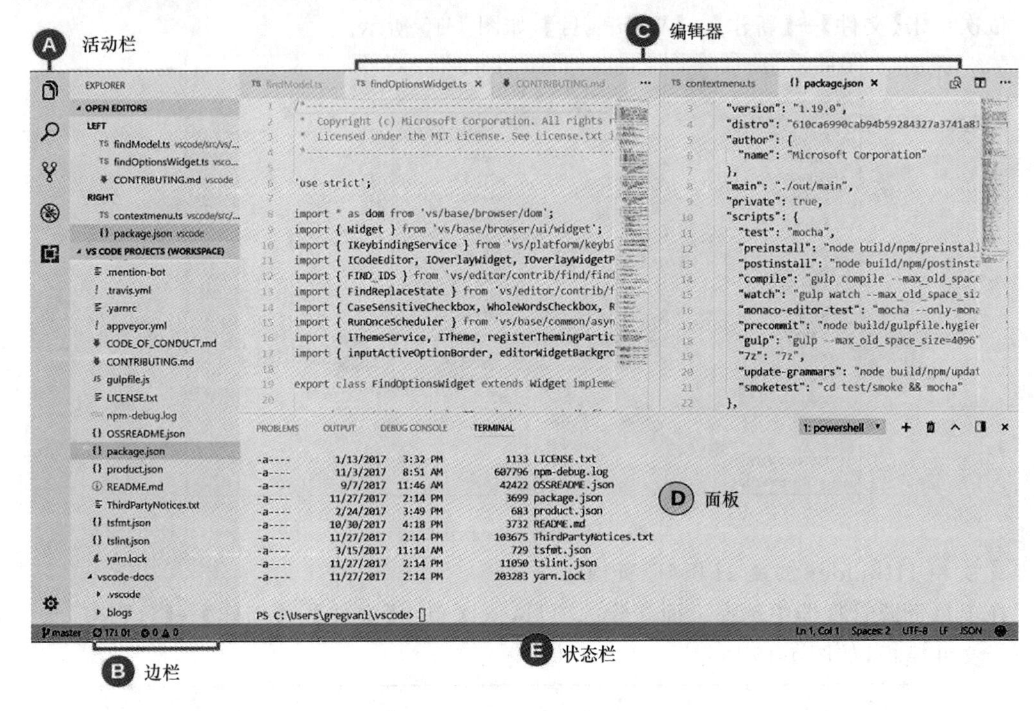

图 1-17　基本布局

- 编辑器：用于编辑文件的主要区域。可以在垂直和水平方向上并排打开任意多个编辑器。
- 边栏：包含诸如资源管理器之类的不同视图。
- 状态栏：有关打开的项目和编辑的文件的信息。
- 活动栏：位于最左侧，可让在视图之间进行切换，提供特定于上下文的其他指示符。
- 面板：可以在编辑器区域下方显示不同的面板，以获取输出，调试信息、错误和警告，集成终端。面板也可以向右移动以获得更多垂直空间。

任务 3　项目实施

学习完上面的理论知识，我们开始“创建第一个网页”。前面任务已经对网页、HTML、CSS 以及常用的网站开发工具有了一定的了解，下面将通过一个案例学习如何使用 Dreamweaver 创建网页。

3.1 编写 HTML 代码

（1）打开 Dreamweaver，新建一个 HTML 默认文档，或使用快捷键 Ctrl＋Shift＋N，切换

到“代码”视图，这时在文档窗口中会出现 Dreamweaver 自带的代码，如图 1-18 所示。

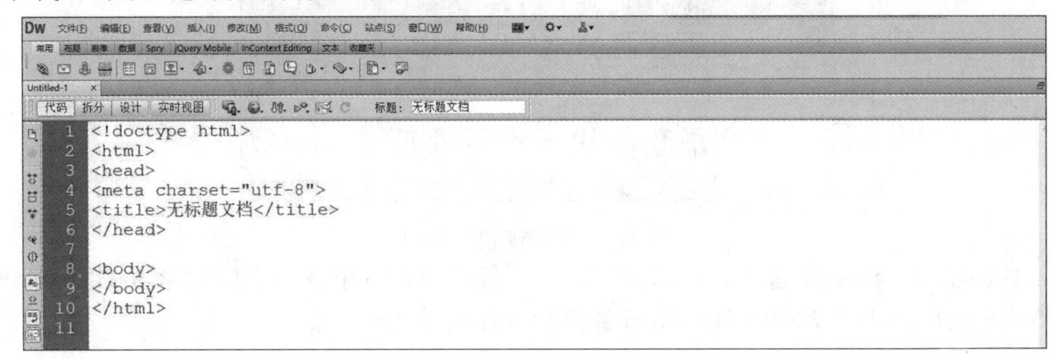

图 1-18　新建 HTML 文档代码视图窗口

(2)在代码的第 5 行，<title>与</title>标签之间，输入 HTML 文档的标题，这里将其设置为“我的第一个网页”。

(3)在<body>与</body>标签之间添加网页的主体内容，如下所示：

<p>这是我的第一个网页哦。</p>

(4)在菜单栏中选择【文件】→【保存】选项，或使用快捷键 Ctrl+S。在弹出来的“另存为”对话框中选择文件的保存地址并输入文件名即可保存文件。这里将文件命名为 demo01. html。

(5)在浏览器中运行 demo01. html(双击 deml01. html 文件)，效果如图 1-19 所示。

这样就使用 HTML 完成了一个简单的网页创建。

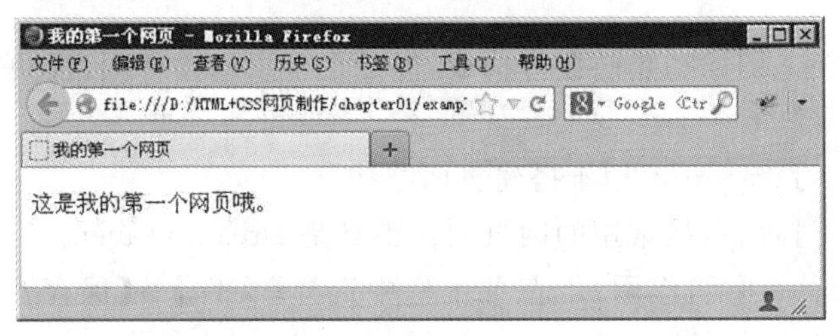

图 1-19　HTML 页面效果

3.2 编写 CSS 代码

(1)在<head>与</head>标签中添加 CSS 样式，CSS 样式需要写在<style></style>标签内，具体代码如下：

```
1  <style type="text/css">
2  p{
3     font-size:36px;          /* 设置字号为 36 像素 */
4     color:pink; /* 设置字体颜色为粉红色 */
5     text-align:center; /* 设置文本居中显示 */
6  }
7  </style>
```

(2)在菜单栏中选择【文件】→【保存】选项，或使用快捷键 Ctrl+S，即可完成文件的保存。这时，在浏览器中刷新 demo01. html 页面，效果如图 1-20 所示。

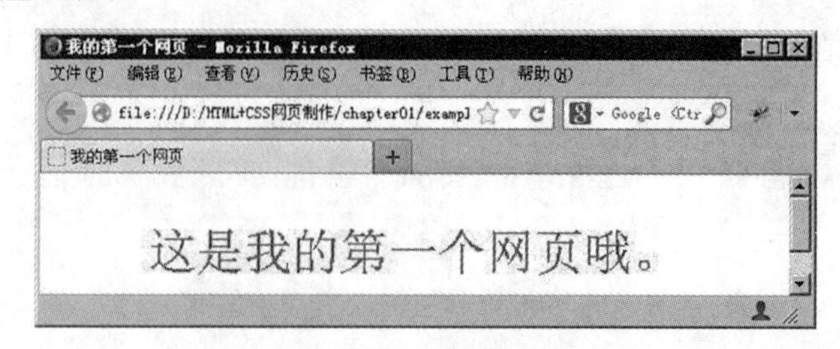

图 1-20　CSS 修饰后的页面效果

HTML 和 CSS 就是这么简单,易学易用,在后面的章节中我们会陆续学习 HTML 和 CSS 的语法格式,以及常用的 HTML 标签和 CSS 样式。

课后习题

一、判断题

1. 网页是一种可以在互联网传输,能被浏览器识别显示出来的编码文件。（　　）
2. 网页的表现形式千变万化,因此构成要素各不相同。（　　）
3. Firebug 是 Chrome 浏览器的常用插件。（　　）
4. 静态页面搭建是指将设计的网页效果图转换为能够在浏览器中浏览的页面。（　　）
5. 网站是由多个网页组成的。（　　）
6. 因为静态网页的访问速度快,所以现在互联网上的大部分网站都是由静态网页组成的。（　　）
7. 网页主要由文字、图像和超链接等构成,但是也可以包含音频、视频和 Flash 等。（　　）
8. 在网站建设中,JavaScript 用于搭建页面结构。（　　）
9. 实际网页制作过程中,最常用的网页制作工具是 Dreamweaver。（　　）
10. 在 Dreamweaver 中制作网页,在菜单栏中选择【文件】→【保存】选项,或使用快捷键 Ctrl+S,即可完成文件的保存。（　　）

二、多项选择题

1. 下列选项中,属于网页设计原则的是(　　)。

A. 以用户为中心　B. 视觉美观　C. 主题明确　D. 内容与形式统一

2. 确定网页主题时,要遵循以下原则(　　)。

A. 网页主题要小而精　B. 网页主题要能体现企业自身特点

C. 网页主体的定位要高端、大气　D. 网页主题要大而广

3. 下列选项中,属于网页基本构成要素的是(　　)。

A. 文字　B. 图像　C. 超链接　D. 多媒体

4. 下列选项中,属于网页扩展名的是(　　)。

A. htm　B. html　C. doc　D. txt

5. 网页中的颜色,主要包括(　　)。

A. 主题色　B. 标志色　C. 辅助色　D. 点睛色

项目2

旅游专题网站首页——HTML入门

学习目标

- 了解 HTML 基本结构
- 理解 HTML 头部相关标签
- 熟悉 HTML 文本控制标签
- 掌握 HTML 图像控制标签

学习路线

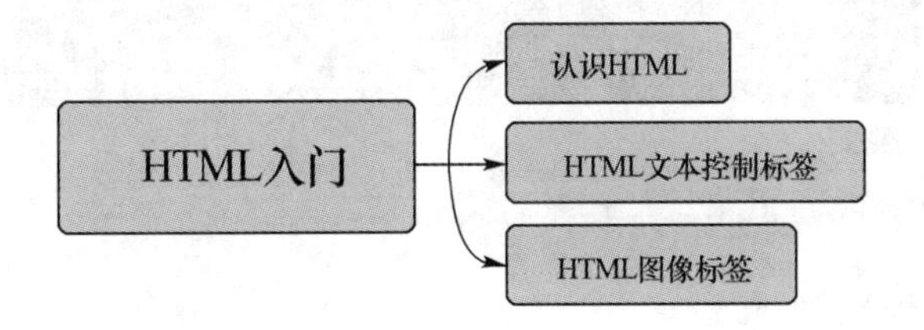

项目描述

马尔代夫是世界上较大的珊瑚岛国，以其独特的风景吸引着众多游客，“马代旅”已成为一种潮流。为了更好地展示马尔代夫的独特风采，“一日游”公司的项目负责人马总与公司项目负责人洽谈计划定制一个“说旅游”的主题网站，用于宣传马尔代夫伊露岛。

学习并掌握本项目三个任务的相关基础知识，然后再动手制作该主题网站，完成后网页效果如图 2-1 所示。

图 2-1　旅游专题网页效果

HTML 作为一门标签语言，主要用来描述网页中的文字和图像等信息。但是怎么书写 HTML 代码，又该如何使用 HTML 标签控制网页元素呢？下面将对 HTML 文档基本格式、

HTML 标签等进行讲解，使读者进一步认识 HTML。

1.1 HTML 文档基本格式

使用 Dreamweaver 新建默认文档时会自带一些源码，具体代码如下：

```
1   <! DOCTYPE html>
2   <html lang="en">
3   <head>
4   <meta charset="utf-8" />
5   <title>无标题文档</title>
6   </head>
7   <body>
8   </body>
9   </html>
```

这些自带的源代码构成了 HTML 文档的基本格式，主要包含<! DOCTYPE >文档类型声明、<html>根标签、<head>头部标签、<body>主体标签，具体介绍如下：

1. <! DOCTYPE >标签

<! DOCTYPE >标签位于文档的最前面，用于向浏览器说明当前文档使用哪种 HTML 或 XHTML 标准规范，上面代码中使用的是 Dreamweaver 默认的 HTML5 的文档，本教材将全部采用 HTML5 文档。

必须在开头处使用<! DOCTYPE >标签为所有 HTML5 指定 HTML5 版本和类型，这样浏览器才能将该网页作为有效的 HTML5 文档，并按指定的文档类型进行解析。

<! DOCTYPE >标签和浏览器的兼容性相关，删除<! DOCTYPE >标签，就是把如何展示 HTML 页面的权利交给浏览器，这时有多少种浏览器，页面就有可能有多少种显示效果，如 Firefox、Chrome，这是不被允许的。

2. <html>标签

<html>标签位于<! DOCTYPE >标签之后也称为根标签，用于告知浏览器其自身是一个 HTML 文档，<html>标签标志着 HTML 文档的开始，</html>标签标志着文档的结束，在它们之间是文档的头部和主题内容。

在<html>之后有一串代码 lang="en"，用于定义此页面为英文网站。如果是中文页面，可将其改为<html lang="zh">，这句话就是让搜索引擎知道，站点是英文站还是中文站，对 html 页面本身不会有影响。

3. <head>标签

<head>标签用于定义 HTML 文档的头部信息，也被称为头部标签，紧跟在<html>标签之后，主要用来封装其他位于文档头部的标签，如<title>、<meta>、<link>和<style>等，用来描述文档的标题，作者以及和其他文档的关系等。关于<head>内的重要标签将在本章详细讲解。

一个 HTML 文档只能含有一对<head>标签，绝大多数文档头部包含的数据都不会真正作为内容显示在页面中。

4. <body>标签

<body>标签用于定义 HTML 文档所要显示的内容，也成为主体标签。浏览器中显示

的所有文本、图像、音频和视频等信息都必须位于<body>标签内，<body>标签中的信息才是最终展示给用户看的。

一个 HTML 文档只能含有一对<body>标签，且<body>标签必须在<html>标签内，位于<head>头部标签之后，与<head>标签是并列关系。

对于初学者，记住上面这么多标签有一定的困难。不用担心，使用 Dreamweaver 工具时，会自动生成 HTML 基本格式标签，这里了解即可，不需要牢记。

1.2 HTML 标签

在 HTML 页面中，带有“<>”符号的元素被称为 HTML 标签，如上面提到的<html>、<head>、<body>都是 HTML 标签。所谓标签就是放在“<>”符号中表示某个功能的编码命令，也被称为 HTML 标签或 HTML 元素，本教材统一称作 HTML 标签。

1.2.1 单标签和双标签

通过前面的学习，已经了解 HTML 文档的基本格式构成。下面通过一个案例进一步演示 HTML 标签的使用，如例 2-1 所示。

课堂体验　例 2-1

```
1  <! DOCTYPE html>
2  <html lang="en">
3  <head>
4    <meta charset="utf-8">
5    <title>登幽州台歌</title>
6  </head>
7  <body>
8    <h3>登幽州台歌</h3>
9    <p>唐 陈子昂</p>
10    <hr />
11    <p>前不见古人</p>
12    <p>后不见来者</p>
13    <p>念天地之悠悠</p>
14    <p>独怆然而涕下</p>
15  </body>
16  </html>
```

在例 2-1 中，使用了不同的标签来定义网页，如标题标签<h3>、水平线标签<hr/>、段落标签<p>。

运行例 2-1，效果如图 2-2 所示。我们发现，不同标签描述的内容在浏览器中的显示效果是不一样的。页面中的信息，必须放在相应的 HTML 标签中，才能被浏览器正确解析。

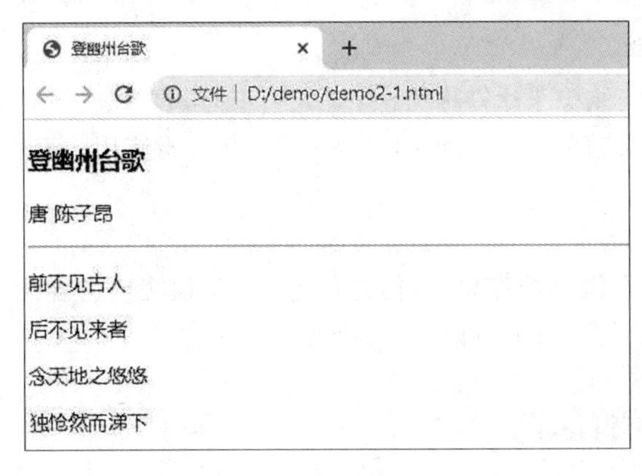

图 2-2　标签的使用

例 2-1 中，大部分标签都是成对出现的，如<p></p>，然而也有单个出现的标签，如<hr/>。为了方便学习和理解，通常将 HTML 标签分为两大类，分别是"双标签"与"单标签"。

1. 双标签

双标签由开始和结束两个标签符组成，其基本语法格式如下：

```
<标签名>内容</标签名>
```

该语法中"<标签名>"表示该标签的作用开始，一般称为"开始标签{start tag}"，</标签名>表示该标签的结束，一般称为"结束标签{end tag}"。和开始标签相比，结束标签只是在前面加了一个关闭符"/"。

例如，例 2-1 中的第 8 行代码：

```
<h3>登幽州台歌</h3>
```

其中<h3>表示一个标题标签的开始，而</h3>表示一个标题标签的结束，在它们之间是标题的内容。

2. 单标签

单标签也称空标签，使用一个标签符号即可完整地描述某个功能的标签。其基本语法格式如下：

```
<标签名/>
```

例如，例 2-1 中的第 10 行代码：

```
<hr/>
```

其中<hr/>为单标签，用于定义一条水平线。

提示

HTML 标签的作用原理就是选择网页内容从而进行描述，也就是说，需要描述谁就选择谁，所以才会有双标签的出现，用于定义标签作用的开始于结束。而单标签本身就可以描述一个功能，不需要选择谁，如水平线标签<hr/>，按照双标签的语法，应该写成"<hr/></hr>"，但是水平线标签不需要选择谁，它本身就代表一条水平线，此时写成双标签就显得有点多余，但是又不能没有结束符号，所以单标签的语法格式就是在标签名称后面加一个关闭符，即<标签名/>。

1.2.2 注释标签

在 HTML 中还有一种特殊标签称为注释标签。如果需要在 HTML 文档中添加一些便于阅读和理解但又不需要显示在页面中的注释文字，就需要使用注释标签。其基本语法格式如下：

```
<! --注释语句-->
```

注释内容不会显示在浏览器窗口中，但是作为 HTML 文档内容的一部分，也会被下载到用户的计算机上，查看源代码时就可以看到。

1.3 标签的属性

当使用 HTML 制作网页时，如果想让 HTML 标签提供更多的信息，如希望标题文本的字体为"微软雅黑"且居中显示，段落文本中的某些名词显示为其他颜色。此时仅仅依靠 HTML 标签的默认显示样式已经不能满足需求了，这时就可以使用 HTML 标签的属性假设值。其基本语法格式如下：

```
<标签名 属性 1="属性值 1" 属性 2="属性值 2" …>内容</标签名>
```

在上面的语法中，标签可以拥有多个属性，必须写在开始标签中，位于标签名之后，属性之间不区分先后顺序，标签名与属性，属性与属性之间均以空格分开。任何标签的属性都有默认值，省略该属性则取默认值。例如：

```
<h1 align="center">标题文本</h1>
```

其中 align 为属性名，center 为属性值，表示标题文本居中对齐。如果省略 align 属性，标题文本则按默认值左对齐显示，也就是说<h1></h1>等同于<h1 align="left"></h1>。

课堂体验　例 2-2

```
1  <! DOCTYPE html>
2  <html lang="en">
3  <head>
4  <meta charset="utf-8">
5  <title>登幽州台歌</title>
6  </head>
7  <body>
8  <h3 align="center">登幽州台歌</h3>
9  <p align="center"><font color="#979797" size="2">唐 陈子昂</font></p>
10 <hr size="2" color="#CCCCCC" />
11 <p align="center">>前不见古人</p>
12 <p align="center">>后不见来者</p>
13 <p align="center">>念天地之悠悠</p>
14 <p align="center">>独怆然而涕下</p>
15 </body>
16 </html>
```

在例 2-2 的第 8 行代码中，将标题标签<h3>的 align 属性设置为 center，使标题文本居中对齐。第 9 行代码同样使用 align 属性使段落文本居中对齐，同时通过<font>标签的 color 和 size 属性设置文本的颜色和字号。第 10 行代码使用水平线标签的 size 和 color 属性设置水平线为特定的粗细和颜色。

运行例 2-2，效果如图 2-3 所示。可以看出，当使用 HTML 标签时，想控制哪部分内容，就用相应的标签进行定义，然后利用标签的属性进行设置。

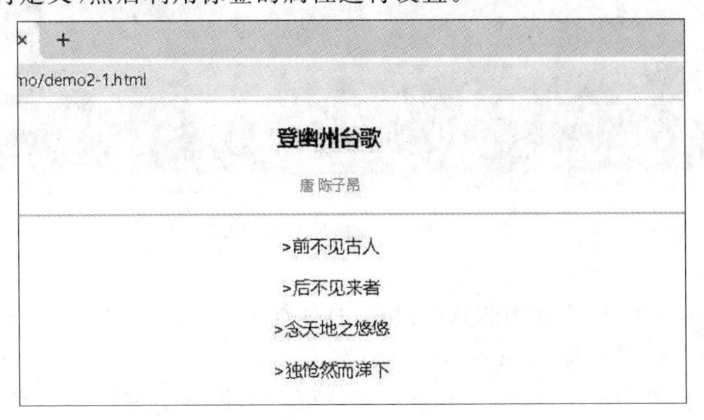

图 2-3　使用标签的属性

值得一提的是，书写 HTML 页面时，经常会在一对标签之间再定义其他的标签，把这种标签间的包含关系称为标签的嵌套，在嵌套结构中，HTML 元素的样式总是遵从“就近原则”。

本教材在描述标签时，经常会用到“嵌套”一词，所谓标签的嵌套其实就是一种包含关系。其实网页中所显示的内容都嵌套在<body></body>标签中，而<body></body>又嵌套在<html></html>标签中。

1.4　HTML 文档头部相关标签

制作网页时，经常需要设置页面的基本信息，如页面的标题、作者和其他文档的关系等。为此 HTML 提供了一系列的标签，这些标签通常都写在<head>标签内，因此被称为头部相关标签。接下来将具体介绍常用的头部相关标签。

1.4.1　设置页面标题标签<title>

<title>标签用于定义 HTML 页面的标题，即给网页取一个名字，必须位于<head>标签之内。一个 HTML 文档只能含有一对<title></title>标签，<title></title>之间的内容将显示在浏览器窗口的标题栏中。其基本语法格式如下：

```
<title>网页标题名称</title>
```

如图 2-4 所示，线框内显示的文本即为<title>标签里的内容。

1.4.2　定义页面元信息标签<meta/>

<meta/>标签用于定义页面的元信息，可重复出现在<head>头部标签中，在 HTML 中是一个单标签。<meta/>标签本身不包含任何内容，通过“名称/值”的形式成对的使用其属性可定义页面的相关参数，如为搜索引擎提供网页的关键字、作者姓名、内容描述，以及定义

图 2-4 设置页面标题标签<title>

网页的刷新时间等。

下面介绍<meta/>标签常用的几组设置，具体如下：

1. <meta name="名称" content="值"/>

在<meta/>标签中使用 name、content 属性可以为搜索引擎提供信息，其中 name 属性提供搜索内容名称，content 属性提供对应的搜索内容值。具体应用如下：

(1)设置网页关键字，如校园官网关键字的设置。

```
<meta name="keywords" content="数字化校园平台标准版"/>
```

其中 name 属性的值为 keywords，用于定义搜索内容名称为网页关键字，content 属性用于定义关键字的具体内容，多个关键字内容之间可以用“,”分隔。

(2)设置网页描述，如校园官网描述信息的设置。

```
<meta name="description" content="正方大学">
```

其中 name 属性的值为 description，用于定义搜索内容名称为网页描述，content 属性的值用于定义描述的具体内容。需要注意的是网页描述的文字不必过多。

(3)设置网页作者，如可以为校园客官网增加作者信息。

```
<meta name="author" content="正方软件股份有限公司">
```

其中 name 属性的值为 author，用于定义搜索内容名称为网页作者，content 属性的值用于定义具体的作者信息。

2. <meta http-equiv="名称" content="值"/>

在<meta/>标签中使用 http-equiv、content 属性可以设置服务器发送给浏览器的 HTTP 头部信息，为浏览器显示该页面提供相关的参数。其中，http-equiv 属性提供参数类型，content 属性提供对应的参数值。默认会发送<meta http-equiv="Content-type" content="text/html"/>通知浏览器发送的文件类型是 HTML。具体应用如下：

(1)设置字符集，如校园官网字符集的设置。

```
<meta http-equiv="Content-Type" content="text/html;charset=utf-8"/>
```

其中 http-equiv 属性的值为 Content-Type，content 属性的值为 text/html 和 charset=utf-8，中间用“;”隔开，用于说明当前文档类型为 HTML，字符集为 utf-8(国际化编码)。

utf-8 是目前最常用的字符集编码方式，常用的字符集编码方式还有 gbk 和 gb2312。

在 HTML5 中简化了字符集的写法，具体代码如下：

```
<meta charset="utf-8"/>
```

(2)设置页面自动刷新与跳转，如定义某个页面 10 秒后跳转至校园官网。

```
<meta http-equiv="refresh"content="10;url=http://www.gsjtxy.edu.cn"/>
```

其中 http-equiv 属性的值为 refresh，content 属性的值为数值和 url 地址，中间用“;”隔开，用于指定在特定的时间后跳转至目标页面，该时间默认以秒为单位。

任务 2　HTML 文本控制标签

在一个网页中文字往往占有较大的篇幅，为了让文字能够排版整齐、结构清晰，HTML 提供了一系列的文本控制编辑，如标题标签<h1>～<h6>、段落标签<p>、字体标签<font>等，下面将详细讲解这些标签。

2.1　标题标签和段落标签

一篇结构清晰的文章通常都有标题和段落，HTML 网页也不例外，为了使网页中的文字有条理地显示出来，HTML 提供了相应的标签，对它们的讲解如下。

2.1.1　标题标签

HTML 提供了 6 个等级的标题，即<h1>、<h2>、<h3>、<h4>、<h5>和<h6>，从<h1>到<h6>重要性递减。其基本语法格式如下：

```
<hn align="对齐方式">标题文本</hn>
```

该语法中 n 的取值为 1 到 6，align 属性为可选属性，用于指定标题的对齐方式。下面通过一个案例来演示标题标签的使用，如例 2-3 所示。

课堂体验　例 2-3

```
1   <! DOCTYPE html>
2   <html lang="en">
3   <head>
4   <meta charset="utf-8"/>
5   <title>标题标签</title>
6   </head>
7   <body>
8       <h1>1 级标题</h1>
9       <h2>2 级标题</h2>
10      <h3>3 级标题</h3>
11      <h4>4 级标题</h4>
12      <h5>5 级标题</h5>
13      <h6>6 级标题</h6>
14   </body>
15   </html>
```

在例 2-3 中，使用<h1>到<h6>标签设置 6 种级别的标题。

运行例 2-3，效果如图 2-5 所示。

从图 2-5 可以看出，默认情况下标题文字是加粗左对齐的，并且从<h1>到<h6>字号递减。如果想让标题文字右对齐或居中对齐，可以使用 align 属性设置对齐方式，其取值如下：

- left：设置标题文字左对齐(默认值)。
- center：设置标题文字居中对齐。

图 2-5　设置标题标签

• right：设置标题文字右对齐。

1. 一个页面中只能使用一个<h1>标签，常常被用在网站的 logo 部分。

2. h 元素拥有确切的语义，初学者禁止仅仅使用<hn>标签设置文字加粗或更改文字的大小。

3. HTML 不赞成使用<hn>标签的 align 对齐属性，可使用 style 属性或通过 CSS 设置。

2.1.2　段落标签

在 HTML 中通过<p>标签来定义段落，其基本语法格式如下：

```
<p align="对齐方式">段落文本</p>
```

该语法中 align 属性为<p>标签的可选属性，和标题标签<h1>～<h6>一样，同样可以使用 align 属性设置段落文本的对齐方式。

<p>是 HTML 文档中最常见的标签，默认情况下，文本在一个段落中会根据浏览器窗口的大小自动换行。下面通过一个案例来演示段落标签<p>的使用，如例 2-4 所示。

课堂体验　例 2-4

```
1  <! DOCTYPE html>
2  <html lang="en">
3  <head>
4  <meta charset="utf-8"/>
5  <title>段落标签的使用</title>
6  </head>
7  <body>
8  <h2>茶语人生</h2>
9  <p>喜欢在静幽的夜里，静品一壶香茗，伴着氤氲的茶香，梳理章乱的思绪。静静地看着一片
10 片叶子，在杯中一次次的翻滚，沉淀，一杯水由浓到淡，也品着一壶茶从馨香到无味的过程。
11  </p>
12  <p>古往今来，季节更迭，花开花落，岁月山河在朝夕的轮回中，早已找不到往日颜色，唯
13  有一缕茶香飘过秦时明月汉时关，依然在一杯水中安然。</p>
14  </body>
```

在例 2-4 中通过标题标签<h2>段落标签<p>定义了一个标题和两个段落。

运行例 2-4，效果如图 2-6 所示。

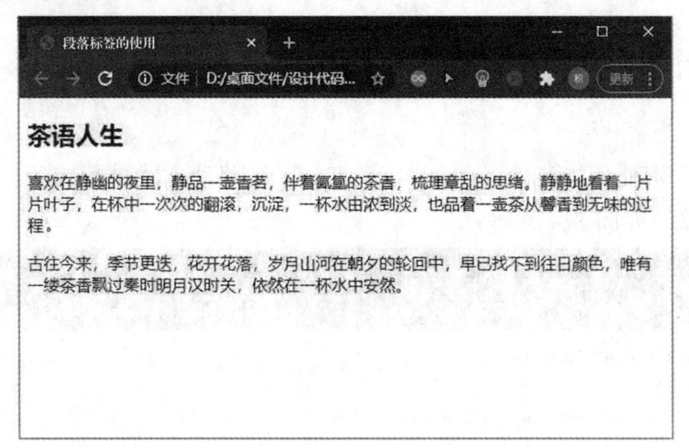

图 2-6　段落效果

从图 2-6 可以看出，通过使用<p>标签，每个段落都会单独显示，并且段落与段落之间有一定的间隔距离。

2.1.3　水平线标签

在网页中常常看到一些水平线将段落与段落之间隔开，使得文档层次分明，这些水平线可以通过插入图片实现，也可以通过标签来定义。<hr/>就是创建水平线的标签，其基本语法格式如下：

```
<hr 属性="属性值"/>
```

<hr/>是单标签，在网页中输入一个<hr/>，就添加了一条默认样式的水平线。<hr/>标签有几个常用的属性，见表 2-1。

表 2-1　<hr/>标签的常用属性

属性名	含义	属性值
align	设置水平线的对齐方式	可选择 left、right、center 三种值，默认为 left，左对齐
size	设置水平线的粗细	以像素为单位，默认为 2 像素
color	设置水平线的颜色	可用颜色名称、十六进制 #RGB、rgb(r,g,b)
width	设置水平线的宽度	可以是确定的像素值，也可以是浏览器窗口的百分比，默认为 100%

2.1.4　换行标签

在 HTML 中，一个段落中的文字会从左到右依次排列，直到浏览器窗口的右端，然后自动换行。如果希望某些文本片段强制换行显示，就需要使用换行标签
，这时如果还像在 word 中直接按 Enter 换行就不起作用了，如例 2-5 所示。

课堂体验　例 2-5

```
1  <! DOCTYPE html>
2  <html lang="en">
3  <head>
4  <meta charset="utf-8"/>
5  <title>使用 br 标签换行</title>
6  </head>
```

```
7   <body>
8   <p>使用 HTML 制作网页时通过 br 标签<br />可以实现换行效果</p>
9   <p>如果像在 word 中一样
10  按 Enter 换行就不起作用了</p>
11  </body>
12  </html>
```

在例 2-5 中，分别使用换行标签
和 Enter 键两种方式进行换行。

运行例 2-5，效果如图 2-7 所示。

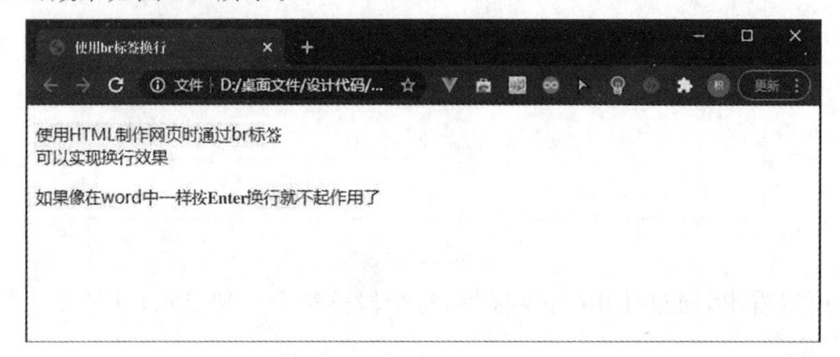

图 2-7　换行标签的使用

从图 2-7 可以看出，使用 Enter 键换行的段落在浏览器实际显示效果中并没有换行，只是多了一个字符的空白，而使用换行标签
的段落却实现了强制换行的效果。

标签虽然可以实现换行的效果，但并不能取代结构标签<h>、<p>等。

2.2 文本样式标签

HTML 提供了文本样式标签<font>，用来控制网页中文本的字体、字号和颜色。其基本语法格式如下：

```
<font 属性="属性值">文本内容</font>
```

该语法中<font>标签常用的属性有 3 个，见表 2-2。

表 2-2　<font>标签的常用属性

属性名	含义
face	设置文字的字体，如微软雅黑、黑体、宋体等
size	设置文字的代销，可以取 1 到 7 之间的整数值
color	设置文本的颜色

下面通过一个案例来演示<font>标签的用法，如例 2-6 所示。

课堂体验　例 2-6

```
1   <! DOCTYPE html>
2   <html lang="en">
```

```
3  <head>
4  <meta charset="utf-8"/>
5  <title>文本样式标签 font</title>
6  </head>
7  <body>
8  <h2 align="center">使用 font 标签设置文本样式</h2>
9  <p>我是默认样式的文本</p>
10 <p><font size="2" color="blue">我是 2 号蓝色文本</font></p>
11 <p><font size="5" color="red">我是 5 号红色文本</font></p>
12 <p><font face="微软雅黑" size="7" color="green">我是 7 号绿色文本,我的字体是微软雅黑哦
13 </font></p>
14 </body>
15 </html>
```

在例 2-6 中使用了 4 个段落标签,第 1 个段落中的文本为 HTML 默认段落样式,第 2、3、4 个段落分别使用<font>标签设置了不同的文本样式。

运行例 2-6,效果如图 2-8 所示。

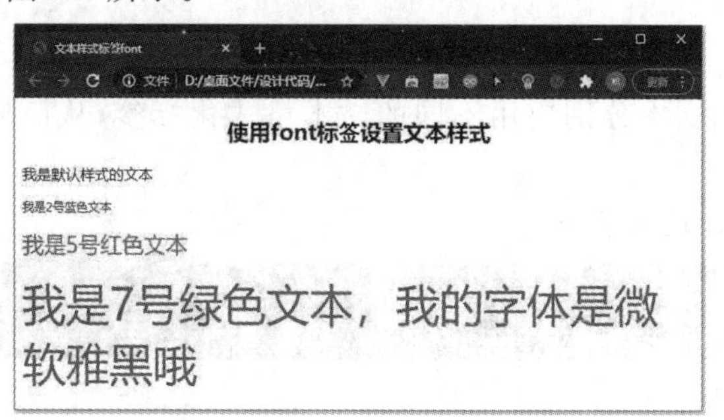

图 2-8　使用 font 标签设置文本样式

XHTML 不赞成使用<font>标签,可以使用 CSS 样式来定义文本的字体、大小和颜色。

2.3 文本格式化标签

在网页中,有时需要为文字设置粗体、斜体和下划线效果,为此 HTML 准备了专门的文本格式化标签,使文字以特殊的方式显示,常用的文本格式化标签见表 2-3。

表 2-3　常用文本格式化标签

标签	显示效果
<b></b>和<strong></strong>	文字以粗体方式显示
<i></i>和<em></em>	文字以斜体方式显示
<s></s>和<del></del>	文字以加删除线方式显示
<u></u>和<ins></ins>	文字以加下划线方式显示

下面通过一个案例来演示表 2-3 中默写标签的用法，如例 2-7 所示。

课堂体验　例 2-7

```
1  <!DOCTYPE html>
2  <html lang="en">
3  <head>
4  <meta charset="utf-8"/>
5  <title>文本格式化标签</title>
6  </head>
7  <body>
8  <p>我是正常显示的文本</p>
9  <p><b>我是使用 b 标签加粗的文本</b>,<strong>推荐使用 strong 加粗
10 </strong></p>
11 <p><i>我是使用 i 标签倾斜的文本</i>,<em>推荐使用 em 斜体文本</em></p>
12 <p><u>我是 u 带下划线文本</u>,不建议使用</p>
13 <p><s>我是 s 带删除线文本</s>,<del>推荐使用 del 带删除线文本</del></p>
14 </body>
15 </html>
```

在例 2-7 中，为段落文本分别应用不同的文本格式化标签，从而使文字产生特殊的显示效果。

运行例 2-7，效果如图 2-9 所示。

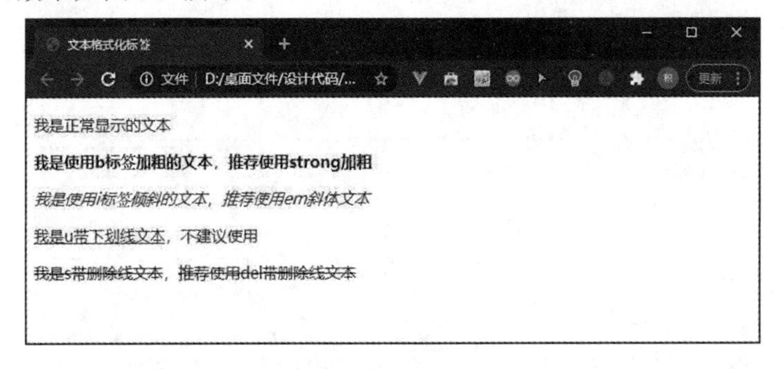

图 2-9　换行标签的使用

2.4 文本语义标签

文本语义标签主要用于向浏览器和开发者描述标签的意义，是一些供机器识别的标签，访问者只能看到显示样式的差异。有些文本语义标签可以突出文本内容的层次关系，方便搜索引擎搜索，甚至提高浏览器的解析速度。在 HTML5 中，文本语义标签有很多，下面列举<time>标签，简单介绍文本语义标签的基本用法。

<time>标签用于定义时间或日期，可以代表 24 小时中的某一时间。<time>标签不会在浏览器中呈现任何特殊效果，但是该元素能够以机器可读的方式对日期和时间进行编码，用户能够将生日提醒或其他事件添加到日程表中，搜索引擎也能够生成更智能的搜索结果。<time>标签有以下两个属性：

- datetime：用于定义相应的时间或日期，取值为具体时间（如 14:00）或具体日期（如

2020-09-01)，不定义该属性时，由文本的内容给定日期或时间。

• pubdate：用于定义<time>标签中的文档(或 artice 元素)发布日期，取值一般为“pubdate”。下面我们通过一个案例对<time>标签的用法进行演示，如例 2-8 所示。

课堂体验　例 2-8

```
1  <! DOCTYPE html>
2  <html lang="en">
3  <head>
4  <meta charset="utf-8"/>
5  <title>time 标签的使用</title>
6  </head>
7  <body>
8  <p>我们早上<time>8:00</time>开始上班</p>
9  <p>第 24 届<time datetime="2022-02-04">冬季奥林匹克运动会</time>北京 2022 年冬
   奥会计划于 2022 年 2 月 4 日(星期五)开幕</p>
10 <time datetime="2015-08-15" pubdate="pubdate">本消息发布于 2021 年 12 月 03 日
11 </time>
12 </body>
13 </html>
```

运行例 2-8，效果如图 2-10 所示。

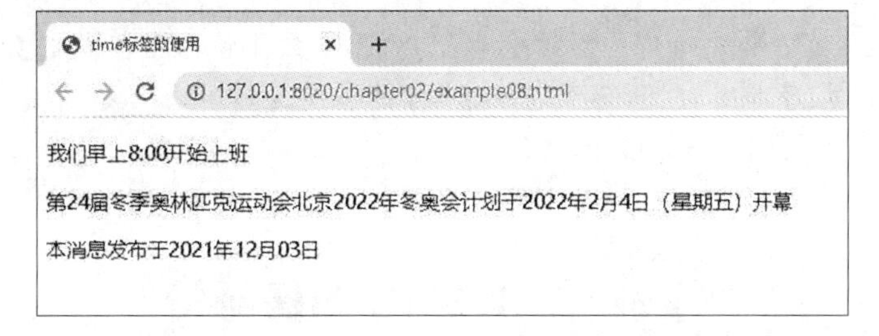

图 2-10　<time>标签的使用效果

在例 2-8 中，如果不使用<time>标签，也是可以正常显示文本内容，因此<time>标签的作用主要是增强文本的语义，方便机器解析。

2.5 特殊字符标签

浏览网页时常常会看到一些包含特殊字符的文本，如数学公式、版权信息等。那么如何在网页上显示这些包含特殊字符的文本呢？如何在网页上显示一个 HTML 标签呢？

由于“<”和“>”在 HTML 中已经作为标签的定界符，当作为尖括号、小于号或大于号使用时将被浏览器解析为标签符号，出现错误。其实 HTML 早就想到了这一点，HTML 为这些特殊字符准备了专门的替代代码，见表 2-4。

表 2-4　常用特殊字符的表示

特殊字符	描述	字符代码
	空格号	
<	小于号	<
>	大于号	>

（续表）

特殊字符	描述	字符代码
&	和号	&
¥	人民币	¥
©	版权	©
®	注册商标	®
°	摄氏度	°
±	正负号	±
×	乘号	×
÷	除号	÷
²	平方 2(上标 2)	²
³	立方 3(上标 3)	³

从表 2-4 中不难看出，特殊字符的代码通常由前缀"&"、字符名和后缀为英文状态下的";"组成，在网页中使用这些特殊字符时只需输入相应的代码替代即可。另外，在 Dreamweaver 中，还可以通过菜单栏中的【插入】→【HTML】→【特殊字符】选项直接插入相应特殊字符的代码。

浏览器对空格符" "的解析是有差异的，导致了使用空格符的页面在各个浏览器中显示效果不同，不推荐使用，可使用 CSS 样式替代。

任务 3 HTML 图像标签

浏览网页时我们常常会被网页中的图像所吸引，巧妙地在网页中使用图像可以为网页增色。下面主要介绍常用的图像格式、如何在网页中插入图像及如何设置图像的样式。

3.1 常用图像格式

网页中图像太大会造成载入速度缓慢，太小又会影响图像的质量。那么哪种图像格式能够让图像更小，却拥有更好的质量呢？下面将为大家介绍几种常用的图像格式，以及如何选择合适的图像格式应用于网页。

目前网页上常用的图像格式主要有 GIF、PNG 和 JPG 三种，具体区别如下：

3.1.1 GIF

GIF 最突出的地方就是它支持动画，同时 GIF 也是一种无损的图像格式，也就是说修改图片之后，图片质量几乎没有损失。再加上 GIF 支持透明（全透明或全不透明），因此很适合在互联网上使用。但 GIF 只能处理 256 种颜色，在网页制作中，GIF 格式常常用于 Logo、小图标及其他色彩相对单一的图像。

3.1.2　PNG

PNG 包括 PNG-8 和真色彩 PNG(PNG-24 和 PNG-32)。相对于 GIF,PNG 最大的优势是体积更小,支持 alpha 透明(全透明,半透明,全不透明),并且颜色过渡更平滑,但 PNG 不支持动画。其中 PNG-8 和 GIF 类似,只能支持 256 种颜色,如果做静态图就可以取代 GIF。而真色彩 PNG 可以支持更多的颜色,同时真色彩 PNG(PNG-32)支持半透明效果的处理。

3.1.3　JPG

JPG 所能显示的颜色比 GIF、PNG 要多很多,可以用来保存超过 256 种颜色的图像,但是 JPG 是一种有损压缩的图像格式,这就意味着每修改一次图片就会造成一些图像数据的丢失。JPG 是特别为照片图像设计的文件格式,网页制作过程中类似于照片的图像,如横幅广告(banner)、商品图片、较大的插图等都可以保存为 JPG 格式。

简而言之,在网页中小图片或网页基本元素(如图标、按钮等)考虑用 GIF 或 PNG-8,半透明图像考虑用 PNG,类似照片的图像则考虑用 JPG。

3.2　图像标签

在 HTML 中使用<img/>标签来定义图像,其基本语法格式如下:

```
<img src="图像路径" alt="图像不能显示时替换文本"/>
```

该语法中 src 属性用于指定图像文件的路径和文件名,它是<img/>标签的必须属性。

要想在网页中灵活地应用图像,仅仅靠 src 属性是不能够实现的。当然 HTML 还为<img/>标签准备了很多其他属性,具体见表 2-5。

表 2-5　<img/>标签的属性

属性	属性值	描述
src	URL	图像的路径
alt	文本	图像不能显示时的替换文本
title	文本	鼠标悬停时显示的内容
width	像素	设置图像的宽度
height	像素	设置图像的高度
border	数字	设置图像边框的宽度
vspace	像素	设置图像顶部和底部的空白(垂直边距)
hspace	像素	设置图像左侧和右侧的空白(水平边距)
align	left	将图像对齐到左边
	right	将图像对齐到右边
	top	将图像的顶端和文本的第一行文字对齐,其他文字局图像下方
	middle	将图像的水平中线和文本的第一行文字对齐,其他文字局图像下方
	bottom	将图像的底端和文本的第一行文字对齐,其他文字局图像下方

表 2-5 中对<img/>标签的常用属性做了简要描述,下面对它们进行详细讲解。

1. 图像的替换文本属性 alt

由于一些原因图像可能无法正常显示,如网速太慢、浏览器版本过低等。因此为页面上的图像加上替换文本是个很好的习惯,在图像无法显示时告诉用户该图片的内容。

alt 属性用于定义图像无法显示时的替换文本,下面通过一个案例来演示 alt 属性的用法,如例 2-9 所示。

课堂体验　例 2-9

```
1  <! DOCTYPE html>
2  <html lang="en">
3  <head>
4  <meta charset="utf-8" />
5  <title>图像标签 img 的 alt 属性</title>
6  </head>
7  <body>
8  <img src="alpha.jpg" alt="图片无法正常加载，请检查!"/>
9  </body>
10 </html>
```

在例 2-9 中，在当前 HTML 网页文件所在的文件中放入文件名为 alpha.jpg 的图像，并且通过 src 属性插入图像，通过 alt 属性指定图像不能显示时的替代文本。

运行例 2-9，正常情况下，效果如图 2-11 所示。如果图像不能显示，则出现如图 2-12 所示的效果。

图 2-11　正常显示的图片

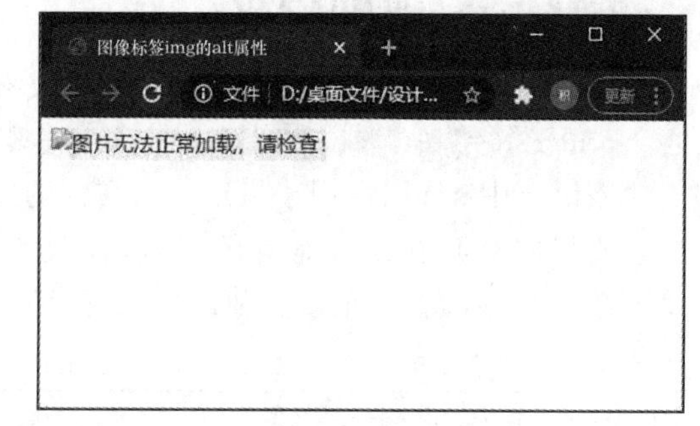

图 2-12　图片不能显示的效果

在过去网速比较慢的时候，alt 属性主要用于使看不到图像的用户了解图像内容。随着互联网的发展，现在显示不了图像的情况越来越少，alt 属性又有了新的作用。Google 和百度等搜索引擎在收录页面时，会通过 alt 属性的内容来分析网页的内容。因此如果在制作网页时，能够为图像设置清晰明确的替换文本，就可以帮助搜索引擎更好地理解网页内容，从而更有利于搜索引擎的优化。

提示

各浏览器对 alt 属性的解析不同，本教材这里使用 Chrome，如果使用其他的浏览器（如 IE、谷歌等），显示效果就可能存在一定的差异。

2. 使用 title 属性设置提示文字

图像标签<img/>有一个和 alt 属性十分类似的属性 title。title 属性用于设置鼠标悬停时图像的提示文字，下面通过例 2-10 来演示。

课堂体验　例 2-10

```
1  <! DOCTYPE html>
2  <html lang="en">
3  <head>
4  <meta charset="utf-8" />
5  <title>图像标签 img 的 title 属性</title>
6  </head>
7  <body>
8    <img src="5g.jpg" title="鼠标悬停时图像的提示文字" />
9  </body>
10 </html>
```

运行例 2-10，效果如图 2-13 所示，当鼠标指针移动到图像上时就会出现提示文本。

图 2-13　图像标签的 title 属性

3. 图像的宽度属性 width 和高度属性 height

通常情况下，如果不为<img/>标签设置宽度和高度，图片就会按照它的原始尺寸显示，当然也可以手动更改图片的大小。width 和 height 属性用来定义图片的宽度和高度，通常我们只设置其中的一个，另一个会按原图等比例显示。如果同时设置两个属性，且其比例和原图大小的比例不一致，显示的图像就会变形或失真。

4. 图像的边框属性 border

默认情况下图像是没有边框的，通过 border 属性可以为图像添加边框、设置边框的宽度，但边框颜色的调整仅仅通过 HTML 属性是不能够实现的。

5. 图像的边距属性 vspace 和 hspace

在网页中，由于排版需要，有时候还需要调整图像的边距。HTML 中通过 vspace 和 hspace 属性可以分别调整图像的垂直边距和水平边距。

6. 图像的对齐属性 align

图文混排是网页中常见的效果，默认情况下图像的底部会相对于文本的第一行文字对齐，如图 2-14 所示。但是在制作网页时经常需要实现其他的图像和文字环绕效果，例如图像居左文、字居右等，这时可以使用图像的对齐属性 align。

下面通过一个案例来演示图像居左文字居右的图文混排效果，如例 2-11 所示。

图 2-14　图像标签的默认对齐方式

课堂体验　例 2-11

```
1  <! DOCTYPE html>
2  <html lang="en">
3  <head>
4  <meta charset="utf-8" />
5  <title>图文混排</title>
6  </head>
7  <body>
8  <img src="alpha.jpg" alt="图片无法正常加载,请检查!" title="图文混排!"
9  hspace="20" vspace="20" align="left"/>
10 专题摘要:尊严之战,李世石成功扳回一局,目前比分三比一,本周二棋圣聂卫平和创新工
11 场创始人李开复将做客新浪科技直播收官之战,届时他们将为大家奉上最精彩的赛事解说!
12 关注新浪科技,收看人机终极对决!
13 </body>
14 </html>
```

在例 2-11 中，使用 hspace 和 vspace 属性为图像设置了水平边距和垂直边距，然后通过定义"align=left"使图像左对齐。

运行例 2-11，效果如图 2-15 所示。

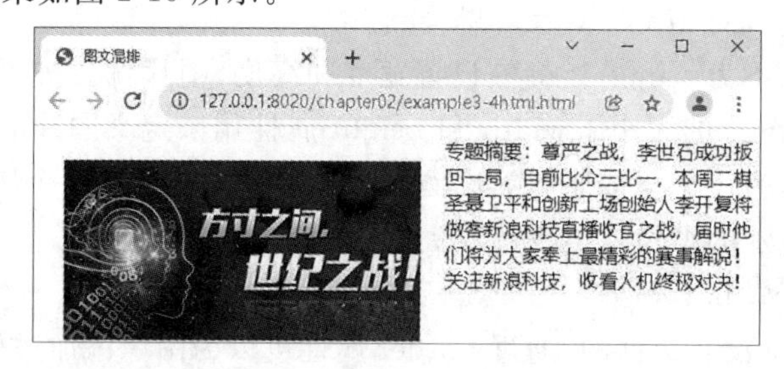

图 2-15　图文混排效果

提示

1. XHTML 不赞成使用图像标签<img/>，使用 border、vspace、hspace 和 align 属性，可用 CSS 样式替代。

2. 网页制作中，装饰性的图像一般不直接适应<img/>标签，而是通过 CSS 设置背景图像来实现。

3.3 相对路径与绝对路径

在使用计算机查找需要的文件时，需要知道文件的位置，而表示文件位置的方式就是路径。网页中的路径通常分为绝对路径和相对路径两种，具体介绍如下。

3.3.1　绝对路径

绝对路径就是网页上的文件或目录在硬盘上的真正路径，如“D:\网页制作项目教程(HTML+CSS+JavaScript)\images\logo.gif”，或完整的网络地址，如“http://www.itcast.com/images/logo.gif”。

网页中不推荐使用绝对路径，因为网页制作完成之后我们需要将所有的文件上传到服务器，这时图像文件可能在服务器的 C 盘，也有可能在 D 盘、E 盘，可能在 aa 文件夹中，也有可能在 bb 文件夹中。

3.3.2　相对路径

相对路径就是相对于当前文件的路径，相对路径不带有盘符，通常是以 HTML 网页文件为起点，通过层级关系描述目标图像的位置。

总结起来，相对路径的设置分为以下几种：

- 图像文件和 HTML 文件位于同一文件夹，只需输入图像文件的名称即可，如<img src="logo.gif"/>。
- 图像文件位于 HTML 文件的下一级文件夹，输入文件夹名和文件名，之间用“/”隔开，如<img src="img/img01/logo.gif"/>。
- 图像位于 HTML 文件的上一级文件夹，在文件名之前加入“../”，如果是上两级，则需要使用“../../”，以此类推，如<img src="../logo.gif"/>。

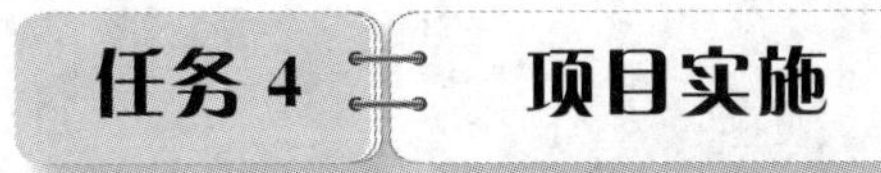

任务 4　项目实施

学习完上面的理论知识后，小黄着手制作“旅游专题”网站首页面。首先进行的是准备工作，分析页面布局，其次开始制作各个模块。

4.1 准备工作

1. 创建网站根目录

在计算机本地磁盘的任意盘符下创建网站根目录，新建一个文件夹命名为 travel。

2. 在根目录下新建文件

打开网站根目录 travel，在 travel 下新建 images 和 css 文件夹，分别用于存放需要的图像和 css 文件。

3. 新建站点

打开 DW 工具，在菜单栏中选择【站点】→【新建站点】选项，在弹出的对话框中输入站点名称“旅游专题”，然后浏览并选择站点根目录的储存位置。单击“保存”按钮，站点创建成功。

4.2 效果分析

4.2.1 页面分析

“旅游”专题页面从上到下可以分为 5 个模块，如图 2-16 所示。

图 2-16 “旅游”专题网站效果

4.2.2 页面布局

页面布局对于改善网站的外观来说非常重要，是为了使网站页面结构更加清晰而对页面进行的“排版”，下面对“旅游”专题页面进行整体布局。在站点根目录下新建一个 HTML 文件，命名为 index，然后使用<div>标签对页面进行布局，具体代码如下。

```
1  <! DOCTYPE html>
2  <html lang="en">
3  <head>
4  <meta charset="utf-8" />
5  <title>旅游专题网页</title>
6  </head>
7  <body>
8  <div style="width: 1200px; margin: 0 auto;">
9  <! --header 开始-->
10 <div > </div>
11 <! --header 结束-->
12 <! -- content 说旅游开始 -->
13 <div > </div>
14 <! -- content 说旅游结束 -->
15 <! -- 旅游有你真好 开始 -->
16 <div > </div>
17 <! -- 旅游有你真好 结束 -->
18 <! -- 驴友评论 开始 -->
19 <div > </div>
20 <! -- 驴友评论 结束 -->
21 <! -- footer 开始-->
22 <div > </div>
23 <! --footer 结束-->
24 </div>
25 </body>
26 </html>
```

在上面的代码中，最外层的<div>用于定义页面版心，其中第 8 行代码<div style="width:1200px; margin:0 auto;">用于定义页面的宽度为“1200px”且水平居中显示。

4.3 制作“头部”模块

4.3.1 结构分析

“头部”模块可以分为左右两部分，左边为 Logo 图片，可通过<img/>标签定义。右边为页面的导航，可通过<p>标签定义。

4.3.2 搭建结构

在如 index.html 文件内书写“头部”模块 HTML 代码，具体代码如下。

```
1  <! -- header 开始 -->
2    <div style="height: 56px;">
3      <img src="images/logo.png" alt="图片无法加载" align="left">
4        <p align="right">旅游首页   |  登录  
5           |  注册</p>
6    </div>
7  <hr color="#CCC" />
8  <! -- header 结束 -->
```

上述代码中，第 2 行代码中的 style="height:56px;"，用于定义“头部”模块的高度；第 3 行代码中的 align="left"用来定义图片居左排列；第 4 行代码中的 align="right"用来定义段落文本居右排列。同时在第 4 行代码中使用了空格符“ ”实现多个导航项之间的留白；第 7 行代码用于定义“头部”模块下的分界线。

保存 index.html 文件，刷新页面，效果如图 2-17 所示。

旅游首页 | 登录 | 注册

图 2-17 “头部”模块效果

4.4 制作“说旅游”模块

“说旅游”模块可以分为左右两部分，左边为图片，通过<img/>标签定义。右边为文本介绍，通过<div>中嵌套<p>标签定义。对于右边文本介绍中的特殊显示的文本样式，可通过文本格式化标签和文本样式标签定义。

在 index.html 文件内书写“说旅游”模块的 HTML 代码，具体如下：

```
1  <div style="height: 583px;">
2      <img src="images/banner1.jpg" alt="" align="left" hspace="12" vspace="12" />
3  <div>
4      <p align="center">
5      <strong>
6          <font face="微软雅黑" size="6" color="orange">说</font>
7          <font face="微软雅黑" size="7" color="orange">旅</font>
8          <font face="微软雅黑" size="6" color="orange">游</font>
9  </strong>
10 </p>
11     <p>    每个人在他的人生发轫之初，总有一段时光，没有什么可留恋，只有抑制不住的梦想，没有什么可凭仗，只有他的好身体，没有地方可去，只想到处流浪。人生就像一场旅行，不必在乎目的地，在乎的是沿途的风景以及看风景的心情，让心灵去旅行！
12     </p>
13     <p>    一个人，一条路，人在途中，心随景动，从起点，到尽头，也许快乐，或有时孤独，如果心在远方，只需勇敢前行，梦想自会引路，有多远，走多远，把足迹连成生命线。
14     </p>
15     <p>    生活是一段奇妙的旅行，就在那一去无返的火车上。与那些新人和旧人们共同经历吧！也许这就是一个人无法抗拒的命运，有你、有我、也有他。
16 </p>
17 <p>    我们一直在旅行，一直在等待某个人可以成为我们旅途的伴侣，陪我们走过一段别人无法替代的记忆。在那里，有我们特有的记忆，亲情之忆、友谊之花、爱情之树、以及遗憾之泪！
18 </p>
19         </div>
20     </div>
```

上述代码中，第 1 行代码中的 style="height:470px;"用于定义整个模块的高度，第 2 行代码中的 align="left;"用于定义图片居左排列，hspace="12"和 vspace="12"用于拉开图片与上下左右元素的距离，第 3～20 行代码通过在<div>标签中嵌套多个<p>标签来定义右侧的文本介绍，另外通过在<p>标签中嵌套文本样式标签<font>与文本格式化标签<strong>等来定义特殊显示的文本片段。

保存 index. html 文件，刷新页面，效果如图 2-18 所示。

图 2-18　“说旅游”模块效果

4.5　制作“旅游有你真好”模块

“旅游有你真好”模块中的标题通过<h2>标签定义，段落文本通过<p>标签中嵌套<font>标签定义，水平线由<hr/>标签定义，图像有<img/>标签定义。

在 index. html 文件内书写“旅游有你真好”模块的 HTML 代码，具体如下：

```
1  <!-- 旅游有你真好 开始 -->
2  <div>
3    <h2>  驴友:"驴友"有你真好</h2>
4      <p>
5        <em>
6          <font color="#666666">
7               2015.04.21    来源:一日游驴友群-老牛
8          </font>
9        </em>
10     </p>
11     <hr color="#CCC" />
12       <p>  去了不同的地方，看了不同的风景，知道了不同的事，感悟了不同的
         人生。凌晨，随着滑轮接触地面，飞机一阵抖动，我终于说出了最后一句再见。
13       </p>
14         <img src="images/banner2.jpg" alt="" hspace="20" vspace="20" />
15   </div>
16 <!-- 旅游有你真好 结束 -->
```

保存 index. html 文件，刷新页面，效果如图 2-19 所示。

图 2-19 “旅游有你真好”模块效果

4.6 制作“驴友评论”模块

“驴友评论”模块是由标题和评论构成的。其中，标题又可以分为图片(通过<img/>标签定义)和一条水平分割线(通过<hr/>标签定义)；评论(通过<div>标签布局)可以分为左边的图片(通过<img/>标签定义)、右边的文本和下方的水平分割线(通过<hr>标签定义)；其中右方的文本可以通过在<div>标签中嵌套<p>标签定义，对于特殊的文本字体，可通过<font>标签进行定义。

另外，各个评论的样式相同，对于这些样式相同的模块，在制作网页时只需要制作出一个块，其他的模块进行复制后更改细节即可。

在 index.html 文件内书写“驴友评论”模块的 HTML 代码，具体如下：

```
1  <!-- 驴友评论 开始 -->
2    <div>
3      <img src="images/icon.png" alt="" />
4        <hr color="#CCC" />
5          <div>
6            <img src="images/person1.png" alt="" align="left" hspace="10" />
7            <div>
```

```
8          <p>
9      <font color="#F60">HXZ9_IT</font>    
10             <font size="2" color="#999">2015-4-2 15:38:37</font>
11         </p>
12       <p>
13             <font size="2">第一次用途牛,太让我们惊喜了!真的很不错,行程安排得也
               很好!幸运的是,往返飞机都没有延误!
               </font>
14         <br />
15         <font color="#F60" size="2">
16             来自:一日游驴友 www.yiriyou.com
17         </font>
18       </p>
19     </div>
20  <div>
21     <img src="images/person2.png" alt="" align="left" hspace="10" />
22       <div>
23         <p>
24       <font color="#F60">外星人</font>    
25           <font size="2" color="#999">2015-3-2 15:05:37</font>
26         </p>
27         <p>
28         <font size="2">岛还可以,就是沙屋有虫子,不太让人满意,水屋确实挺棒的。饭
           嘛,国外基本都那样吧,海鲜还行。</font>
29           <br />
30           <font color="#F60" size="2">
31               来自:一日游驴友 www.yiriyou.com
32            </font>
33           </p>
34         </div>
35           <hr color="#CCC" size="1" />
36  </div>
37  <div>
38     <img src="images/person3.png" alt="" align="left" hspace="10" />
39     <div>
40         <p>
41       <font color="#F60">so_cool</font>    
42         <font size="2" color="#999">2015-2-14 10:38:36</font>
43     </p>
44     <p>
45         <font size="2">行程安排挺好的,挺喜欢伊露岛,岛上的人很热情,手机丢了小黑给
           找回来了,都很热情,会主动跟你招呼!</font>
```

```
46                  <br />
47                  <font color="#F60" size="2">
48                      来自:一日游驴友 www.yiriyou.com
49                  </font>
50                  </p>
51              </div>
52              <hr color="#CCC" />
53          </div>
54      </div>
55          <!-- 驴友评论 结束 -->
```

上述代码中,第 3~4 行代码用于定义“驴友评论”模块的标题,第 5~21 行代码用于定义第一条评论,第 22~38 行代码用于定义第 2 条评论,第 39~55 行代码用于定义第 3 条评论。

保存 index.html 文件,刷新页面,效果如图 2-20 所示。

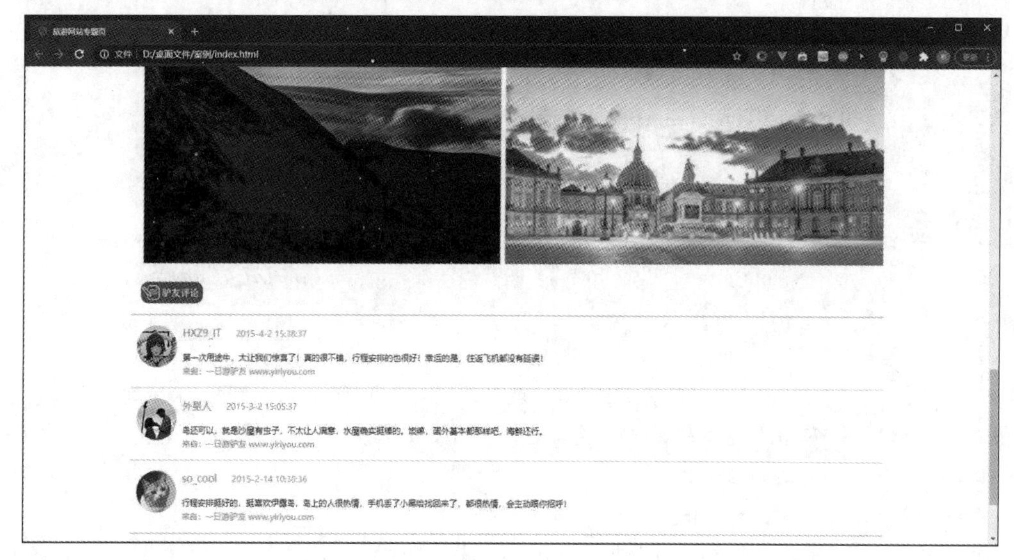

图 2-20 “驴友评论”效果

4.7 制作“页脚”模块

“页脚”模块水平居中排列,且有多行文本构成,可通过在<div>中嵌套多个<p>标签来定义,对于段落中特殊显示的文本可通过<font>标签进行定义。

4.7.1 模块制作

在 index.html 文件内书写“页脚”模块的 HTML 代码,具体代码如下:

```
1  <!-- footer 开始 -->
2      <div style="text-align:center;">
3          <p>
4              <font color="#1d5983" size="2">
5                  网友意见留言板    
6  <font color="#333">电话:000-1234567</font>    欢迎批评指正
7  </font>
```

```
8          </p>
9          <p>
10             <font color="#1d5983" size="2">
11    公司简介 | About YIRIYOU| 广告服务 | 联系我们 | 招聘信息 | 网站律师| YIRIYOU English |
      注册 | 产品答疑
12             </font>
13         </p>
14         <p>
15             <font size="2">
16               Copyright 2020-2025YIRIYOU. All Rights Reserved.
17             </font>
18         </p>
19    </div>
20    <! -- footer 结束 -->
```

上述代码中，第 2 行代码中的“style="text-align:center;"”用于定义“页脚”模块水平居中排列。保存 index.html 文件，刷新页面，效果如图 2-21 所示。

网友意见留言板 电话：000-1234567 欢迎批评指正

公司简介 | About YIRIYOU| 广告服务 | 联系我们 | 招聘信息 | 网站律师 | YIRIYOU English | 注册 | 产品答疑

Copyright © 2020 - 2025 YIRIYOU.All Rights Reserved.

图 2-21 “页脚”模块效果

课后习题

一、判断题

1. <body>标签和<head>标签是并列关系。 (　　)
2. <hr/>为单标签，用于定义一条水平线。 (　　)
3. 标签就是放在“< >”标签符中表示某个功能的编码命令。 (　　)
4. 在 HTML 中，标签可以拥有多个属性。 (　　)
5. 在标签嵌套中，单标签可以作为父级标签。 (　　)
6. 一个 HTML 文档可以含有多对<head>标签。 (　　)
7. 设置标签属性时，标签名与属性、属性与属性之间均以空格分开。 (　　)
8. 在特殊字符中，<sub>用来表示上标。 (　　)
9. 绝对路径就是网页上的文件或目录在硬盘上的真正路径。 (　　)
10. <! DOCTYPE>标记和浏览器的兼容性无关，为了代码简洁，可以删掉。 (　　)

二、选择题

1. 下列选项中，属于 HTML5 扩展名的是(　　)。

A. xhtml　　B. html　　C. htm　　D. xhtm

2. 在 HTML 中，表示内嵌 CSS 样式的标签是(　　)。

A. <title>　　B. <style>　　C. <head>　　D. <meta>

3. 下列选项中，可以调整图像垂直边距属性的是(　　)。

A. vspace　　B. title　　C. alt　　D. hspace

4. 下列选项中<img/>标签链接图片路径属性的是(　　)。

A. src　　B. alt　　C. width　　D. height

5. 下列选项中,属于网页上常用图片格式的是(　　)。

A. GIF 格式　　B. PSD 格式　　C. PNG 格式　　D. JPG 格式

6. 下列选项中,用于定义 HTML 文档所要显示内容的是(　　)。

A. <head></head>　　B. <body></body>

C. <html></html>　　D. <title></title>

7. 下列选项中,用于将文字以加删除线方式显示的是(　　)。

A. <b></b>和<strong></strong>　　B. <u></u>和<ins></ins>

C. <i></i>和<em></em>　　D. <del></del>和<s></s>

8. 下列选项中,可以设置文字字体的属性是(　　)。

A. face　　B. size　　C. color　　D. font

9. <font></font>标签不可以设置的属性有(　　)。

A. color　　B. face　　C. size　　D. font-family

10. 下列选项中,支持透明的图像格式的是(　　)。

A. jpg 格式　　B. gif 格式　　C. psd 格式　　D. png 格式

项目3

书海遨游主题网页——CSS入门

学习目标

- 了解 CSS 样式规则
- 掌握 CSS 字体样式及文本外观属性
- 熟悉 CSS 复合选择器
- 掌握 CSS 层叠性、继承性与优先级

学习路线

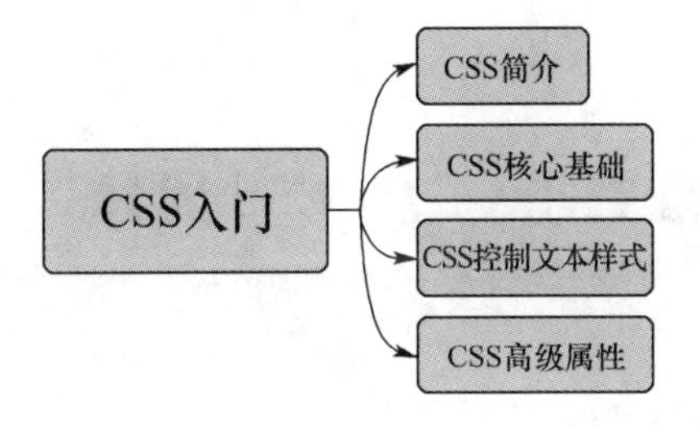

项目描述

赶走心灵的雾霾，来书店自由的呼吸，放眼天下，洞察世事，品味人生，在这里做一个高品味的观察者和思考者。读友李会长与公司项目负责人洽谈计划定制一个“书海遨游”的主题网站。

学习并掌握本项目四个任务的相关基础知识，然后再动手制作该主题网站，完成后网页效果如图 3-1 所示。

图 3-1　书海遨游专题网页效果

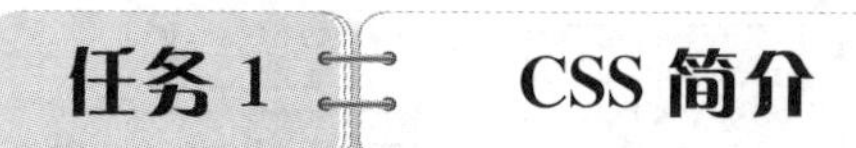

1.1 什么是 CSS？

CSS(Cascading Style Sheet)，中文译为“层叠样式表”。CSS 主要是对 HTML 标签的内容进行更加丰富的装饰，并将网页表现样式与网页结构分离的一种样式设计语言。用户可以使用 CSS 控制 HTML 页面中的文本内容、图片外形以及版面布局等外观的显示样式。

1.2 结构与表现分离

使用 HTML 标签属性对网页进行修饰的方式存在很大的局限和不足，因为我们所有的样式都是写在标签中，既不便于代码阅读又为将来维护代码增加了困难。如果希望网页美观、大方、维护方便，就需要使用 CSS 实现结构与表现的分离。结构与表现分离是指在网页设计中，HTML 标签只用于搭建网页的基本结构，不使用标签属性设置显示样式，所有的样式交由 CSS 设置。

1.3 CSS 发展史

20 世纪 90 年代初，HTML 语言诞生，各种形式的样式表也随之出现。但随着 HTML 功能的增加，外来定义样式的语言变得越来越没有意义了。1994 年，哈坤·利提出了 CSS 的最初建议，伯特·波斯当时正在设计一个叫作 Argo 的浏览器，他们决定一起合作设计 CSS。发展至今，CSS 已经出现了 4 个版本，具体介绍如下。

1.2.1　CSS1.0

1996 年 12 月，W3C 发布了第 1 个有关样式的标准 CSS1.0。这个版本中，已经包含了 font 的相关属性、颜色与背景的相关属性、文字的相关属性、box 的相关属性等。

1.2.2　CSS2.0

1998 年 5 月，CSS2.0 正式推出。这个版本推荐的是内容和表现效果分离的方式，并开始使用样式表结构。

1.2.3　CSS2.1

2004 年 2 月，CSS2.1 正式推出。它在 CSS2.0 的基础上略微做了改动，删除了许多不被浏览器支持的属性。

1.2.4　CSS3.0

早在 2001 年，W3C 就着手开始准备开发 CSS3.0 规范。虽然完整的、权威的 CSS3.0 标准还没有尘埃落定，但是各主流浏览器已经开始支持其中的绝大部分特性。

任务 2　CSS 核心基础

使用 HTML 修饰页面时，存在很大的局限和不足，例如维护困难、不利于代码阅读。想要通过代码实现网页样式，需要学习 CSS 的核心基础知识，才能熟练设置网页显示效果。下面将对 CSS 样式规则、引入 CSS 样式表、CSS 基础选择器等内容详细介绍。

2.1 CSS 样式规则

使用 CSS 对网页进行修饰，首先需要了解 CSS 样式规则，其基本语法格式如下：

```
选择器{属性 1:属性值 1; 属性 2:属性值 2; 属性 3:属性值 3;}
```

上述样式规则中，选择器用于指定 CSS 样式作用的 HTML 样式，花括号{ }内是对该对象设置的具体样式。其中，属性和属性值以“键值对”的样式出现，属性是对指定的对象设置的样式属性，例如字体大小，文本颜色等。属性和属性值之间用英文符号“:”连接，多个“键值对”之间用英文符号“;”进行区分。

```
h2{font-size:14px; color:red;}
```

其中 h2 是选择器，表示 CSS 样式作用的 HTML 对象为<h2>标签，font-size 和 color 为 CSS 属性，分别表示字体大小和颜色，14px 和 red 为它们的值。

初学者在书写 CSS 样式时，除了要遵循 CSS 样式规则外，还要注意以下几个问题：

• CSS 样式中的选择器严格区分大小写，属性和值不区分大小写，按照书写习惯一般将

"选择器、属性和值"都采用小写的方式。

• 如果属性的值由多个单词组成且中间包含空格，则必须为这个属性值加上英文状态下的引号。

```
P{font-family:"Times New Roman";}
```

• 为了提高代码的可读性，书写 CSS 代码时，通常会加上 CSS 注释。

```
/*这是 CSS 注释文本，此内容不会显示在浏览器窗口中*/
```

• 在 CSS 代码中空格是不被解析的，花括号以及分号前后的空格可有可无。因此，可以使用空格键、Tab 键、Enter 键等对样式代码进行排版，提高代码的可读性。

```
h1{font-szie:20px; color:red;}
```

等价于

```
h1{
    font-size:20px;                    /*定义字体大小*/
    color:red;                         /*定义文本颜色*/
}
```

• 属性的值和单位之间是不允许出现空格的。例如，下面这行代码是不正确的。

```
h1{font-size:20 px; }                  /*20 和单位 px 之间有空格*/
```

2.2 引入 CSS 样式表

使用 CSS 修饰网页元素时，首先需要引入 CSS 样式表，常用的引入方式有 3 种。

2.2.1 行内式

行内式是通过标签的 style 属性来设置元素的样式，其基本语法格式如下：

```
<标签名 style="属性 1:属性值 1; 属性 2:属性值 2;">内容</标签名>
```

该语法中 style 是标签的属性，实际上任何 HTML 标签都拥有 style 属性，用来设置行内式，其中属性和值的书写规范与 CSS 样式规则相同。行内式只对其所在的标签及嵌套在其中的子标签起作用。下面通过一个案例来演示使用行内式引入 CSS 样式的方法，如例 3-1 所示。

课堂体验　例 3-1

```
1  <! DOCTYPE html>
2  <html lang="en">
3  <head>
4  <meta charset="utf-8" />
5  <title>使用 CSS 行内式</title>
6  </head>
7  <body>
8  <p style="font-size:14px; color:red;">CSS 以 HTML 为基础，提供了丰富的功能，如字体、颜
   色、背景的控制及整体排版等。</p>
9  <p style="font-size:16px; color:blue;">通过更改 CSS 样式，可以轻松控制网页的表现样式。
   </p>
10 </body>
11 </html>
```

在例 3-1 中，通过使用行内式 CSS 样式，分别设置两个<p>标签的字号和颜色。

运行例 3-1,效果如图 3-2 所示。

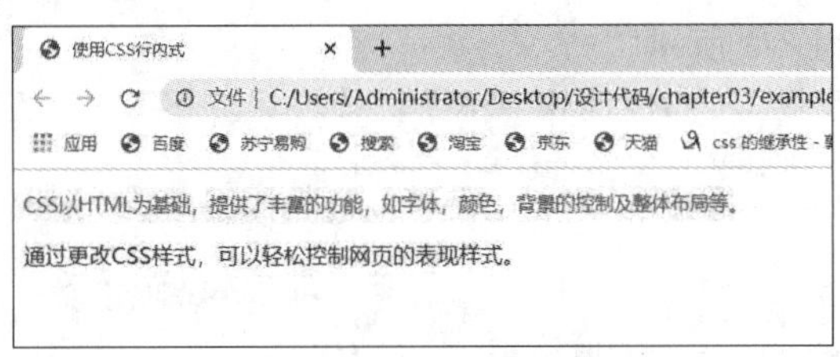

图 3-2　行内式效果显示

由例 3-1 可以看出,行内式也是通过标签的 style 属性来控制样式的,并没有做到结构与表现的分离,所以一般很少使用。一般只有在样式规则较少且只有该元素上使用一次,或者需要临时修改某个样式规则时使用。

2.2.2　内嵌式

内嵌式是指 CSS 代码集中写在 HTML 文档的<head>头部标签中,并且用<style>标签定义,其基本语法格式如下:

```
<head>
<style type="text/css">
    选择器{属性 1:属性值 1; 属性 2:属性值 2;}
</style>
</head>
```

在该语法中,<style>标签一般位于<head>标签中的<title>标签后,也可以把它放在 HTML 文档的任何地方。但是由于浏览器是从上到下解析代码的,把 CSS 代码放在头部便于提前被下载和解析,以避免网页内容下载后没有样式修改带来的尴尬。同时必须设置 type 的属性值为“text/css”。

下面通过一个案例来演示内嵌式 CSS 样式用法,如例 3-2 所示。

课堂体验　例 3-2

```
1   <! DOCTYPE html>
2   <html lang="en">
3   <head>
4   <meta charset="utf-8" />
5   <title>使用 CSS 内嵌式</title>
6     <style type="text/css">
7       h2{ text-align:center;color:red;}                    /* 定义标题标签居中对齐 */
8       p{ font-family:"微软雅黑"; font-size:16px;}          /* 定义段落标签的样式 */
9     </style>
10  </head>
11  <body>
12    <h2>Web 前端开发</h2>
13    <p>WEB 前端开发是协调前端设计师和后端程序员实现网站网页或程序的界面美化,交互体
      验的一个职位</p>
14  </body>
15  </html>
```

在例 3-2 中,使用<style>标签引入内嵌式 CSS 样式。然后,分别定义标题<h2>字体

颜色，居中对齐，段落<p>显示为 16 px，微软雅黑字体。

运行例 3-2，效果如图 3-3 所示。

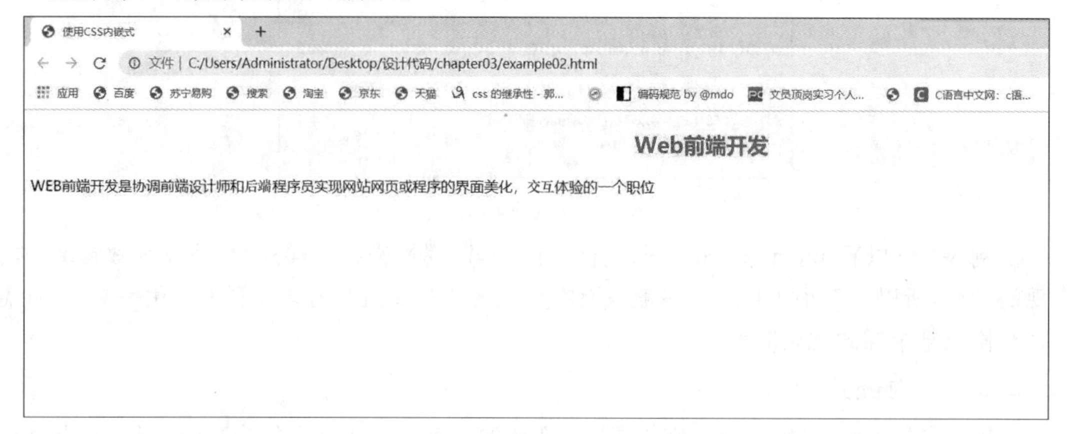

图 3-3　内嵌式效果显示

内嵌式 CSS 样式只对其所在 HTML 页面生效，因此，只设计一个页面时，使用内嵌式是不错的选择。但如果是网站不建议使用此方式，因为它不能充分发挥 CSS 代码的重用优势。

2.2.3　链入式

链入式是将所有的样式放在一个或者多个以 CSS 为扩展名的外部样式表文件中，通过<link/>标签将外部样式表文件链接到 HTML 文档中，其基础语法格式如下：

```
<head>
    <link href="CSS 文件的路径" type="text/css" rel="stylesheet"/>
</head>
```

该语法中，<link />标签需要放在<head>头部标签中，并且必须指定<link />标签的三个属性，具体如下。

• href：定义所链接外部样式表文件的 URL。

• type：定义所链接文档的类型，在这里需要指定为"text/css"，表示链接的外部文件为 CSS 样式表。

• rel：定义当前文档与被链接文档之间的关系，在这里需要指定为"stylesheet"，表示链接的文档是一个样式表文件。

接下来，分步骤演示如何通过链入式引入 CSS 样式，其具体步骤如下。

(1)创建 HTML 文档。首先创建一个 HTML 文档，并添加一个标题和一个段落文本，如例 3-3 所示。

课堂体验　例 3-3

```
1  <! DOCTYPE html>
2  <html lang="en">
3  <head>
4  <meta charset="utf-8" />
5  <title>使用链入式 CSS 样式</title>
6  <link href="style. css" type="text/css" rel="stylesheet" />
7  </head>
```

```
8   <body>
9     <h2><<论诗>></h2>
10     <p>【清】赵翼</p>
11     <p>李杜诗篇万口传,至今已觉不新鲜。</p>
12     <p>江山代有才人出,各领风骚数百年。</p>
13   </body>
14   </html>
```

将该 HTML 文档命名为 demo3-03.html,保存在 project03 文件夹中。

(2)创建样式表。打开 Dreamweaver CS6,在菜单栏选择【文件】→【新建】选项,界面会弹出"新建文档"窗口,如图 3-4 所示。

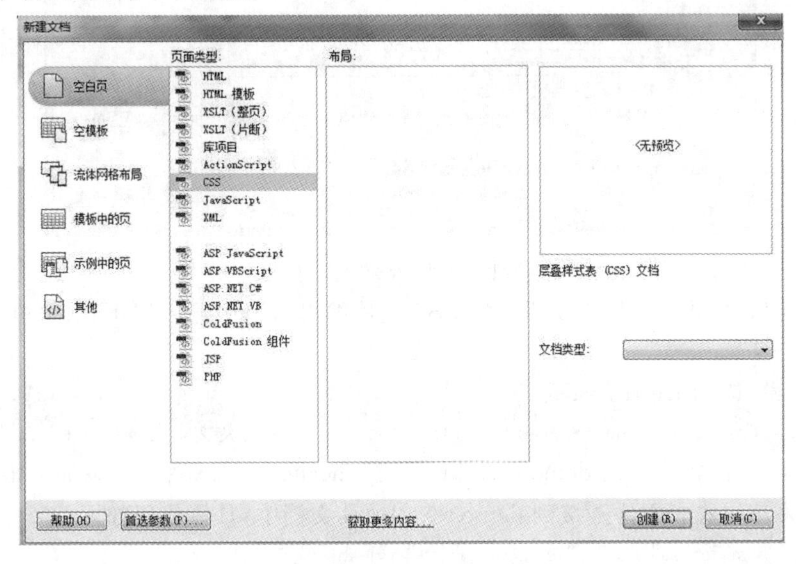

图 3-4　新建 CSS 文档

在"新建文档"窗口的基本页选项卡中选择"CSS"选项,单击"创建"按钮,弹出 CSS 文档编辑窗口,如图 3-5 所示。

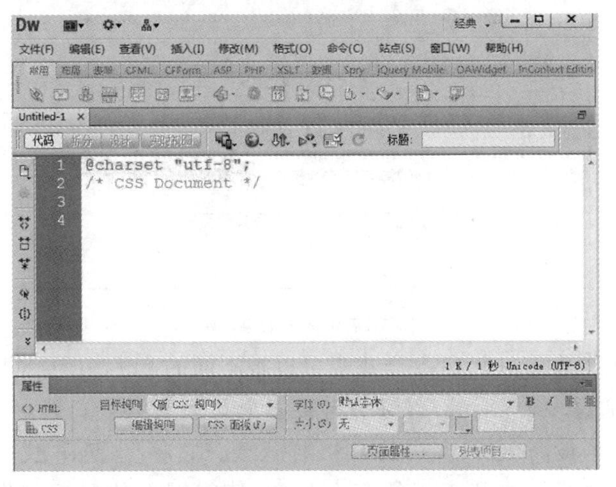

图 3-5　CSS 文档编辑

(3)保存 CSS 文件。选择【文件】→【保存】选项,弹出"另存为"对话框,如图 3-6 所示。

在如图 3-6 所示中，将文件命名为 style. css，保存在 demo3-03. html 文件所在的文件夹 project03 中。

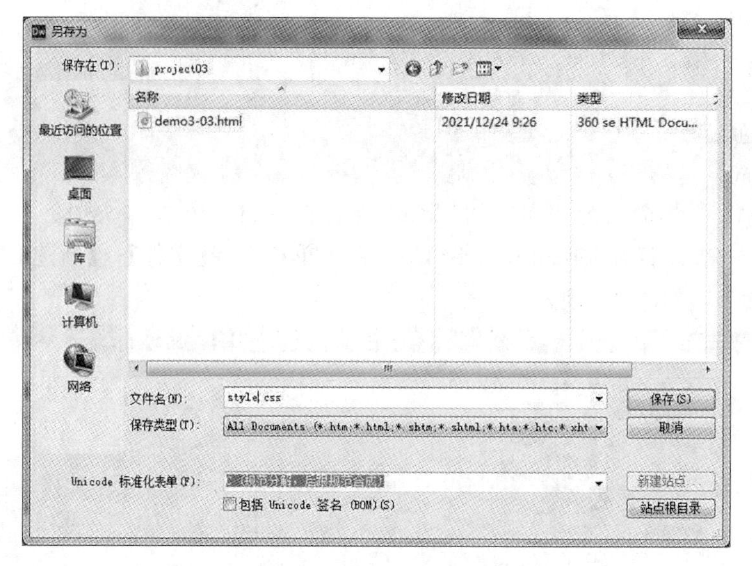

图 3-6 “另存为”对话框

(4)书写 CSS 样式。在图 3-5 所示的 CSS 文档编辑窗口中输入以下代码，并保存 CSS 样式表文件。

```
h2{color:red; text-align:center;}
p{font-size:16px; color:blue; text-align:center;}          /*定义文本修饰样式*/
```

(5)链接 CSS 样式表。在 demo3-03. html 的<head>头部标签中，添加<link />语句，将 style. css 外部样式表文件链接到 demo3-03. html 文档中，具体代码如下：

```
<link href="style.css" type="text/css" rel="stylesheet"/>
```

然后，保存 demo3-03. html 文档，在浏览器中运行，效果如图 3-7 所示。

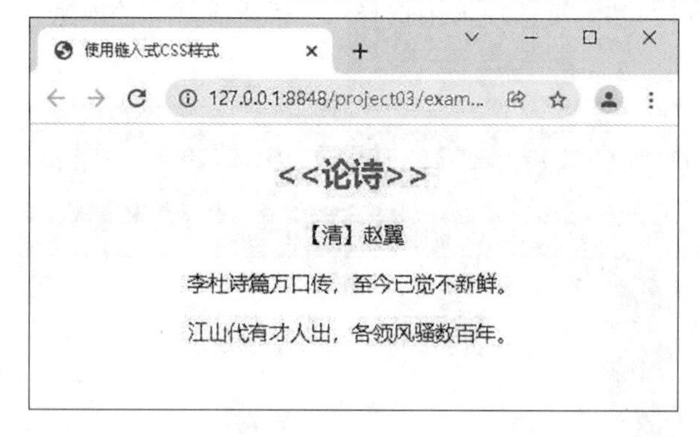

图 3-7 链入式效果显示

链入式最大的好处是同一个 CSS 样式表可以被不同的 HTML 页面链接使用，同时，一个 HTML 页面也可以通过多个<link/>标签链接多个 CSS 样式表。

链入式是使用频率最高，也最实用的 CSS 样式表。它将 HTML 代码与 CSS 代码分离为两个或多个文件，实现了结构和表现的完全分离，使得网页的前期制作和后期维护都十分方便。

2.3 CSS 基础选择器

如果将 CSS 样式应用于特定的 HTML 元素，那么首先需要找到该目标元素。在 CSS 中，执行这一任务的样式规则部分被称为选择器，具体如下。

2.3.1　标签选择器

标签选择器是指用 HTML 标签名作为选择器，按标签名称分类，为页面中某一类标签指定统一的 CSS 样式。其基本语法格式如下：

```
标记名{属性 1:属性值 1; 属性 2:属性值 2;}
```

该语法中，所有的 HTML 标签名都可以作为标签选择器，如 body、h1、p、strong 等。用标签选择器定义的样式对页面中该类型的所以标签都有效。

例如，可以使用 p 选择器定义 HTML 页面中所有段落的样式，示例代码如下：

```
p{font-size:12px; color:#666; font-family:"微软雅黑";}
```

上述 CSS 样式代码用于设置 HTML 页面中所有段落文本，字体大小为 12 像素，颜色为 #666，字体为“微软雅黑”。

标签选择器优点是能快速为页面中同类型的标签统一样式，同时这也是它的缺点，即不能设计差异化样式。

2.3.2　类选择器

类选择器使用“.”(英文点号)进行标识，后面紧跟类名，其基本语法格式如下：

```
.类名{属性 1:属性值 1; 属性 2:属性值 2;}
```

该语法中，类名即为 HTML 元素的 class 属性值，大多数 HTML 元素都可以定义 class 属性。类选择器最大的优势是可以为元素对象定义单独或相同的样式。

下面通过一个案例来学习类选择器的使用，如例 3-4 所示。

课堂体验　例 3-4

```
1   <!DOCTYPE html>
2   <html lang="en">
3   <head>
4   <meta charset="utf-8" />
5   <title>类选择器</title>
6   <style type="text/css">
7           .red{color:red; }
8           .green{color:green; }
9           .font22{font-size:22px; }
10        p{ text-decoration:underline; font-family:"微软雅黑";}
11    </style>
12   </head>
13   <body>
14     <h2 class="red">望岳</h2>
15    <span class="red">[唐]杜甫</span>
16     <p class="green font22">岱宗夫如何？</p>
17     <p class="green font22">齐鲁青未了。</p>
```

```
18    <p class="green font22">会当凌绝顶，</p>
19    <p class="green font22">一览众山小。</p>
20  </body>
21  </html>
```

在例 3-4 中，对标题标签<h2>和<span>应用 class＝“red”，通过类选择器设置它们的文本颜色为红色。对 4 个段落标签<p>应用 class＝“font22”，通过类选择器设置它们的字号为 22 像素，同时还对 4 个段落标签<p>应用类“green”，将其文本颜色设置为绿色。然后，通过标签选择器统一设置所有的段落字体为微软雅黑，同时加下划线。

运行例 3-4，效果如图 3-8 所示。

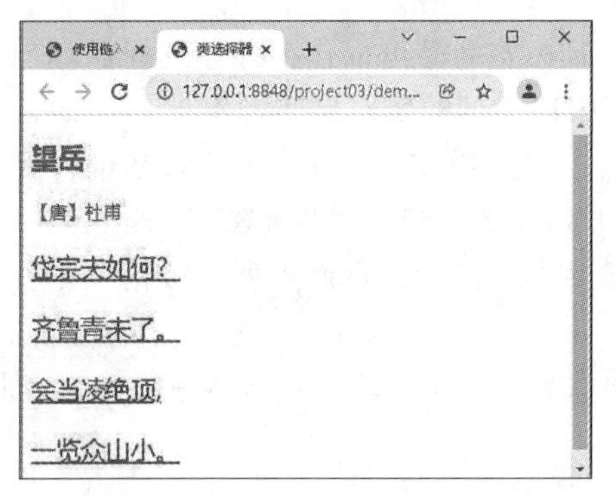

图 3-8　使用类选择器

在图 3-8 中，“标题文本”和“<span>标签设置文本内容”均显示为红色，可见多个标签可以使用同一个类名，这样可以为不同类型的标签指定相同的样式；一个 HTML 元素也可以应用多个 class 类，设置多个样式；通过标签选择器为同一元素设置相同样式。

类名的第一个字符不能使用数字，一般采用小写的英文字符。

2.3.3　id 选择器

id 选择器使用“#”进行标识，后面紧跟 id 名，其基本语法格式如下：

```
#id名{属性1:属性值1; 属性2:属性值2;}
```

该语法中，id 名即 HTML 元素的 id 属性值，大多数 HTML 元素都可以定义 id 属性，元素的 id 值是唯一的，只能对应文档中某一个具体元素。

下面通过一个案例来学习 id 选择器的使用，如例 3-5 所示。

课堂体验　例 3-5

```
1   <! DOCTYPE html>
2   <html lang="en">
3   <head>
4   <meta charset=" utf-8" />
5   <title>id 选择器</title>
6   <style type="text/css">
7           #bold{font-weight:bold; color:red;}
8           #font22{font-size:22px;}
9   </style>
10  </head>
11  <body>
```

```
12        <p id="bold">段落 1:设置字体红色、加粗效果。</p>
13        <p id="font22">段落 2:设置字号为 22px。</p>
14        <p id="font22">段落 3:设置字号为 22px。</p>
15        <p id="bold font22">段落 4:同时设置字体为 22px、红色、加粗效果。</p>
16    </body>
17    </html>
```

在例 3-5 中，为 4 个<p>标签同时定义了 id 属性，并通过相应的 id 选择器设置了文本字号、颜色、加粗效果。其中，第 2 个和第 3 个<p>标签的 id 属性值相同，第 4 个<p>标签设置两个 id 属性值。

运行例 3-5，效果如图 3-9 所示。

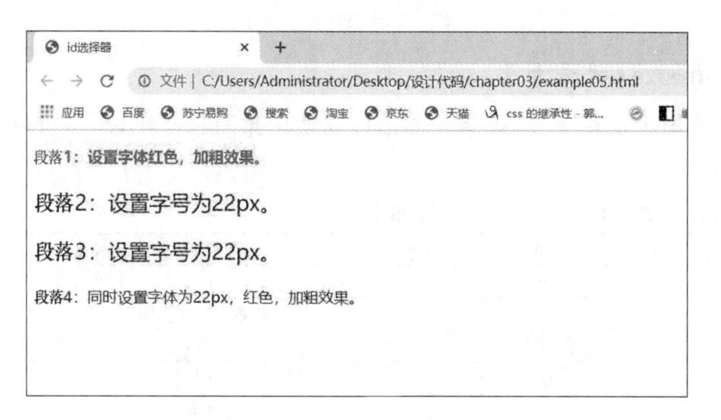

图 3-9　使用 id 选择器

从图 3-9 可以看出，第 2 行和第 3 行文本都显示了＃font22 定义的样式。也就是说，同一个 id 可以应用于多个标签，浏览器并不报错，但是这种做法是不被允许的。因为 JavaScript 等脚本语言调用 id 时会出错，因此一定是一个 id 对应唯一的一个标签。但是，最后一行没有应用任何 CSS 样式，这意味着 id 选择器不支持定义多个值，类似 id＝“bold font22”的写法是完全错误的。

2.3.4　通配符选择器

通配符选择器用“＊”号表示，它是所有选择器中作用范围最广的，能匹配页面中所有的元素。其基本语法格式如下。

```
*{属性 1:属性值 1; 属性 2:属性值 2;}
```

例如下面的代码，使用通配符选择器定义 CSS 样式，清除所有 HTML 标签，并设置为默认边距。

```
*{
    margin:0;                    /*定义外边距*/
    padding:0;                   /*定义内边距*/
}
```

实际网页开发不建议使用通配符选择器，因为它设置的样式对所有的 HTML 都生效，不管标签是否需要该样式，这样反而降低了代码的执行速度。

任务 3 CSS 控制文本样式

学习 HTML 时，可以使用文本样式标签及其属性控制文本的显示样式，但是这种方式烦琐且不利于代码的共享和移植。为此，CSS 提供了相应的文本样式属性。使用 CSS 可以更轻松方便地控制文本样式，下面将对常用的文本样式属性进行详细讲解。

3.1 CSS 字体样式属性

为了更方便地控制网页中各种各样的字体，CSS 提供了一系列的字体样式属性，具体如下。

3.1.1 font-size：字号大小

font-size 属性用于设置字号，该属性的值可以使用相对长度单位，也可以使用绝对长度单位，具体见表 3-1。

表 3-1 CSS 长度单位

相对长度单位	说明
em	相对于当前对象内文本的字体尺寸
px	像素，推荐使用
绝对长度单位	说明
in	英寸
cm	厘米
mm	毫米
pt	点

其中，相对长度单位比较常用，推荐使用像素单位 px，绝对长度单位使用较少。例如将网页中所有段落文本的字号大小设为 16px，可以使用如下 CSS 样式代码。

```
p{font-size:16px;}
```

3.1.2 font-family：字体

font-family 属性用于设置字体。网页中常用的字体有宋体、微软雅黑、黑体等。例如将网页中所有段落文本的字体设置为微软雅黑，可以使用如下 CSS 样式代码：

```
p{font-family:"微软雅黑";}
```

可以同时指定多个字体，中间用逗号隔开，如果浏览器不支持第一个字体，则会尝试下一个，直到找到合适的字体，来看一个具体的例子：

```
p{font-family:"微软雅黑","宋体","黑体";}
```

当应用上面的字体样式时，会首选微软雅黑，如果用户计算机上没有安装该字体则选择宋体，若也没有安装宋体则选择黑体。当指定的字体没有安装时，就会使用浏览器默认字体。

使用 font-family 设置字体时，需要注意以下几点：

- 各种字体之间必须使用英文状态下的逗号隔开。
- 中文字体需要加英文状态下的引号，英文字体一般不需要加引号。当需要设置英文字体时，英文字体名必须位于中文字体名之前，例如下面的代码。

```
body{font-family:Arial,"微软雅黑","宋体";}          /* 正确书写方式 */
body{font-family:"微软雅黑","宋体",Arial;}          /* 错误书写方式 */
```

• 如果字体名中包含空格、#、¥等符号，则该字体必须加英文状态下的单引号或双引号，例如 font-family:"Times New Roman";。

• 尽量使用系统默认字体，保证在任何用户的浏览器中都能正确显示。

3.1.3　font-weight:字体粗细

font-weight 属性用于定义字体的粗细，其可用属性值见表 3-2。

表 3-2　font-weight 可用属性值

值	描述
normal	默认值，定义标准的字符
bold	定义粗体字符
bolder	定义更粗的字符
lighter	定义更细的字符
100～900(100 的整数倍)	定义由细到粗的字符，其中 400 等同于 normal，700 等同于 bold，值越大字体越粗

实际工作中，常用的 font-weight 的属性值为 normal 和 bold，用来定义正常或加粗显示的字体。

3.1.4　font-variant:变体

font-variant 属性用于设置变体(字体变化)，一般用于定义小型大写字母，仅对英文字符有效。其可用属性值如下。

• normal:默认值，浏览器会显示标准的字体。

• small-caps:浏览器会显示小型大写的字体，即所有的小写字母均会转换为大写。但是所有使用小型大写字体的字母与其余文本相比，其字体尺寸更小。实际网站开发中使用比较少。

3.1.5　font-style:字体风格

font-style 属性用于定义字体风格，如设置斜体、倾斜或正常字体，其可用属性值如下。

• normal:默认值，浏览器会显示标准的字体样式。

• italic:浏览器会显示斜体的字体样式。

• oblique:浏览器会显示倾斜的字体样式。

其中 italic 和 oblique 都用于定义斜体，两者在显示效果上并没有本质区别，但实际工作中常使用 italic。

3.1.6　font:综合设置字体样式

font 属性用于对字体样式进行综合设置，其基本语法格式如下：

```
选择器{font:font-style font-variant font-weight font-size/line-height font-family;}
```

使用 font 属性时，必须按上面语法格式中的顺序书写，各个属性以空格隔开。其中 line-height 指的是行高，在后面将具体介绍，例如

```
p{ font-family: Arial,"宋体"; font-size:30px; font-style:italic; font-weight:bold; font-variant:small-caps; line-height:30px;}
```

等价于

```
p{font:italic small-caps blod 30px/40px Arial,"宋体";}
```

其中不需要设置的属性可以忽略(取默认值)，但必须保留 font-size 和 font-family 属性，

否则 font 属性将不起作用。

下面使用 font 属性对字体样式进行综合设置,如例 3-6 所示。

课堂体验　例 3-6

```
1   <! DOCTYPE html>
2   <html lang="en">
3   <head>
4   <meta charset="utf-8" />
5   <title>font 属性</title>
6   <style type="text/css">
7       .one{ font:italic 18px/30px "隶书"; color:green;}
8       .two{ font:italic 18px/30px; color:red;}
9   </style>
10  </head>
11  <body>
12      <p class="one">好雨知时节,当春乃发生。随风潜入夜,润物细无声。</p>
13      <p class="two">千里莺啼绿映江,水村山郭酒旗风。南朝四百八十寺,多少楼台烟雨中。</p>
14  </body>
15  </html>
```

在例 3-6 中,定义了两个段落,同时使用 font 属性分别对它们进行相应的设置。其中,第二段落省略了 font-family 属性。

运行例 3-6,效果如图 3-10 所示。

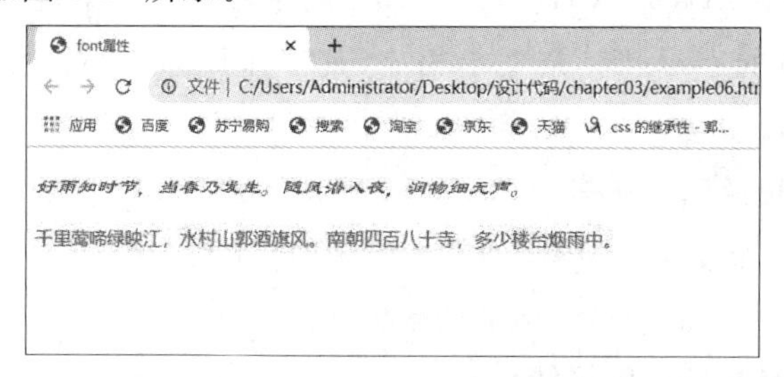

图 3-10　使用 font 属性综合设置字体样式

从图 3-10 中可以看出,font 属性设置的样式并没有对第二个段落生效,这是因为它省略了 font-family 属性。

3.1.7　@font-face 规则

@font-face 规则是 CSS3 新增规则,用于定义服务器字体。通过@font-face 规则,网页设计师可以在用户计算机未安装字体时,使用任何喜欢的字体。使用@font-face 规则定义服务器字体的基本语法格式如下:

```
@font-face{
        font-family:字体名称;          /*服务器字体名称*/
        src:字体路径;                  /*服务器字体路径*/
  }
```

在上面的语法格式中,font-family 用于指定该服务器字体的名称,该名称可以随意定义;src 属性用于指定该字体文件的路径。下面通过一个案例来演示@font-face 规则的具体用法,如例 3-7 所示。

课堂体验　例 3-7

```
1  <! DOCTYPE html>
2  <html lang="en">
3  <head>
4  <meta charset="utf-8" />
5  <title>@font-face 属性</title>
6  <style type="text/css">
7  @font-face{
8      font-family:jianzhi;          /*服务器字体名称*/
9      src:url(FZJZJW.TTF);          /*服务器字体路径*/
10 }
11 p{
12     font-family:jianzhi;          /*设置字体样式*/
13     font-size:32px;
14 }
15  </style>
16  </head>
17  <body>
18  <p>三十功名尘与土,八千里路云和月。</p>
19  <p>莫等闲,白了少年头,空悲切。</p>
20  </body>
21  </html>
```

运行效果如图 3-11 所示。

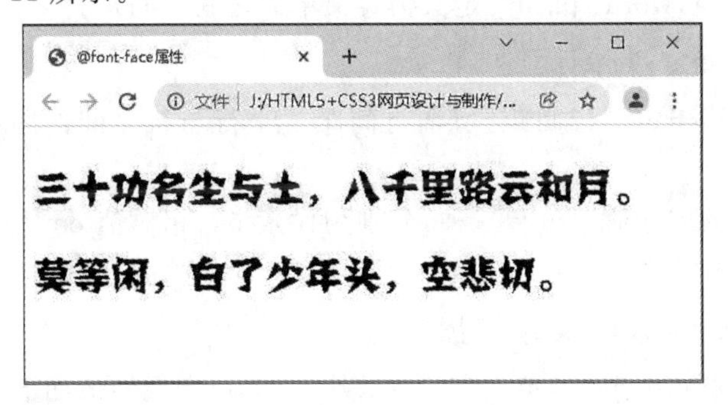

图 3-11　@font-face 规则定义服务器字体

在例 3-7 中,可以得出使用服务器字体的步骤:

1. 下载字体,并存储到相应的文件夹中。
2. 使用@font-face 规则定义服务器字体。
3. 对元素应用 font-family 字体样式。

3.2 CSS 文本外观属性

使用 HTML 可以对文本外观进行简单的控制,但是效果并不理想。为此 CSS 提供了一系列文本外观样式属性,具体如下:

3.2.1 color:文本颜色

color 属性用于定义文本的颜色,其取值方式包括如下几种。

- 预定义的颜色值,如 red、green、blue 等。
- 十六进制,如 #FF0000,#FF6600,#FFFFFF 等。实际工作中,十六进制是最常用的定义颜色的方式。
- RGB 代码,如红色可以表示为 rgb(255,0,0)或 rgb(100%,0%,0%)。

如果使用 RGB 代码的百分比颜色值,取值为 0 时也不能省略百分号,必须写为 0%。

3.2.2 letter-spacing:字间距

letter-spacing 属性用于定义字间距,所谓字间距就是字符与字符之间的空白。其属性值可为不同单位的数值,允许使用负值,默认值为 normal。

3.2.3 word-spacing:单词间距

word-spacing 属性用于定义英文单词之间的间距,对中文字符无效。和 letter-spacing 一样,其属性值可为不同单位的数值,允许使用负值,默认为 normal。

word-spacing 和 letter-spacing 均可以对英文进行设置。不同的是 letter-spacing 定义为字母与字母之间的间距,word-spacing 定义为英文单词之间的间距。

3.2.4 line-height:行间距

line-height 属性用于定义行间距,所谓行间距就是行与行之间的距离,即字符的垂直间距,一般称为行高。

line-height 常用的属性值单位有三种,分别为像素 px、相对值 em 和百分比%,实际工作中使用的是像素 px 和相对值 em。

3.2.5 text-transform:文本转换

text-transform 属性用于转换英文字符的大小写,其可用属性值如下。

- none:不转换(默认值)。
- capitalize:首字母大写。
- uppercase:全部字符转换为大写。
- lowercase:全部字符转换为小写。

3.2.6 text-decoration:文本装饰

text-decoration 属性用于设置文字的下划线、上划线、删除线等装饰效果,其属性值如下。

- none:没有装饰(正常文本的默认值)。
- underline:下划线。
- overline:上划线。

• line-through：删除线。

text-decoration 后可以赋多个值，用于给文本添加多种显示效果，例如希望文字同时有下划线和删除线效果，就可以将 underline 和 line-through 同时赋给 text-decoration。

3.2.7　text-align：水平对齐方式

text-align 属性用于设置文本内容的水平对齐，相当于 html 中的 align 对齐属性。其可用属性值如下。

• left：左对齐（默认值）。

• right：右对齐。

• center：居中对齐。

例如设置二级标题居中对齐，可使用如下 CSS 代码：

```
h2{text-align:center;}
```

提示

1. text-align 属性仅适用于块级元素，对行内元素无效，关于块级元素和行内元素，在项目 4 将具体介绍。

2. 如果需要对图像设置水平对齐，可以为图片添加一个父标记，如<p>或<div>，然后对父标记应用 text-align 属性，即可实现图像的水平对齐。

3.2.8　text-indent：首行缩进

text-indent 属性用于设置首行文本的缩进，其属性值可应用于不同单位的数值、em 字符宽度的倍数、或相对于浏览器窗口宽度的百分比%，允许使用负值，建议使用 em 作为设置单位。

下面来学习 text-indent 属性的使用，如例 3-8 所示。

课堂体验　例 3-8

```
1    <! DOCTYPE html>
2    <html lang="en">
3    <head>
4    <meta http-equiv="Content-Type" content="text/html; charset=utf-8" />
5    <title>text-indent 属性</title>
6    <style type="text/css">
7      p{ font-family:"微软雅黑"; font-size:14px; color:red;}
8      .two{ text-indent:2em;}
9      .three{ text-indent:50px;}
10   </style>
11   </head>
12   <body>
13   <p class="one">段落 1:这是正常显示的文本内容,并没有设置段落 1 文本的首行缩进效果。</p>
14   <p class="two">段落 2:使用 text-indent:2em;设置段落 2 文本首行缩进 2 个字符的效果。</p>
```

```
15    <p class="three">段落 3:使用 text-indent:50px;设置段落 3 文本首行缩进 50 像素的效果。</p>
16    </body>
17    </html>
```

在例 3-8 中，第一段文本没有设置首行缩进效果。第二段文本使用 text-indent:2em，设置首行文本缩进两个字符。第三段文本使用 text-indent:50px;设置首行文本缩进 50 像素。

运行例 3-8，效果如图 3-12 所示。

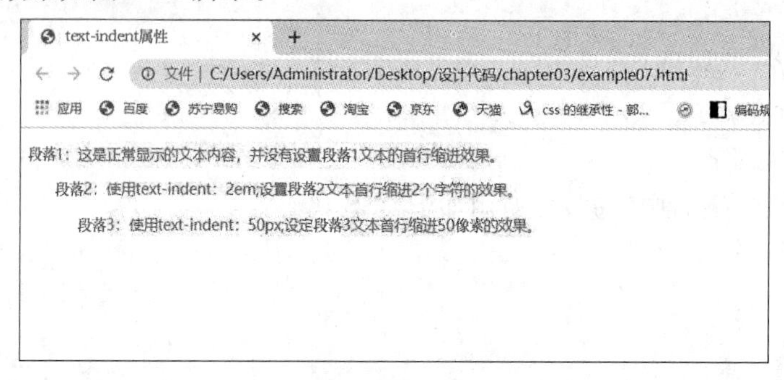

图 3-12　设置段落首行缩进

通过图 3-12 可以看出，通过 text-indent 属性可以设置文本不同单位的首行缩进效果，而与字号大小无关。

text-indent 属性仅适用于块级元素，对行内元素无效。

3.2.9　white-space：空白符处理

使用 HTML 制作网页时，不论源代码中有多少空格，在浏览器中只会显示一个字符的空白。在 CSS 中，使用 white-space 属性可设置空白符的处理方式，其属性值如下。

- normal：常规(默认值)，文本中的空格，空行无效，满行(到达区域边界)后自动换行。
- pre：预格式化，按文档的书写格式保留空格，空行原样显示。
- nowrap：空格空行无效，强制文本不能换行，除非遇到换行标签
。内容超出元素的边界也不换行，若超出浏览器页面则会自动增加滚动条。

下面来学习 white-space 属性的使用，如例 3-9 所示。

课堂体验　例 3-9

```
1    <! DOCTYPE html>
2    <html lang="en">
3    <head>
4    <meta charset= "utf-8" />
5    <title> white-space 空白符处理</title>
6    <style type="text/css">
7    .one{white-space:normal;}
8    .two{white-space:pre;}
```

```
9    .three{white-space:nowrap;}
10   </style>
11   </head>
12   <body>
13   <p class="one">这个          段落中          有很多
14   空格。此段落应用 white-space:normal;。</p>
15   <p class="two">这个          段落中          有很多
16   空格。此段落应用 white-space:pre;。</p>
17   <p class="three">此段落应用 white-space:nowrap;。这是一个较长的段落。这是一个较长的段落。这是一个较长的段落。这是一个较长的段落。这是一个较长的段落。这是一个较长的段落。这是一个较长的段落。这是一个较长的段落。这是一个较长的段落。这是一个较长的段落。</p>
18   </body>
19   </html>
```

运行例 3-9,效果如图 3-13 所示。

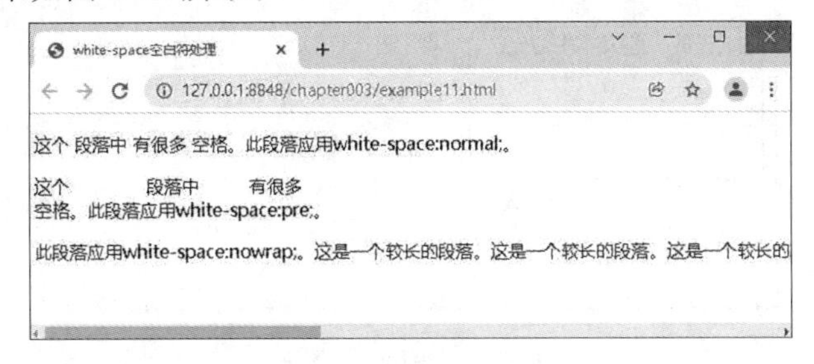

图 3-13 设置空白符处理方式

在例 3-9 中定义了 3 个段落,从运行效果图可以看出,使用 white-space:pre 定义的段落,会保留空白符,在浏览器中原样显示;使用 white-space:nowrap 定义的段落未换行,并且浏览器窗口出现了滚动条。

3.2.10 text-overflow:标示对象内溢出文本

text-overflow 属性同样为 CSS3 的新增属性,该属性用于处理溢出的文本,基本语法格式如下:

```
选择器{ text-overflow:属性值 ;}
```

在上面的语法格式中,text-overflow 属性的常用取值有两个,具体解释如下。

- clip:修剪溢出文本,不显示省略标签"..."。
- ellipsis:用省略标签"..."替代被修剪文本,省略标签插入的位置是最后一个字符。

代码演示如例 3-10 所示。

课堂体验 例 3-10

```
1   <! DOCTYPE html>
2   <html lang="en">
3   <html>
4   <head>
5   <meta charset="utf-8">
6   <title>text-overflow 属性</title>
7   <style type="text/css">
8   P{
9        width:200px;
10       height:100px;
11       border:1px solid #000;
```

```
12        white-space:nowrap;        /* 强制文本不能换行 */
13        overflow:hidden;           /* 修剪溢出文本 */
14        text-overflow:ellipsis;    /* 用省略标签标示被修剪的文本 */
15    }
16    </style>
17    </head>
18    <body>
19    <p>把很长的一段文本中溢出的内容隐藏,出现省略号</p>
20    </body>
21    </html>
```

运行例 3-10,效果如图 3-14 所示。

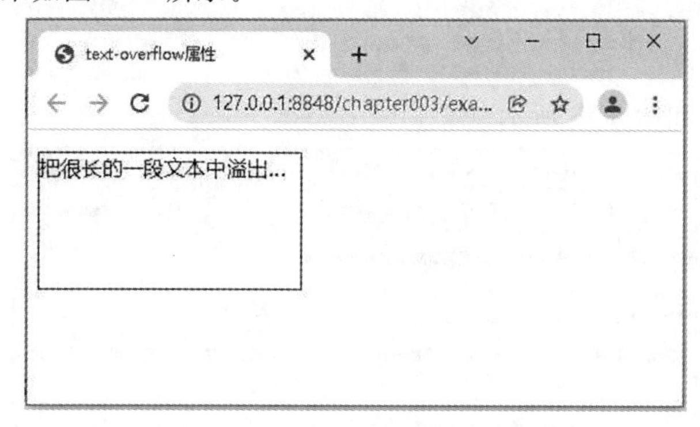

图 3-14　溢出文本效果

在例 3-10 中,第 12 行代码用于强制文本不能换行;第 13 行代码用于修剪溢出文本;第 14 行代码用于标示被修剪的文本。

通过图 3-14 可以看出,可以得出设置省略标签标示溢出文本的具体步骤如下:

(1)为包含文本的对象定义宽度。

(2)应用“white-space:nowrap;”样式强制文本不能换行。

(3)应用“overflow:hidden;”样式隐藏溢出文本。

(4)应用“text-overflow:ellipsis;”样式显示省略标签。

3.2.11　text-shadow:阴影效果

text-shadow 是 CSS3 新增属性,它可以为页面中的文本添加阴影效果。其基本语法格式如下:

```
选择器{ text-shadow: h-shadow v-shadow blur color ;}
```

在上面的语法格式中,h-shadow 用于设置水平阴影的距离,v-shadow 用于设置垂直阴影的距离,blur 用于设置模糊半径,color 用于设置阴影颜色。代码演示如例 3-11 所示。

课堂体验　例 3-11

```
1    <! DOCTYPE html>
2    <html lang="en">
3    <html>
4    <head>
5    <meta charset="utf-8">
6    <title>text-shadow 属性</title>
7    <style type="text/css">
8    P{
9    font-size: 50px;
```

```
10  text-shadow:20px 20px 20px red; /*设置文字阴影的距离、模糊半径、和颜色*/
11  }
12  </style>
13  </head>
14  <body>
15  <p>Hello CSS3</p>
16  </body>
17  </html>
```

运行例 3-11,效果如图 3-15 所示。

图 3-15　文字阴影效果

在例 3-11 中,第 10 行代码用于为文字添加阴影效果,设置阴影的水平和垂直偏移距离为 20 px,模糊半径为 20 px,阴影颜色为红色。通过图 3-15 可以看出,文本右下方出现了模糊的红色阴影效果。值得一提的是,当设置阴影的水平距离参数或垂直距离参数为负值时,可以改变阴影的投射方向。

阴影的水平或垂直距离参数可以设为负值,但阴影的模糊半径参数只能设置为正值,并且数值越大阴影向外模糊的范围也就越大。

任务 4　CSS 高级属性

仅仅学习 CSS 基础选择器、CSS 控制文本样式,并不能良好地控制网页中元素的显示样式。想要使用 CSS 实现结构与表现分离,解决工作中出现的 CSS 调试问题,就需要学习 CSS 高级特性。本节将对 CSS 复合选择器、CSS 层叠性与继承性以及 CSS 优先级进行详细讲解。

4.1 CSS 复合选择器

书写 CSS 样式表时,可以使用 CSS 基础选择器选中目标元素。但是在实际网站开发中,一个网页可能包含成千上万的元素，如果仅使用 CSS 基础选择器，无法良好地组织页面样式。实际项目中为精准定位页面元素，CSS 提供了几种复合选择器，实现了更强、更方便的选择功能。

复合选择器是由两个或者多个基础选择器，通过不同的方式组合而成的，具体如下。

4.1.1 标签指定式选择器

标签指定式选择器又称交集选择器，由两个选择器构成，其中第一个为标签选择器，第二个为 class 选择器或 id 选择器，两个选择器之间不能有空格，如 h3. special 或 p＃one。

下面通过一个案例来进一步地讲解标签指定选择器，如例 3-12 所示。

课堂体验　例 3-12

```
1   <! DOCTYPE html>
2   <html lang="en">
3   <head>
4   <meta charset="utf-8">
5   <title>标签指定式选择器</title>
6   <style type="text/css">
7     p{ color:blue;}
8    . special{ color:green;font-size:18px;}
9    p. special{ color:red; font-size:16px;}        /＊标签指定式选择器＊/
10   </style>
11   </head>
12   <body>
13   <p>通过标签选择器指定字体为蓝色的普通文本。</p>
14   <h3 class="special">通过类选择器指定的标题文本，设置字号为 18 像素，颜色为绿色。</h3>
15   <p class="special">通过标签指定式选择器指定的段落文本，设置字号为 16 像素，颜色为红色。</p>
16   </body>
17   </html>
```

运行 3-12，效果如图 3-16 所示。

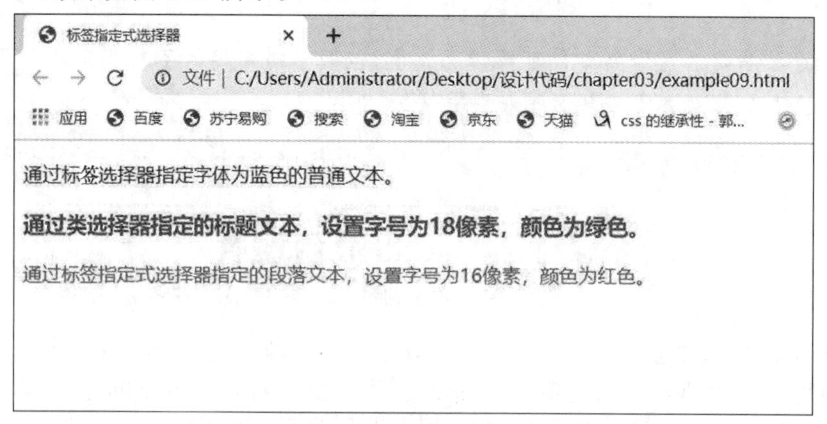

图 3-16　标签指定式选择器的应用

在例 3-12 中，分别定义了<p>标签和. special 类的样式，此外，还单独定义了 p. special 标签指定式选择器的样式，用于对某个标签的特殊控制。

从图 3-16 可以看出，标签选择器 p. special 定义的样式仅仅适用于<p class="special">标签，而不会影响使用了 special 类的其他标签。

4.1.2 后代选择器

后代选择器用来选择元素或元素组的后代，其写法就是父标签后紧跟子标签，中间用空格分隔。当标签发生嵌套时，内层标签就成为外层标签的后代。

例如，当<p>标签内嵌套<strong>标签时，就可以使用后代选择器对其中的<strong>标签进行控制，如例 3-13 所示。

课堂体验 例 3-13

```
1  <! DOCTYPE html>
2  <html lang="en">
3  <head>
4  <meta charset="utf-8">
5  <title>后代选择器</title>
6  <style type="text/css">
7     p strong{ color:red; font-size:18px;}        /* 后代选择器 */
8  strong{ color:blue; font-style:italic;}
9  </style>
10  </head>
11  <body>
12  <p>这是一段在某一文本中<strong>嵌入强标签定义的文本(红色)。</strong></p>
13  <strong>这是在嵌套之外由强标签定义的又一段文本(蓝色)。</strong>
14  </body>
15  </html>
```

运行例 3-13，效果如图 3-17 所示。

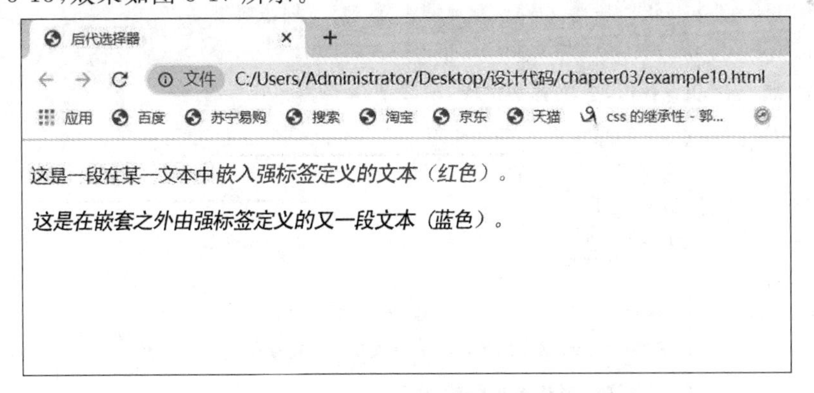

图 3-17 后代选择器的应用

在例 3-13 中，定义了两个<strong>标签，并将第一个<strong>标签嵌套在<p>标签中，然后分别设置<strong>标签和 p strong 的样式。

在图 3-17 中可以看出，后代选择器 p strong 定义的样式仅仅适用于嵌套在<p>标签中的<strong>标签，其他<strong>标签不受影响。

后代选择器不限于使用两个元素，如果需要加入更多元素，只需在元素之间加上空格即可。

如果<strong>标签中还嵌套有一个<em>标签，可以使用 p strong em 选中它来进行控制。

4.1.3 并集选择器

并集选择器是各个选择器通过逗号连接而成的，任何形式的选择器（包括标签选择器、class 类选择器、id 选择器等）都可以作为并集选择器的一部分。如果某些选择器定义的样式完全相同或部分相同，就可以利用并集选择器为它们定义相同的 CSS 样式。

例如，在页面中有 2 个标题和 3 个段落，它们的字号相同。同时，其中一个标题和两个段落显示为红色、楷体、下划线的文本效果，这时就可以使用并集选择器定义 CSS 样式，如例 3-14 所示。

课堂体验 例 3-14

```
1  <! DOCTYPE html>
2  <html lang="en">
3  <head>
4  <meta charset="utf-8">
5  <title>并集选择器</title>
6  <style type="text/css">
7  h2,h3,p{ font-size:18px;}            /*不同标签组成的并集选择器*/
8  h3,.special,#one{font-family:"楷体"; color:red; text-decoration:underline;}   /*标记、类、id 组
   成的并集选择器*/
9  </style>
10  </head>
11  <body>
12  <h2>二级标题，默认 18 像素文本效果。</h2>
13  <h3>三级标题，显示楷体、红色、下划线效果。</h2>
14  <p class="special">段落文本 1，显示楷体、红色、下划线效果。</p>
15  <p>段落文本 2，默认 18 像素文本效果。</p>
16  <p id="one">段落文本 3，显示楷体、红色、下划线效果。</p>
17  </body>
18  </html>
```

运行例 3-14，效果如图 3-18 所示。

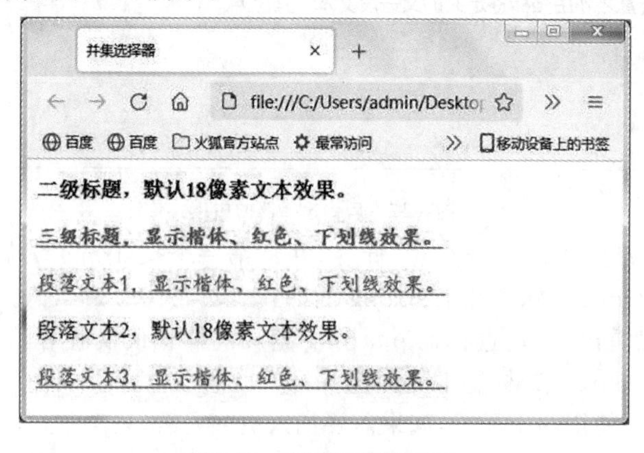

图 3-18 并集选择器的应用

在例 3-14 中，首先使用由不同标签通过逗号连接而成的并集选择器 h2、h3、p，控制所有标题和段落的字号大小；然后使用由标签、类、id 通过逗号连接而成的并集选择器 h3、. special、# one，定义某些文本的字体、颜色及下划线效果。

从图 3-18 中可以看出，使用并集选择器定义样式与对各个基础选择器单独定义样式效果完全相同，而且这种方式书写的 CSS 代码更简洁、直观。

4.2 CSS 层叠性与继承性

CSS 是层叠样式表的简称，层叠性和继承性是其基本特征。对于网页设计师来说，应深刻理解和灵活使用这两个概念。下面具体介绍 CSS 的层叠性和继承性。

4.2.1 层叠性

所谓层叠性是指多种 CSS 样式叠加。例如，当使用内嵌式 CSS 样式表定义<p>标签字号大小为 12 像素，链入式定义<p>标签颜色为红色，那么段落文本将显示为 12 像素、红色，即这两种样式产生了叠加。

通过下面一个案例，读者能更好地理解 CSS 的层叠性，如例 3-15 所示。

课堂体验　例 3-15

```
1   <! DOCTYPE html>
2   <html lang="en">
3   <head>
4   <meta charset="utf-8">
5   <title>CSS 层叠性</title>
6   <style type="text/css">
7  p{ font-size:18px; font-family:"微软雅黑"; }
8  . special{font-style:italic;}
9  # one{ color:green; font-weight:bold;}
10 </style>
11 </head>
12 <body>
13 <p>离离原上草，一岁一枯荣。</p>
14 <p class="special" id="one">野火烧不尽，春风吹又生。</p>
15 </body>
16 </html>
```

运行例 3-15，效果如图 3-19 所示。

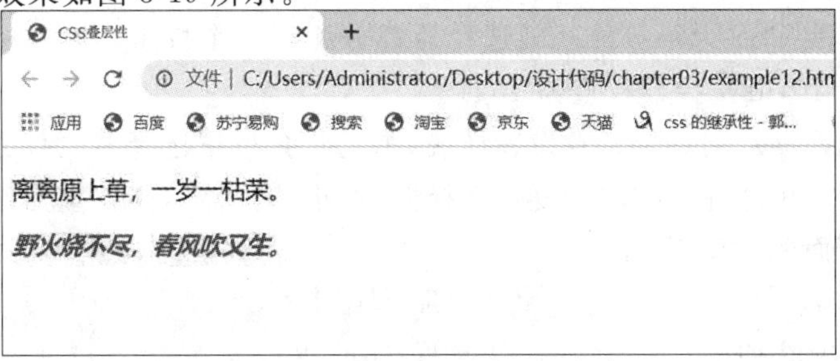

图 3-19　CSS 层叠样式

从图 3-19 中可以看出，第二段文本显示了标签选择器 P 定义的字体“微软雅黑”，id 选择器＃one 定义文本为绿色、加粗效果，类选择器. special 定义字体倾斜显示，即这三个选择器定义的样式产生了叠加。

4.2.2 继承性

所谓继承性是指书写 CSS 样式表时，子标签会继承父标签的某些样式，如文本颜色和字号。例如，定义主体元素 body 的文本颜色为黑色，那么页面中所有的文本都将显示为黑色，这是因为其他的标签都嵌套在＜body＞标签中，是＜body＞标签的子标签。

继承性非常有用，它使设计师不必在元素的每个后代上添加相同的样式。如果设置的属性是一个可继承的属性，只需将它应用于父元素即可。例如，下面的代码：

```
p,div,h1,h2,h3,h4,ul,ol,dl,li{color:black;}
```

就可以写成

```
body{color:black;}
```

第二种写法可以达到相同的控制效果，且代码更加简洁(第一种写法中有一些陌生的标签，在后面的章节将会详细介绍)。

恰当地使用 CSS 继承性可以简化代码，降低 CSS 样式的复杂度。但是如果在网页中的所有元素都大量继承样式，那么判断样式的来源就会很困难。所以，在实际工作中，网页中通用的全局样式可以使用继承。例如，字体、字号、颜色、行距等可以在 body 元素统一设置，然后通过继承控制文档中的文本。

并不是所有的 CSS 属性都可以继承，例如，边框属性、内外边距属性、背景属性、定位属性、布局属性、元素宽高属性就不具有继承性。

提示

当为 body 元素设置字号属性时，标题文本不会采用这个样式，初学者可能会认为标题没有继承文本字号，这种思路是不正确的。标题文本之所以不采用 body 元素设置的字号，是因为标题标记 h1～h6 有默认字号样式，这时默认字号覆盖了继承的字号。

4.3 CSS 优先级

定义 CSS 样式时，经常出现两个或更多规则应用在同一个元素上的情况，这时就会出现优先级的同题。其实 CSS 为每一种基础选择器都分配了一个权重，其中，标签选择器权重为 1，类选择器权重为 10，id 选择器权重为 100。

使用不同的选择器对同一个元素设置样式，浏览器会根据选择器的优先级规则解析 CSS 样式。对于由多个基础选择器构成的复合选择器(并集选择器)，其权重为这些基础选择器权重的叠加。例如下面的 CSS 代码：

```
p strong{color:black;}              /*权重为:1+1*/
strong.blue{color:green;}           /*权重为:1+10*/
.father strong{color:yellow;}       /*权重为:10+1*/
```

```
p. father strong{color:orange;}              /* 权重为:1+10+1 */
p. father . blue{color:gold;}                /* 权重为:1+10+10 */
#header strong{color:pink;}                  /* 权重为:100+1 */
#header serong. blue{color:red;}             /* 权重为:100+1+10 */
```

对应的 HTML 结构为

```
<p class="father" id="header">
    <strong class="blue">文本颜色</strong>
</p>
```

这时，页面文本将应用权重最高的样式，即文本颜色为红色。

此外，在考虑权重时，读者还需要注意一些特殊的情况，具体如下。

(1)继承样式的权重为 0。即在嵌套结构中，不管父元素样式的权重多大，被子元素继承时，它的权重都为 0，也就是说子元素定义的样式会覆盖继承的样式。

例如下面的 CSS 样式代码：

```
strong{color:red;}
#header{color:green;}
```

对应 HTML 结构为

```
<p id="header" class="blue">
    <strong>继承样式不如直接定义</strong>
</p>
```

在上面的代码中，虽然 #header 权重为 100，但被 strong 继承时权重为 0，而 strong 选择器的权重虽然仅为 1，但它大于继承样式的权重，所以页面中的文本显示为红色。

(2)行内样式优先。应用 style 属性的元素，其行内样式的权重非常高，可以理解为远大于 100。总之它拥有比上面提到的选择器都大的优先级。

(3)权重相同时，CSS 遵循就近原则。也就是说靠近元素的样式具有最大的优先级，或者说排在最后的样式优先级最大。例如：

```
/* CSS 文档，文件名为 style. css */
#header{color:red;}                          /* 外部样式 */
```

HTML 文档结构如下：

```
1    <! DOCTYPE html>
2    <html lang="en">
3    <head>
4   <meta charset="utf-8">
5    <title>CSS 优先级</title>
6  <link type="style. css" type="text/css" rel="stylesheet"/>   <! --链入式外部样式表-->
7   <style type="text/css">
8     #header{color:gray;}                               /* 内嵌式样式 */
9   </style>
10   </head>
11   <body>
12     <p id="header">权重相同者，就近优先</p>
13   </body>
14   </html>
```

上面的页面被解析后，段落文本将显示为灰色，即内嵌式样式优先，这是因为内嵌样式比链入的外部样式更靠近 HTML 元素。同样的道理，如果同时引入两个外部样式表，则排在下面的样式表具有较大的优先级。

如果此时将内嵌样式更改为

```
p{color:gray;}                /*内嵌式样式*/
```

则权重不同，#header 的权重更高，文字将显示为外部样式定义的颜色。

(4)CSS 定义了一个！important 命令，该命令被赋予最大的优先级。也就是说不管权重如何以及样式位置的远近，！important 都具有最大优先级。例如：

```
/*CSS 文档，文件名为 style.css*/
#header{color:red! important;}                /*外部样式表*/
```

HTML 文档结构如下：

```
1    <! DOCTYPE html>
2    <html lang="en">
3    <head>
4    <meta charset="utf-8">
5    <title>! important 命令最优先</title>
6    <link type="style.css" type="text/css" rel="stylesheet"/>    <! --链入式外部样式表-->
7    <style type="text/css">
8    #header{color:gray;}                              /*内嵌式样式*/
9    </style>
10   </head>
11   <body>
12   <p id="header" style="color:yellow">      <! --行内式 CSS 样式-->
13   < /p>
14   </body>
15   </html>
```

该页面被解析后，段落文本显示为红色，即使用！important 命令的样式拥有最大的优先级。需要注意的是，！important 命令必须位于属性值和分号之间，否则无效。

复合选择器的权重为组成它的基础选择器权重的叠加，但是这种叠加并不是简单的数字之和。

下面来具体说明，如例 3-16 所示。

课堂体验　例 3-16

```
1    <! DOCTYPE html>
2    <html lang="en">
3    <head>
```

```
4   <meta charset="utf-8">
5   <title>复合选择器权重的叠加</title>
6   <style type="text/css">
7  .inner{ text-decoration:line-through; color:green;}   /*类选择器定义删除线*/
8  div div div div div div div div div div h2{ text-decoration:underline; color:red;}   /*后代选择器
   定义下划线*/
9   </style>
10  </head>
11  <body>
12  <div>
13 <div><div><div><div><div><div><div><div><div>
14          <h2 class="inner">想一想:如何计算复合选择器的权重? </h2>
15 </div></div></div></div></div></div></div></div></div>
16  </div>
17  </body>
18  </html>
```

运行例 3-16,效果如图 3-20 所示。

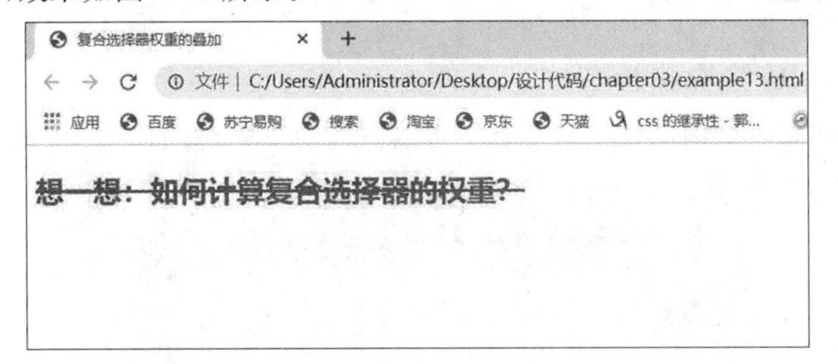

图 3-20　复合选择器的权重

在例 3-16 中共使用了 10 对<div>标签,它们层层嵌套,对最里层的<h2>应用类 inner。这时可以使用后代选择器或类选择器定义最里层 div 的样式,如第 8 行代码所示。那么浏览器中文本的样式到底如何呢? 如果仅仅将基础选择器的权重相加,后代选择器 div div div div div div div div div div h2 (包含 10 层 div 和 1 层 h2)的权重为 11,大于类选择器. inner 的权重为 10,文本将添加下划线。

文本并没有像预期的那样添加下划线,而显示了类选择器. inner 定义的删除线,即类选择器. inner 大于后代选择器 div div div div div div div div div div h2 的权重。无论再在外层添加多少个 div 标签,即复合选择器的权重无论为多少个标签选择器的叠加,其权重都不会高于类选择器,同理,复合选择器的权重无论为多少个类选择器和标签选择器的叠加,其权重都不会高于 id 选择器。

学习完上面的理论知识,我们开始制作"书海遨游"图书主题网站首页。

5.1 准备工作

1. 创建网页根目录

在计算机本地磁盘的任意盘符下创建网站根目录,新建一个文件夹命名为 booksea。

2. 在根目录下新建文件

打开网站根目录 booksea,在 booksea 下新建 images 和 css 文件夹,分别用于存放需要的图片和 css 文件。

3. 新建站点

打开 Adobe Dreamweaver 开发工具,新建站点。在弹出的窗口中输入站点名称“booksea”,然后浏览并选择站点根目录的存储位置,单击“保存”按钮,站点创建成功。若使用其他开发工具,则直接在桌面创建项目 booksea 文件夹,其文件夹中包含 images、css 文件夹和 index.html 文件。将项目拖动到开发工具图标上即可。

5.2 效果分析

5.2.1 HTML 结构分析

“书海遨游”图书主题网站首页从上到下可以分为四个模块,如图 3-21 所示。

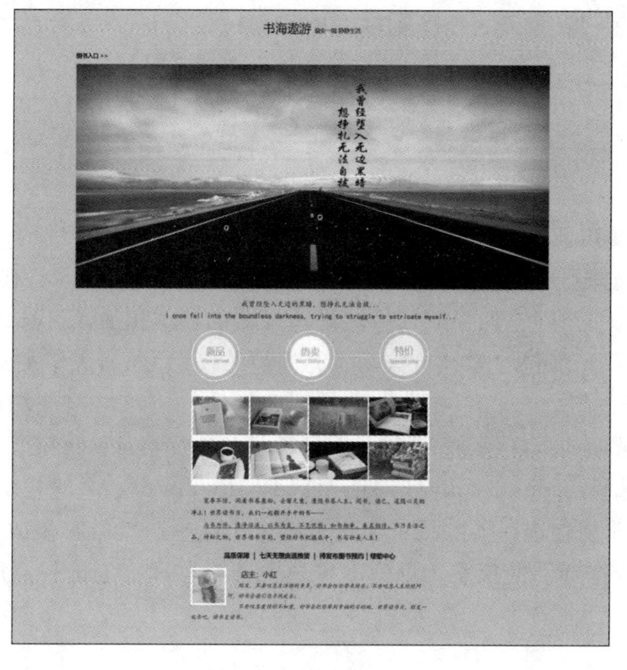

图 3-21 “书海遨游”效果

5.2.2 CSS 样式分析

页面的各个模块居中显示,宽度为 1200 px,因此,页面的版心为 1200 px。另外,页面的所有字体均为“微软雅黑”,可以通过 css 公共样式定义。

5.3 定义基础样式

5.3.1 页面布局

下面对“书海遨游”首页进行整体布局，在站点根目录下新建一个 html 文件，命名为 index.html，然后使用<div>标签对页面进行布局，代码如下。

```
1    <! DOCTYPE html>
2    <html lang="en">
3    <head>
4    <meta charset="utf-8"/>
5    <link rel="stylesheet" href="css/style.css" type="text/css" />
6    <title>书海遨游</title>
7    </head>
8    <body>
9    <! -- header begin-->
10   <div class="header">
11   </div>
12   <! -- header end-->
13   <! --分类 begin-->
14   <div class="fenlei">
15   </div>
16   <! --分类 end-->
17   <! --bestseller begin-->
18   <div class="bestseller">
19   </div>
20   <! --bestseller end-->
21   <! --footer begin-->
22   <div class="shouhou">
23   </div>
24   <div class="boss">
25   </div>
26   <! --footer end-->
27   </body>
28   </html>
```

在上述代码中，定义类名为 header、fenlei 用来搭建“标题和 banner” 部分 ；定义类名为 bestseller 用来搭建“内容”部分 ；定义类名为 shouhou、boss 来搭建“页脚”部分。

5.3.2 定义基础样式

在站点根目录下的 CSS 文件夹内新建样式表文件 style.css，使用链入式 CSS 在 index.html 文件中引入样式表文件。然后定义页面的基础样式，具体如下。

```
1   /*重置浏览器的默认样式*/
2     *{margin:0; padding:0; list-style:none; outline:none; border:0; background:none;}
3   /*全局控制*/
4   body{font-family:"微软雅黑";background: #21a2c975;}
```

上述第 2 行代码用于清除浏览器的默认样式，第 4 行代码为公共样式。

5.4 制作“标题”及“banner”模块

5.4.1 结构分析

“标题”和“banner”模块由两个盒子控制，标题部分可通过<div>嵌套<h1>来搭建，“banner”部分为一张大的图片，可以通过给最外层的<div>定义背景图像实现。

5.4.2 样式分析

标题和 banner 都需要在页面中水平居中显示。

5.4.3 搭建结构

在 index. html 文件中书写“标题”和“banner”模块的 HTML 结构代码，具体如下。

```
1   <! DOCTYPE html >
2   <html lang="en">
3   <head>
4   <meta charset="utf-8"/>
5   <link rel="stylesheet" href="css/style. css" type="text/css" />
6   <title>书海遨游</title>
7   </head>
8   <body>
9   <! -- header begin-->
10  <div class="header">
11      <h1><strong>书海遨游</strong> <em>偏安一隅 静静生活</em></h1>
12      <hr size="2" color="#d1d1d1" width="1200px"/>
13  </div>
14  <! -- header end-->
15  <! -- fenlei begin-->
16  <div class="fenlei">
17      <h2>图书入口 >></h2>
18      <img src="images/01. jpg" alt="" width="1200" height="550"/>
19.     <br /><br />
20.     <p>我曾经坠入无边的黑暗，想挣扎无法自拔...</p>
21      <p>I once fell into the boundless darkness, trying to struggle to extricate myself...</p>
22      <br/>
23  </div>
24  <! -- fenlei end-->
25  </body>
26  </html>
```

5.4.4 控制样式

在样式表中 style. css 中书写“标题”和“banner”模块对应的 css 代码，具体如下。

```
1   . header{
2   width:1200px;
```

```
3   margin:0 auto 7px;
4   height:86px;
5   line-height:86px;
6   text-align:center;
7   color:#000000;
8   }
9   .header h1{ font-weight:normal;}
10  .header strong{
11  font-weight:normal;
12  font-size:30px;
13  }
14  .header em{
15  font-style:normal;
16  font-size:14px;
17  }
18  /*fenlei*/
19  .fenlei{
20  width:1200px;
21  margin:0 auto;
22  }
23  .fenlei h2{
24  font-size:14px;
25  color:#000000;
26  height:42px;
27  line-height:42px;
28  }
29  .fenlei p{
30  line-height:30px;
31  text-align:center;
32  font-size:18px;
33  }
```

保存 index.html 与 style.css 文件，刷新页面效果如图 3-22 所示。

图 3-22 标题及“banner”的模块效果

5.5 制作热卖模块

热卖模块由最外层 class 为 bestseller 的大盒子整体控制，可通过在<div>中嵌套<img>
和<p>标签来定义。

5.5.1 样式分析

模块中文字部分需要使用<p>标签实现，并设置其颜色与背景样式等样式，然后再设置其边距和文本等样式。

5.5.2 模块制作

1. 搭建结构

在 index. html 文件内书写“热卖”模块的 html 结构代码，具体如下。

```
1   <div class="bestseller">
2       <img src="images/bestseller1. png" alt="" />
3       <br /><br />
4       <img src="images/bestseller2. jpg" alt="" />
5       <br /><br />
6       <p class="txt">宠辱不惊，闲看书卷奥秘，去留无意，漫随书卷人生。阅书，读己，追随心灵
        的净土！世界读书日，我们一起翻开手中的书……</p>
7       <p class="txt"><em>与书为伴，清净恬淡；以书为友，不见忧愁；和书相牵，美名相传。
        </em>书乃圣洁之品，神秘之物，世界读书日到，望你好书把握在手，书写壮美人生！</p>
8       <br />
9   </div>
```

2. 控制样式

在样式表文件 style. css 中书写 CSS 样式代码，用于控制“热卖”模块，具体如下。

```
1   /* bestseller */
2   . bestseller{
3       width:602px;
4       margin:0 auto;
5   }
6    . bestseller . txt{
7       line-height:30px;
8       text-indent:2em;
9       }
10  . bestseller . txt em{
11       font-style:normal;
12       text-decoration:underline;
13       }
```

保存 index. html 与 style. css 文件，刷新页面效果如图 3-23 所示。

图 3-23　“热卖”模块效果

5.6　制作“页脚”模块

“页脚”模块分为品质保障和店主信息两部分。其中，店主信息部分主要由标题、图片和段落构成。其中，标题由<h3>标签定义，图片由<img>标签定义，段落由<p>标签定义。

5.6.1　样式分析

控制“页脚”模块的样式主要是控制文本样式。品质保障部分的字体为微软雅黑；店主信息部分的标题与段落文本前均有 2 个字符的缩进，标题文本不加粗，段落文本有一定的行高，且为斜体。

5.6.2　模块制作

1. 搭建结构

在 index.html 文件中书写“页脚”模块的 html 结构代码，具体如下。

```
1   <div class="shouhou">
2       品质保障     |     七天无理由退换货     |    待发布图书预约   |  帮助中心
3     <br /><br />
4    </div>
5   <div class="boss">
6      <img src="images/tuxiang.gif" alt="网上书店" align="left"/>
7       <h3>店主：小红</h3>
8       <p>朋友，不要叹息生活挫折多多，好书会给你带来快乐；不要叹息人生坎坎坷坷，好书会指引你寻找欢乐；</p>
9       <p>不要叹息爱情的不如意，好书会把你带到幸福的目的地，世界读书日，朋友一起来吧，读书复读书。</p>
10       <br /><br /><br />
```

```
11  </div>
12  <!--footer begin-->
```

上述代码中，第 6 行代码中的 align="left"用于店主头像居左排列，从而产生头像居左、文本居右的图文混排。

2. 控制样式

在样式表文件 style.css 中书写 css 样式代码，用于控制“页脚”模块，具体如下。

```
1   .shouhou{
2       width:602px;
3       margin:0 auto;
4       text-align:center;
5       font-size:16px;
6       font-weight:bold;
7       }
8   .boss{
9       width:602px;
10      margin:0 auto;
11      }
12  .boss h3,.boss p{ text-indent:2em;}
13  .boss h3{
14      height:30px;
15      line-height:30px;
16      font-family:"微软雅黑";
17      font-size:18px;
18      font-weight:normal;
19  }
20  .boss p{
21      font-style:italic;
22      line-height:26px;
23      font-size:14px;
24      }
```

保存 index.html 与 style.css 文件，刷新效果如图 3-24 所示。

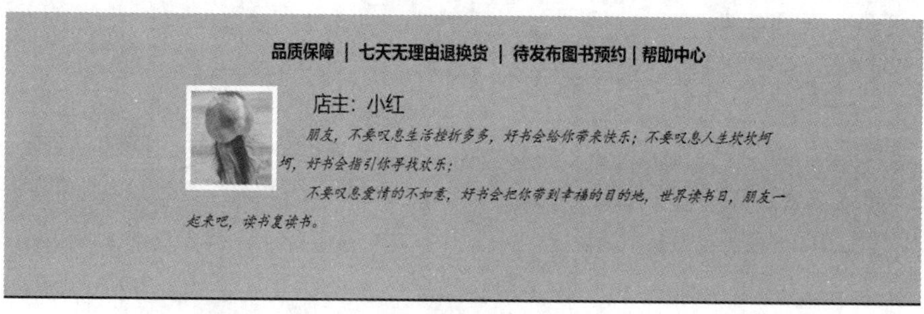

图 3-24 “页脚”模块效果

课后习题

一、判断题

1. 外链式是将所有的样式放在一个或多个以.css为扩展名的外部样式表文件中。（ ）

2. 在CSS代码中，空格是不被解析的。因此，属性的值和单位之间允许出现空格。（ ）

3. word-wrap属性用于实现长单词和URL地址的自动换行。（ ）

4. 在编写CSS代码时，为了提高代码的可读性，通常需要加CSS注释语句。（ ）

5. 标签指定式选择器由标签选择器和id选择器两个选择器构成。（ ）

6. 在链入式CSS样式中，一个HTML页面只能引入一个样式表。（ ）

7. CSS的层叠性是指书写CSS样式表时，子标签会继承父标签的某些样式。（ ）

8. text-align属性用于设置文本内容的水平对齐，可适用于所有元素。（ ）

9. 权重相同时，CSS样式遵循就近原则。（ ）

10. 在CSS中，元素的宽高属性具有继承性。（ ）

二、选择题(不定项)

1. 下列选项中，CSS注释的写法正确的是（ ）。

A. <! —— 注释语句 ——>　　B. /* 注释语句 */

C. / 注释语句 /　　D. "注释语句"

2. 在内嵌CSS样式中，<style>标签可以设置元素的样式，它一般位于（ ）标签中<title>标签之后。

A. <h1>　　B. <p>　　C. <head>　　D. <body>

3. 下列选项中，属于引入CSS样式表的方式的是（ ）。

A. 行内式　　B. 内嵌式　　C. 外链式　　D. 旁引式

4. 在CSS中，用于设置首行文本缩进属性的是（ ）。

A. text-decoration　　B. text-align

C. text-transform　　D. text-indent

5. 下列选项中，用来表示通配符选择器的符号是（ ）。

A. “*”号　　B. “#”号　　C. “.”号　　D. “:”号

6. text-align属性用于设置文本内容的水平对齐，其可用属性值有（ ）。

A. left　　B. right　　C. center　　D. middle

7. 关于RGB代码的表示方法，下列选项正确的是（ ）。

A. rgb(255,0,0)　　B. rgb(100%,0%,0%)

C. rgb(100%,0,0)　　D. rgb(100 0 0)

8. 如果使用内嵌式CSS样式表定义<p>标签字号为12像素，链入式定义<P>标签名、红色，那么段落文本将显示为（ ）。

A. 只显示 12 像素　　　　B. 12 像素红色

C. 只显示红色　　　　D. 以上都不正确

9. 下列选项中,CSS 属性没有继承性的是(　　)。

A. 字体属性　　B. 边框属性　　C. 边距属性　　D. 字号属性

10. CSS 样式表不可能实现(　　)功能。

A. 将格式和结构分离　　　　B. 一个 CSS 文件控制多个网页

C. 控制图片的精确位置　　　　D. 兼容所有的浏览器

项目4

视觉摄影协会主题网站首页——盒子模型

学习目标

• 了解盒子模型的概念
• 掌握盒子模型相关属性,能够使用它们熟练地控制网页元素
• 理解块级元素与行内元素的区别,能够对它们进行转换

学习路线

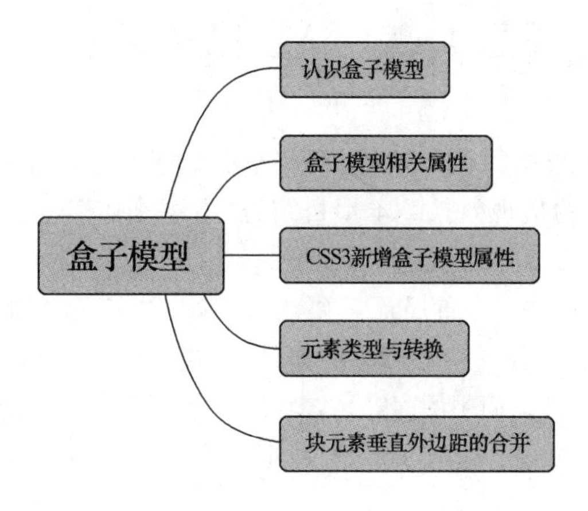

项目描述

拍摄照片就是要屏住呼吸,全部的感官都集中在一个点上,捕捉稍纵即逝的现实。就在那个瞬间,抓住一幅影像就成了巨大的身体和心灵的快乐。"视觉摄影协会"李会长与公司项目负责人洽谈计划定制一个主题网站。

学习并掌握本项目四个任务的相关基础知识,然后再动手制作该主题网站。完成后网页效果如图 4-1 所示。

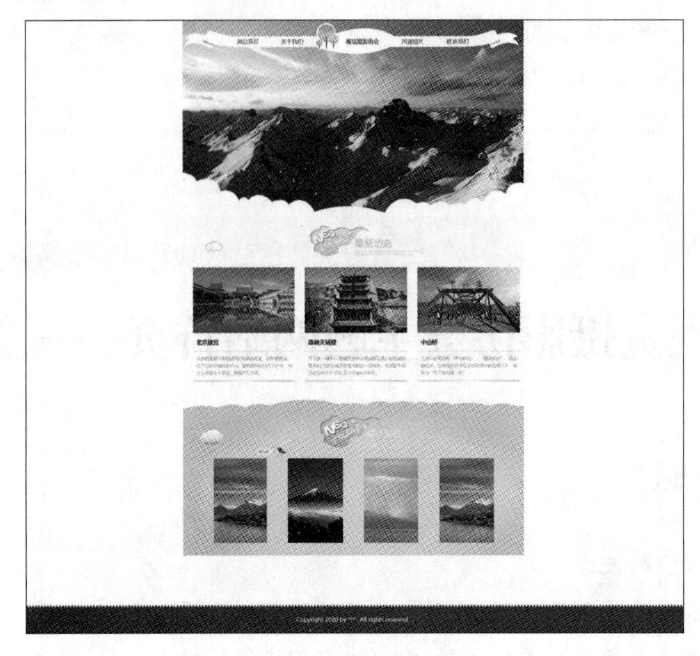

图 4-1　视觉摄影协会首页效果

任务 1　认识盒子模型

盒子模型是 CSS 网页布局的核心基础，只有掌握盒子模型的结构和用法，才可以更好地控制网页中各个内容元素的呈现效果。本项目结合“幸福小店”项目对盒子模型的概念、相关属性及元素的类型和转换做具体讲解。

盒子模型是 CSS 的基石之一，布局最重要的概念，它指定元素如何呈现在页面当中。网页就是由许多个盒子通过不同的排列方式(纵向排列、横向排列、嵌套排列)堆积而成。

盒子模型是指将网页设计页面中的内容元素看作一个装了东西的矩形盒子。每个矩形盒子都由内容(content)、内边距(padding)、边框(border)和外边距(margin)4 个部分组成，如图 4-2 所示。

图 4-2　盒子实例

网页中所有的元素都是由如图 4-3 所示的基本结构组成的，并呈现出矩形的盒子效果。在浏览器看来，网页就是多个盒子嵌套排列的结果。

图 4-3　盒子模型结构

1.1　盒子的几个概念和属性

内容(content)：是指盒子里面所包含的元素和内容。

内边距(padding)：设置元素内容与边框的距离。

外边距(margin)：设置盒子与盒子的距离。

边框(border)：默认情况下盒子的边框是无，背景色是透明，所以我们在默认情况下看不到盒子。

1.2　设置盒子属性的几种方式

除去内容部分，其余每个部分又分别包含上(top)、下(bottom)、左(left)和右(right)4 个方向，方向既可以分别定义，也可以统一定义。

1 个属性值：表示上下左右的值都是该值。如 padding:30px;margin:30px。

2 个属性值：前者表示上下的值，后者表示左右的值。如 padding:10px 10px。

3 个属性值：前者表示上边的值，中间的数值表示左右的值，后者表示下边的值。如 padding:10px 30px 50px。

4 个属性值：依次表示上、右、下、左的值，即顺时针排序。如 padding:10px 2px 30px 50px。

分别指定：如 padding-left:20px、padding-right:20px、padding-top:20px、padding-bottom:20px。

1.3　盒子的宽度与高度

网页是由多个盒子排列而成的，每个盒子都有固定的大小，在 CSS 中使用宽度属性 width 和高度属性 height 控制盒子的大小。width 和 height 属性值可以是不同单位的数值或者相对于父标签的百分比，实际工作中，最常用的属性值是像素值。

盒子的总宽度＝ width＋左右内边距之和＋左右边框宽度之和＋左右外边距之和

盒子的总高度＝ height＋上下内边距之和＋上下边框宽度之和＋上下外边距之和

课堂体验　例 4-1

```
1	<! DOCTYPE html>
2	<html lang="en">
3	<head>
4	<meta charset="utf-8">
5	<title>认识盒子模型</title>
6	<style type="text/css">
7	    .box{
8	      width:250px;            /*盒子模型的宽度*/
9	      height:50px;            /*盒子模型的高度*/
10	      border:15px solid red;  /*盒子模型的边框*/
11	      background:pink;        /*盒子模型的背景*/
12	      padding:30px;           /*盒子模型的内边距*/
13	      margin:20px;            /*盒子模型的外边距*/
14	      }
15	</style>
16	</head>
17	<body>
18	<p class="box">盒子中包含的内容</p>
19	</body>
20	</html>
```

运行例 4-1,效果如图 4-4 所示。

图 4-4　认识盒子模型效果

在例 4-1,通过盒子模型的属性对段落进行控制。其中<p>标签就是一个盒子模型。

任务 2　盒子模型相关属性

理解盒子模型的结构后,要想自如地控制页面中每个盒子的样式,还需要掌握盒子模型的相关属性。盒子模型的相关属性包括边框属性、内外边距属性、背景属性和宽高属性,通过设置这些属性可使元素形式更加多样化。需要注意的是:盒子模型要设置哪些属性,是根据网页设计需求而定,并不要求每个元素都必须定义这些属性。

2.1 边框属性

为了分割页面中不同的盒子,常常需要给内容元素设置边框效果。CSS 边框属性包括边框样式属性、边框宽度属性、边框颜色属性、单侧边框属性及边框的综合属性。常见的边框属性见表 4-1。

表 4-1　　　　　　　　　　常见的边框属性

设置内容	样式属性	常用属性值
上边框	border-top-style:样式	
	border-top-width:宽度	
	border-top-color:颜色	
	border-top:宽度 样式 颜色	
下边框	border-bottom-style:样式	
	border-bottom-width:宽度	
	border-bottom-color:颜色	
	border-bottom:宽度 样式 颜色	
左边框	border-left-style:样式	
	border-left-width:宽度	
	border-left-color:颜色	
	border-left:宽度 样式 颜色	
右边框	border-right-style:样式	
	border-right-width:宽度	
	border-right-color:颜色	
	border-right:宽度 样式 颜色	
边框样式综合设置	border-style:上边[右边、下边、左边]	none(默认)、solid 单实线、dashed 虚线、dotted 点线、double 双实线
边框宽度综合设置	border-width:上边[右边、下边、左边]	像素值
边框颜色综合设置	border-color:上边[右边、下边、左边]	颜色值、# 十六进制、rgb(r,g,b)
边框综合设置	border:四边宽度 四边样式 四边颜色	

在设置边框宽度时,必须同时设置边框样式,如果未设置样式或设置为 none,则不论宽度设置为多少都无效。常用取值单位为像素。

表 4-1 中列出了常用的边框属性,下面对表 4-1 中的属性进行具体讲解。

2.1.1 边框样式(border-style)

边框样式用于定义页面中边框的风格,在设置边框样式时,既可以对四边分别设置,也可以综合设置四边的样式,具体介绍如下。

- none：没有边框，即忽略所有边框的宽度（默认值）。
- solid：边框为单实线。
- dashed：边框为虚线。
- dotted：边框为点线。
- double：边框为双实线。

使用 border-style 属性综合设置四边样式时，必须按上右下左的顺时针顺序，省略时采用值复制的原则，即一个值为四边，两个值为上下和左右，三个值为上、左右、下，四个值为上、右、下、左（顺时针）。

例如，<p>只有上边为虚线（dashed），其他三遍为单实线（solid），可以使用（border-style）

```
{border-style:dashed solid solid solid;}          /* 四个值为上、右、下、左 */
```

也可以简写为

```
{border-style:dashed solid solid;}          /* 三个值为上、左右、下 */
```

课堂体验　例 4-2

```
1   <! DOCTYPE html>
2   <html lang="en">
3   <head>
4   <meta charset="utf-8">
5   <title>设置边框样式</title>
6   <style type="text/css">
7   h2{border-style:solid;}                    /* 4 条边框相同——单实线 */
8   .one{border-style:dotted double;}           /* 上下为点线左右为双实线 */
9   .two{border-style:dashed dotted solid;}     /* 上虚线、左右点线、下实线 */
10  </style>
11  </head>
12  <body>
13  <h2>边框为单实线</h2>
14  <p class="one">上下边框为点线，左右边框为双实线</p>
15  <p class="two">上边框虚线、左右边框点线、下边框实线</p>
16  </body>
17  </html>
```

运行例 4-2，效果如图 4-5 所示。

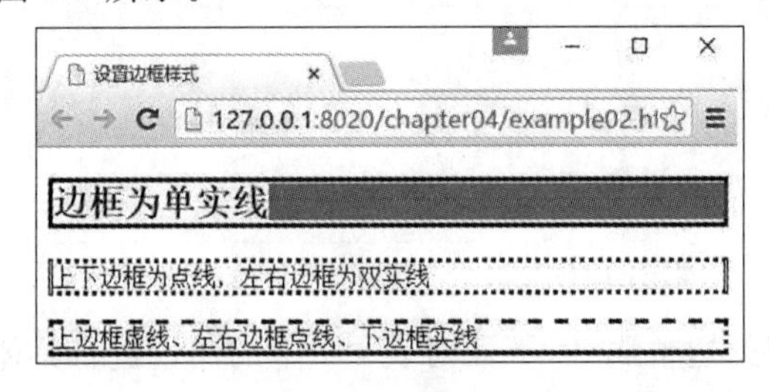

图 4-5　边框样式效果

在例 4-2 中，使用边框样式 boder-style 的综合属性，设置标题和段落文本的边框样式。

需要注意的是，由于兼容性的问题，在不同的浏览器中点线（dotted）和虚线（dashed）的显示样式可能会略有差异。实际网页制作中，通常使用插入背景图像的形式实现点线或虚线的边框效果。

2.1.2　边框宽度(border-width)

border-width 属性用于设置边框的宽度，其常用取值单位为像素（px）。其基本语法格式如下：

```
border-width:上边 [右边　　下边　　左边 ];
```

在上面的语法格式中，同样遵循值复制的原则，其属性值可以设置 1～4 个，即一个值为四边，两个值为上下和左右，三个值为上、左右、下，四个值为上、右、下、左。

课堂体验　例 4-3

```
1    <! DOCTYPE html>
2    <html lang="en">
3    <head>
4    <meta charset="utf-8">
5    <title>设置边框宽度</title>
6    <style type="text/css">
7    .one{border-width:6px;}
8    .two{border-width:4px 2px;}
9    .three{border-width:6px 4px 2px;}
10   p{border-style: solid;}
11   </style>
12   </head>
13   <body>
14   <p class="one">边框宽度为 6px。边框样式为单实线。</p>
15   <p class="two">边框宽度为上下 4px,左右 2px。边框样式为单实线。</p>
16   <p class="three">边框宽度为上 6px,左右 4px,下 2px。边框样式为单实线。</p>
17   </body>
18   </html>
```

运行例 4-3，效果如图 4-6 所示。

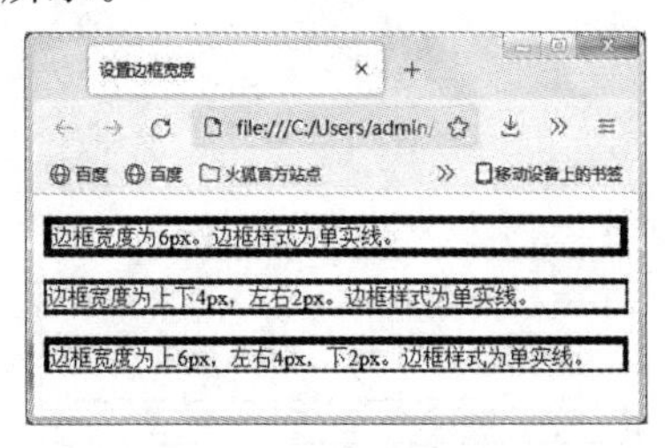

图 4-6　设置边框宽度

在例 4-3 中，对 3 个段落应用不同的边框宽度，然后将边框样式均设置为单实线。

在设置边框宽度时，必须同时设置边框样式，如果未设置样式或设置为 none，则不论宽度设置为多少都无效。

2.1.3 边框颜色(border-color)

border-color 属性用于设置边框的颜色，其值可为预定义的颜色值、十六进制 #RRGGBB（最常用）或 RGB 代码 rgb(r,g,b)。其基本语法格式如下：

```
border-color:上边 [右边  下边  左边];
```

在上面的语法格式中，同样遵循值复制的原则，其属性值可以设置 1～4 个，即一个值为四边，两个值为上下和左右，三个值为上、左右、下，四个值为上、右、下、左。

课堂体验 例 4-4

```
1   <! DOCTYPE html>
2   <html lang="en">
3   <head>
4   <meta charset="utf-8">
5   <title>设置边框颜色</title>
6   <style type="text/css">
7   h2{
8       border-style:solid;              /* 综合设置边框样式 */
9       border-top-color:#ff0000;        /* 单独设置上边框颜色 */
10  }
11  p{
12      border-style:solid;              /* 综合设置边框样式 */
13      border-color:#ccc #ff0000;       /*设置边框颜色:两个值为上下、左右*/
14  }
15  </style>
16  </head>
17  <body>
18  <h2>设置边框颜色</h2>
19  <p>设置边框颜色</p>
20  </body>
21  </html>
```

运行例 4-4，效果如图 4-7 所示。

图 4-7 设置边框颜色

在例 4-4 中，使用边框样式 border-color 的单边和综合属性，设置标题和段落文本的边框颜色样式。

设置边框颜色时必须设置边框样式，如果未设置样式或者设置样式属性值为 none，则其他边框属性无效。

2.1.4 综合设置边框

虽然使用 border-style、border-width、border-coloe 可以实现丰富的边框效果，但是这种方式书写的代码烦琐，且不便于阅读，为此 CSS 提供了更简单的边框设置方式，其基本格式如下。

```
border:样式  宽度  颜色;
```

上面的设置方式中，样式、宽度、颜色的顺序不分先后，可以只指定需要设置的属性，省略的部分将取默认值(样式不可以省略)。

当每一侧的边框样式都不相同，或者只需单独定义某一侧的边框时，可以使用单侧边框的综合属性 border-top、border-bottom、border-right、border-left 进行设置。例如，单独定义段落的上边框，示例代码如下。

```
p{ border-top:2px  solid  #ccc;}
```

当四条边的边框样式都相同时，可以使用 border 属性进行综合设置。

例如，将二级标题的边框设置为双实线、红色、3px，示例代码如下：

```
h2{border:3px  double  red;}
```

像 border、border-top 等能够一个属性定义标签的多种样式，在 CSS 中称为复合属性。常用的复合属性有 font、border、margin、padding 和 background 等。实际工作中常使用复合属性，它可以简化代码，提高页面的运行速度。

课堂体验　例 4-5

```
1  <!DOCTYPE html>
2  <html lang="en">
3  <head>
4  <meta charset="utf-8">
5  <title>综合设置边框</title>
6  <style type="text/css">
7  h2{
8      border-top:3px dashed #243d52;      /*单侧复合属性设置各边框*/
```

```
9         border-right:10px double #63abe8;
10        border-bottom:5px double #85f2da;
11        border-left:10px solid #1a5fad;
12    }
13    .wangye{border:15px solid #4a4c5e;}       /* border 复合属性设置各边框相同 */
14    </style>
15    </head>
16    <body>
17    <h2>综合设置边框</h2>
18    <img class="wangye" src="images/pic1.png" alt="风景艺术" />
19    </body>
20    </html>
```

运行例 4-5，效果如图 4-8 所示。

图 4-8　综合设置边框

在例 4-5 中，首先使用边框的单侧复合属性设置二级标题，使其各侧边框显示不同样式，然后使用复合属性 border，为图像设置四条相同的边框。

2.2 内边距属性

在网页设计中，为了调整内容在盒子中的显示位置，常常需要给标签设置内边距，所谓内边距是指标签内容与边框之间的距离，也称内填充，内填充不会影响标签内容的大小。在 CSS 中 padding 属性用于设置内边距，同边框属性 border 一样，padding 也是一个符合属性，其相关设置方法如下。

- padding-top：上内边距
- padding-right：右内边距
- padding-bottom：下内边距
- padding-left：左内边距
- padding：上内边距　右内边距　下内边距　左内边距

在上面的设置中，padding 相关属性的取值可为 auto 自动（默认值）、不同单位的数值、相对于父标签（或浏览器）宽度的百分比%。实际工作中最常用的是像素值（px），像素值不允许使用负值。

同边框相关属性一样，使用 padding 属性定义内边距时，必须沿顺时针方向采用值复制，一个值为四边，两个值为上下和左右，三个值为上、左右、下。

课堂体验　例 4-6

```
1   <! DOCTYPE html>
2   <html lang="en">
3   <head>
4   <meta charset="utf-8">
5   <title>设置内边距</title>
6   <style type="text/css">
7   .border{border:5px solid #F60;}          /*为图像和段落设置边框*/
8   img{
9       padding:80px;                        /*图像4个方向内边距相同*/
10      padding-bottom:0;                    /*单独设置下内边距*/
11  }                                        /*上面两行代码等价于 padding:80px 80px 0;*/
12  p{padding:5%;}                           /*段落内边距为父元素宽度的5%*/
13  </style>
14  </head>
15  <body>
16  <img class="border" src="images/pic2.png" alt="2016课程马上升级" />
17  <p class="border">段落内边距为父元素宽度的5%。</p>
18  </body>
19  </html>
```

运行例 4-6，效果如图 4-9 所示。

图 4-9　设置内边距

在例 4-5 中，使用 padding 相关属性设置图像和段落的内边距，其中段落内边距使用%数值。

如果设置内外边距为百分比，则不论上下或左右的内外边距，都是相对于父元素宽度 width 的百分比，随父元素 width 的变化而变化，和高度 height 无关。

2.3 外边距属性

网页是由多个盒子排列而成的，要想拉开盒子与盒子之间的距离，合理布局网页，就需要为盒子设置外边距。所谓外边距是指元素边框与相邻元素之间的距离。在 CSS 中 margin 属性用于设置外边距，它是一个符合属性，与内边距 padding 的用法类似，设置外边距的方法如下。

- margin-top：上外边距
- margin-right：右外边距
- margin-bottom：下外边距
- margin-left：左外边距
- margin：上内边距 右内边距　下内边距　左内边距

margin 相关属性的值，以及复合属性 margin 取 1～4 个值的情况与 padding 相同。但是，外边距可以使用负值，使相邻元素发生重叠。

当对块级元素应用宽度属性 width，并将左右的外边距都设置为 auto，可使用块级元素水平居中，实际工作中常用这种方式进行网页布局，示例代码如下。

```
p{margin:0 auto}
```

大部分 html 元素的盒子属性（margin，padding）默认值都为 0，有少数 html 元素的（margin，padding）浏览器默认值不为 0，如 body、p、ul、li、form 标签等，因此，我们在制作网页时，在 CSS 全局样式中应使用如下代码。

```
*{
padding:0;           /*清除内边距*/
margin:0;            /*清除外边距*/
}
```

2.4 背景属性

相比文本，图像往往能给用户留下更深刻的印象，所以在网页中，合理控制背景颜色和背景图像至关重要。下面对 CSS 控制背景属性的相关属性知识进行具体讲解。

2.4.1　设置背景颜色(background-color)

在 CSS 中，使用 background-color 属性来设置网页的背景颜色，其属性值可使用预定的颜色值、十六进制 #RRGGBB（最常用）或 RGB 代码 rgb(r,g,b)。background-color 的默认值为 transparent，即背景透明。

2.4.2　设置背景图像(background-image)

背景不仅可以设置为某种颜色，还可以将图像作为网页元素的背景。在 CSS 中通过

background-image 属性设置背景图像。

课堂体验　例 4-7

```
1   <! DOCTYPE html>
2   <html lang="en">
3   <head>
4   <meta charset="utf-8">
5   <title>设置背景图像</title>
6   <style type="text/css">
7   body{
8       background-color:#CCC;              /*设置网页的背景颜色*/
9       background-image:url(images/pic4.png);      /*设置网页的背景图像*/
10  }
11  h2{
12      font-family:"微软雅黑";
13      color:#FFF;
14      background-color:#56cbf6;           /*设置标题的背景颜色*/
15  }
16  </style>
17  </head>
18  <body>
19  <h2>UI设计前景超乎想象</h2>
20  <p>"互联网+"与O2O模式的大趋势,使平面设计、网页设计、UI设计、Web前端的前景广阔超
    乎想象。</p>
21  </body>
22  </html>
```

运行例 4-7,效果如图 4-10 所示。

图 4-10　设置网页的背景图像

在图 4-10 中,背景图像自动沿着水平和竖直两个方向平铺,充满整个网页,并且覆盖了<body>的背景颜色。

2.4.3　设置背景图像的平铺(background-repeat)

默认情况下,背景图像会自动沿着水平和竖直两个方向平铺,如果不希望图像平铺,或者沿着一个方向平铺,可以通过 background-repeat 属性来控制。该属性的属性值如下:

- repeat：沿着水平和竖直两个方向平铺(默认值)。
- no-repeat：背景图像不平铺(图像只显示一个并位于页面的左上角)。
- repeat-x：沿着水平方向平铺。
- repeat-y：沿着竖直方向平铺。

例如，希望例 4-7 中的图像只沿着水平方向平铺，可以将 body 元素的 CSS 代码更改如下。

```
body{
  background-color：#CCC；                        /*设置网页的背景颜色*/
  background-image：url(images/pic4.png)；        /*设置网页的背景图像*/
  background-repeat：repeat-x；                   /*设置背景图像的平铺*/
  }
```

保存 HTML 页面，刷新网页，效果如图 4-11 所示。

图 4-11　设置网页的水平平铺

在图 4-11 中，图像只沿着水平方向平铺，背景图像覆盖的区域就显示背景图像，背景图像没有覆盖的区域则按照设置的背景颜色显示。

2.4.4　设置背景图像的位置(background-position)

如果将背景图像的平铺属性 background-repeat 定义为 no-repeat，图像将默认以标签的左上角为基准点显示。

background-position 属性的取值有多种，具体介绍如下：

(1)使用不同单位(最常用的是像素 px)的数值：直接设置图像左上角在标签中的坐标，如"background-position：20px 20px"。

(2)使用预定义的关键字：指定背景图像在标签中的对齐方式。

- 水平方向值：left、center、right。
- 垂直方向值：top、center、bottom。

两个关键字的顺序任意，若只有一个值则另一个默认值为 center。例如：

Center：相当于 center　center(居中显示)。

(3)使用百分比：按背景图像和标签的指定点对齐。

- 0%　0%：表示图像左上角与标签的左上角对齐。
- 50%　50%：表示图像 50% 50%中心点与标签 50% 50%中心点对齐。
- 30%　30%：表示图像 20% 30%点与标签 20% 30%点对齐。
- 100%　100%：表示图像右下角与标签的右下角对齐，而不是图像充满标签。

如果只有一个百分数，将作为水平值，垂直值则默认为 50%。

课堂体验　例 4-8

```
1   <! DOCTYPE html>
2   <html lang="en">
3   <head>
4   <meta http-equiv="Content-type" content="text/html;charset=utf-8">
5   <title>设置背景图像的位置</title>
6   <style type="text/css">
7   body{
8       background-image:url(images/pic5.png);     /*设置网页的背景图像*/
9       background-repeat:no-repeat;                /*设置背景图像不平铺*/
10  }
11  </style>
12  </head>
13  <body>
14  <h2>UI设计培养如此全能的人才</h2>
15  <p>UI设计培训课程非常系统、全面,从软件操作、理论知识、实战练习、就业指导等方面设置都
    很科学完善,只要跟着
16  老师的节奏来,哪怕零基础学员也不会有任何影响。针对学员的基础情况,我们分为基础班和就
    业班两种班型分开学习。</p>
17  </body>
18  </html>
```

运行例 4-8,效果如图 4-12 所示。背景图像位于 HTML 页面的左上角,即<body>元素的左上角。

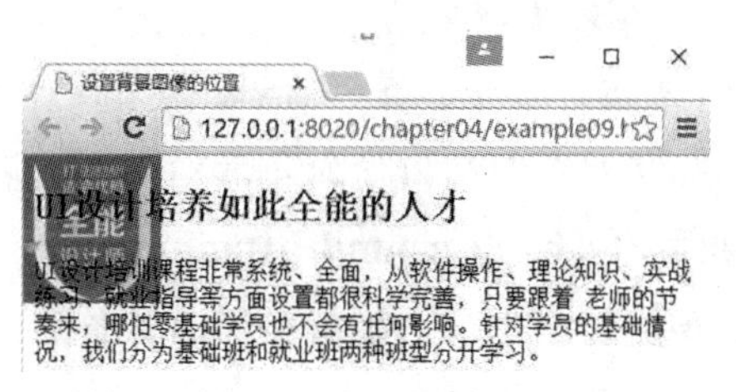

图 4-12　背景图像不平铺

如果希望背景图像出现在其他位置,就需要另一个 CSS 属性 background-position,设置背景图像的位置。

例如,将例 4-8 中的背景图像定义在页面的右下角,可以更改 body 元素的 CSS 样式代码如下,效果如图 4-13 所示。

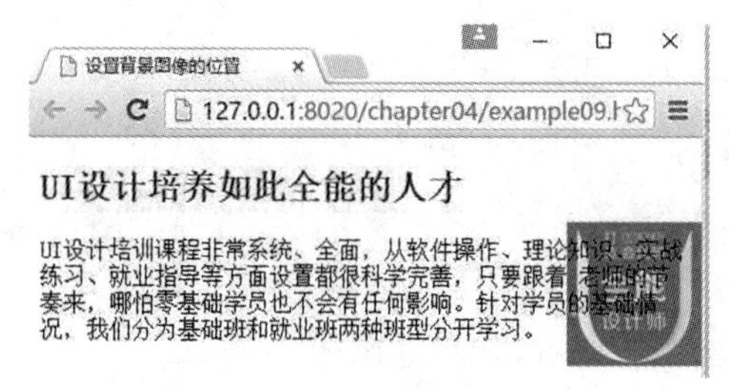

图 4-13　背景图像在右下角

```
body{
    background-image:url(images/pic5.png);         /*设置网页的背景图像*/
    background-repeat:no-repeat;                   /*设置背景图像不平铺*/
    background-position:right bottom;              /*设置背景图像的位置*/
}
```

在 CSS 中，background-position 属性的值通常设置为两个，中间用空格隔开，用于定义背景图像在元素的水平和垂直方向的坐标，例如上面的“right bottom”。backgrgund-position 属性的默认值为“0 0”或“top left ”，即背景图像位于元素的左上角。

接下来将 background-position 的值定义为像素值，来控制例 4-8 中背景图像的位置，body 元素的 CSS 样式代码如下：

```
body{
    background-image:url(images/pic5.png);         /*设置网页的背景图像*/
    background-repeat:no-repeat;                   /*设置背景图像不平铺*/
    background-position:50px 80px;                 /*用像素值控制背景图像的位置*/
}
```

保存 HTML 页面，再次刷新网页，效果如图 4-14 所示。

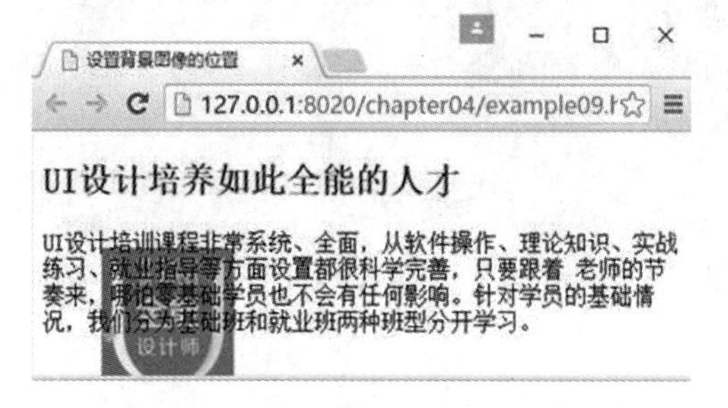

图 4-14 使用 backgrgund-position 属性设置背景图像

在图 4-14 中，图像距离 body 元素的左边缘为 50 px，距离上边缘为 80 px。

2.4.5 设置背景图像固位(background-attachment)

当网页中的内容较多时，但是希望图像会随着页面滚动条的移动而移动，此时就需要应用 background-attachment 属性来设置。background-attachment 属性有两个属性值，分别代表不同的含义，具体解释如下。

- scroll：图像随页面一起滚动(默认值)。
- fixed：图像固定在屏幕上，不随页面滚动。

下面控制例 4-8 中的背景图像，使其固定在屏幕上，body 元素的 CSS 样式代码如下。

```
body{
background-image:url(images/pic5.png);         /*设置网页的背景图像*/
    background-repeat:no-repeat;               /*设置背景图像不平铺*/
background-position:50px 80px;                 /*用像素值控制背景图像的位置*/
background-attachment:fixed;                   /*设置背景图像的位置固定*/
}
```

保存 HTML 页面，再次刷新网页，效果如图 4-15 所示。

在如图 4-15 所示的页面中，无论如何拖曳浏览器的滚动条，背景图像的位置都固定不变。

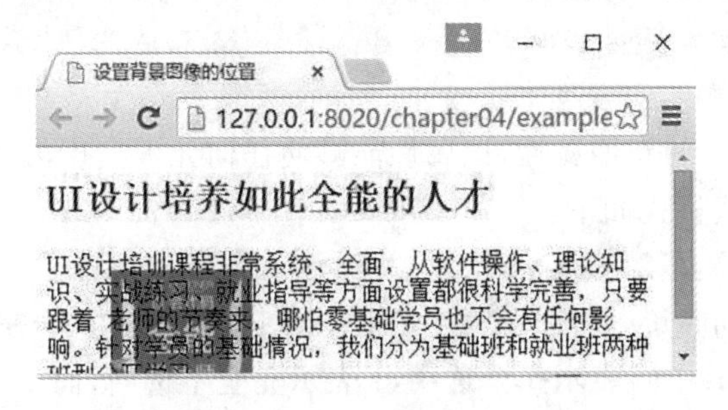

图 4-15　设置背景图像固定

2.4.6　背景复合属性

同边框属性一样，在 CSS 中背景属性也是一个复合属性，可以将背景相关的样式都综合定义在一个复合属性 background 中。使用 background 属性综合设置背景样式的语法格式如下。

```
background:背景色[background-color] url[background-image] 平铺[background-repeat] 定位[background-attachment] 固定[background|attachment];
```

在上述语法格式中，各个样式顺序任意，中间用空格隔开，不需要的样式可以省略。但实际工作中通常按照背景色、url（图像）、平铺、定位、固定的顺序来书写。例如，例 4-8 中 <body>的背景可以综合设置为。

```
background:url(images/pic5.png) no-repeat 50px 80px fixed;
```

这时省略了背景颜色样式，等价于：

```
body{
    background-image:url(images/pic5.png);       /*设置网页的背景图像*/
    background-repeat:no-repeat;                 /*设置背景图像不平铺*/
    background-position:50px 80px;               /*用像素值控制背景图像的位置*/
    background-attachment:fixed;                 /*设置背景图像的位置固定*/
}
```

任务 3　CSS3 新增盒子模型属性

为了丰富网页的样式功能，CSS3 中添加了一些新的盒子模型属性，如颜色透明度、圆角、图片边框、阴影、渐变等。

3.1　颜色的透明度

在 CSS3 中新增了两种设置颜色不透明度的方法，一种是使用 rgba 模式设置，另一种是使用 opacity 属性设置。

1. rgba 模式

rgba 是 CSS3 新增的颜色模式，它是 RGB 颜色模式的延伸。rgba 模式是在红、绿、蓝三原色的基础上添加了不透明度参数，其语法格式如下：

```
rgba(r,g,b,alphs);
```

上述语法格式中，前 3 个参数与 RGB 中的参数含义相同，括号里面书写的是 RGB 的颜色色值或百分比，alpha 参数是一个 0.0（完全透明）～1.0（完全不透明）的数字。

```
P{background-color:rgba(255,0,0,0.5);}
```

2. opacity 属性

opacity 属性是 CSS3 的新增属性，该属性能够使任何元素呈现出透明效果，作用范围要比 rgba 模式大得多，其语法格式如下：

```
opacity:参数;
```

上述语法格式中，opacity 属性用于定义标签的不透明度，参数表示不透明度的值，它是一个 0～1 的浮点数值，其中 0 表示完全透明，1 表示完全不透明，而 0.5 则表示半透明。

3.2 圆　角

在网页设计中，经常会看到一些圆角的图形、按钮等，运用 CSS3 中的 border-radius 属性可以将矩形边框四角圆角化，实现圆角效果。其基本语法格式如下。

```
border-radius:水平半径参数1　水平半径参数2　水平半径参数3　水平半径参数4/
垂直半径参数1　垂直半径参数2　垂直半径参数3　垂直半径参数4;
```

在上面语法格式中，水平和垂直半径参数均有 4 个参数值，分别对应着矩形的 4 个圆角（每个角包含着水平和垂直半径参数）。border-radius 属性值主要包含两个参数，即水平半径参数和垂直半径参数，参数之间用“/”隔开，参数的取值单位可以为 px（像素值）或%（百分比）。代码演示如例 4-9 所示。

课堂体验　例 4-9

```
1   <! DOCTYPE html>
2   <html>
3   <head>
4   <meta charset="utf-8">
5   <title>圆角边框</title>
6   <style type="text/css">
7   img{border:5px solid black;
8       border-radius:50px 20px 10px 60px/20px 30px 50px 60px;} /* 分别设置四个角水平半
9   径和垂直半径 */
10  </style>
11  <body>
12  <img class="circle" src="1.jpg" alt="图片"/>
13  </body>
14  </html>
```

运行例 4-9，效果如图 4-16 所示。

需要注意的是，border-radius 属性同样遵循值复制的原则，其水平半径参数和垂直半径参数均可以设置 1～4 个参数值，用来表示四角圆角半径的大小，具体解释如下。

- 当水平半径参数和垂直半径参数设置 1 个参数值时，表示四角的圆角半径均相同。
- 当水平半径参数和垂直半径参数设置 2 个参数值时，第 1 个参数值代表左上圆角半径和右下圆角半径，第 2 个参数值代表右上和左下圆角半径，具体代码如下。

```
img{border-radius:40px 20px/20px 60px;}
```

在例 4-9 的示例代码中，设置图像左上和右下圆角水平半径为 40 px，垂直半径为 20 px，

图 4-16　圆角边框的使用

右上和左下圆角水平半径为 20 px，垂直半径为 60 px。对应效果如图 4-17 所示。

• 水平半径参数和垂直半径参数设置 3 个参数值时，第 1 个参数值代表左上圆角半径，第 2 个参数值代表右上和左下圆角半径，第 3 个参数值代表右下圆角半径，代码如下。

```
img{border-radius:40px 20px 10px/20px 60px 50px;}
```

在例 4-9 的示例代码中，设置图像左上圆角的水平半径为 20 px，垂直半径为 20 px，右上和左下圆角水平半径为 20 px，垂直半径为 40 px；右下圆角的水平半径为 10 px，垂直半径为 60 px。对应效果如图 4-18 所示。

图 4-17　两个参数值的圆角边框

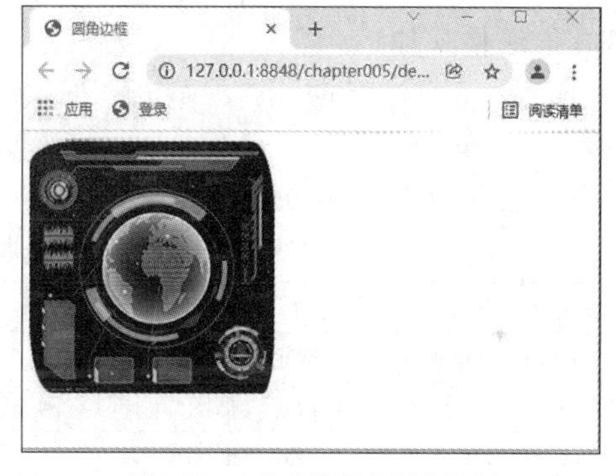

图 4-18　3 个参数值的圆角边框

• 水平半径参数和垂直半径参数设置 4 个参数值时，第 1 个参数值代表左上圆角半径，第 2 个参数值代表右上圆角半径，第 3 个参数值代表右下圆角半径，第 4 个参数值代表左下圆角半径，代码如下。

```
img{border-radius:50px 20px 10px 60px/50px 20px 10px 60px;}
```

在例 4-9 的示例代码中，设置图像左上圆角的水平垂直半径均为 50 px，右上圆角的水平和垂直半径均为，右下圆角的水平和垂直半径均为 20 px，左下圆角的水平和垂直半径均为 10 px。效果如图 4-19 所示。

当应用值复制原则设置圆角边框时，如果“垂直半径参数”省略，则会认其等于“水平半径参数”的参数值。此时圆角的水平半径和垂直半径相等。代码则可以简写为：

```
img{border-radius:50px 30px 20px 10px;}
```

如果想要设置例 4-9 中图片的圆角边框显示效果为圆形，只需将第 9 行代码更改为：

```
img{border-radius:150px;}        /* 设置显示效果为圆形 */
```

或

```
img{border-radius:50%;}        /*利用%设置显示效果为圆形*/
```

由于案例中图片的宽高均为 300 px,所以图片的半径是 150 px,使用百分比会比换算图片的半径更加省事。运行案例对应的效果如图 4-20 所示。

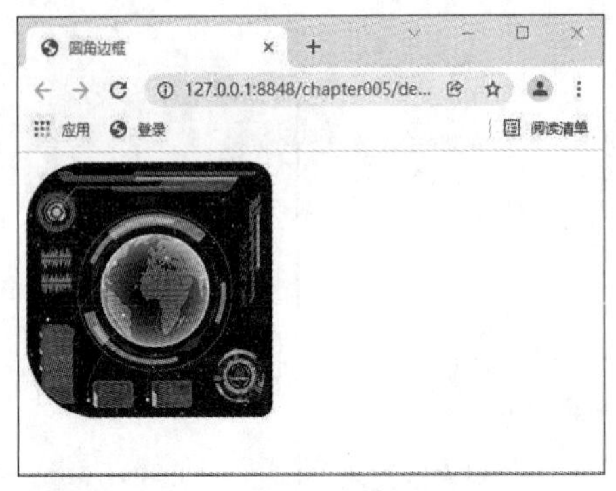

图 4-19　4 个参数值的圆角边框

图 4-20　圆角边框的圆形效果

3.3 图片边框

在网页设计中,我们还可以使用图片作为元素的边框。运用 CS3 中的 border-image 属性可以轻松实现这个效果。border-image 属性是一个复合属性,内部包含 border-image-source、border-image-slice、border-image-width、border-image-outset 和 border-image-repeat 等属性,其基本语法格式如下。

```
border-image: border-image-source/ border-image-slice/ border-image-width/ border-image-outset/
border-image-repeat;
```

对上述代码中名词的解释见表 4-2。

表 4-2　border-image 的属性描述

属性	描述
border-image-source	指定图片的路径
border-image-slice	指定边框图像顶部、右侧、底部、左侧向内偏移量(可以简单理解为图片的裁切位置)
border-image-width	指定边框宽度
border-image-outset	指定边框背景向盒子外部延伸的距离
border-image-repeat	指定背景图片的平铺方式

下面我们通过一个案例来演示图片边框的设置方法,如例 4-10 所示。

课堂体验　例 4-10

```
1    <! DOCTYPE html>
2    <html lang="en">
3    <head>
4    <meta charset="utf-8">
5    <title>图片边框</title>
6    <style type="text/css">
7    p{
8        width:362px;
9        height:362px;
10       border-style:solid;
```

```
11          border-image-source:url(3. png);    /* 设置边框图片路径 */
12          border-image-slice:33%;        /* 边框图像顶部、右侧、底部、左侧向内偏移量 */
13          border-image-width:40px;          /* 设置边框宽度 */
14          border-image-outset:0;         /* 设置边框图像区域超出边框量 */
15          border-image-repeat:repeat;        /* 设置图片平铺方式 */
16      }
17      </style>
18      </head>
19      <body>
20      <p></p>
21      </body>
22      </html>
```

在例 4-10 中，第 10 行代码用于设置边框样式，如果想要正常显示图片边框，前提是先设置边框样式，否则不会显示边框。第 11～15 行代码，通过设置图片、内偏移、边框宽度和填充方式定义一个图片边框，图片素材如图 4-21 所示。

运行例 4-10，效果如图 4-22 所示。

图 4-21　边框图片素材

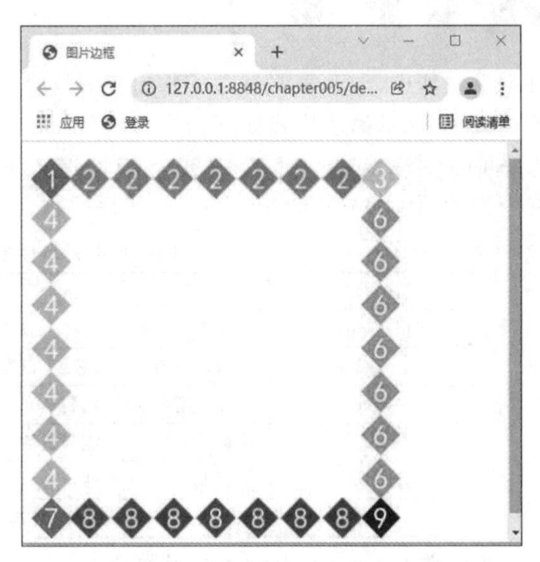

图 4-22　图片边框的使用

对比图 4-21 和图 4-22 发现，边框图片素材的四角位置(即数字 1、3、7、9 标示位置)和盒子边框四角位置的数字是吻合的，也就是说在使用 border-image 属性设置边框图片时，会将素材分割成 9 个区域，即图 4-21 中所示的 1～9 数字。在显示时图 4-21 边框图片素材将“1”“3”“7”“9”作为四角位置的图片，将“2”“4”“6”“8”作为四边的图片进行平铺，如果尺寸不够，则按照自定义的方式填充。而中间的“5”在切割时则被当作透明区域处理。

若将例 4-10 中第 15 行代码中图片的填充方式改为“拉伸填充”，具体代码如下：

```
border-image-repeat:stretch;        /* 设置图片填充方式 */
```

保存 HTML 文件，刷新页面，效果如图 4-23 所示。

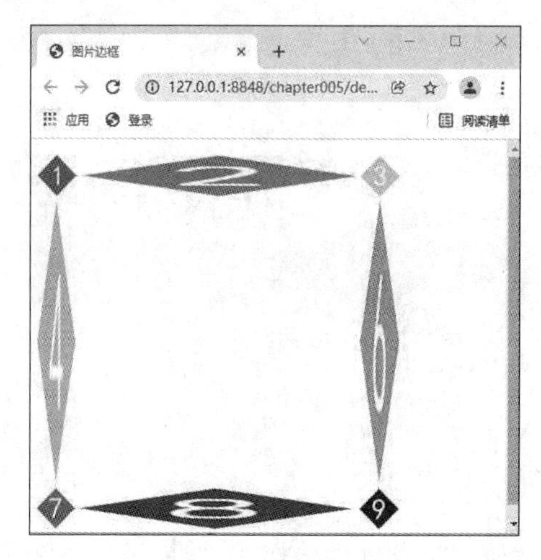

图 4-23　拉伸显示效果

通过图 4-23 可以看出,“2”“4”“6”“8”区域中的图片被拉伸填充了边框区域。与边框样式和宽度相同,图案边框也可以使用综合属性设置样式。

3.4 阴　影

在网页制作中,经常需要对盒子添加阴影效果。使用 CSS3 中的 box-shadow 属性可以实现阴影的添加,基本语法格式如下。

```
box-shadow: h-shadow v-shadow blur spread color outset;
```

在上面的语法格式中,box-shadow 属性共包含 6 个参数值,见表 4-3。

表 4-3　box-shadow 属性参数值

参数值	描述
h-shadow	表示水平阴影的位置,可以为负值(必选属性)
v-shadow	表示垂直阴影的位置,可以为负值(必选属性)
blue	阴影模糊半径(可选属性)
spread	阴影扩展半径,不能为负值(可选属性)
color	阴影颜色(可选属性)
outset/inset	默认为外阴影/内阴影(可选属性)

表 4-3 列举了 box-shadow 属性参数值,其中“h-shadow”和“v-shadow”为必选参数值,不可以省略,其余为可选参数值。将“阴影类型”默认的“outset”更改为“inset”后,阴影类型则变为内阴影。

下面我们通过一个为图片添加阴影的案例来演示 box-shadow 属性的用法和效果,如例 4-11 所示。

课堂体验　例 4-11

```
1    <! DOCTYPE html>
2    <html lang="en">
3    <head>
4    <meta charset="utf-8">
5    <title>box-shadow 属性</title>
```

```
6   <style type="text/css">
7   img{
8       padding:20px;            /* 内边距 20px */
9       border-radius:50%;        /* 将图像设置为圆形效果 */
10      border:1px solid #666;
11       box-shadow:5px 5px 10px 2px #999 inset;
12  }
13  </style>
14  </head>
15  <body>
16  <img src="7.jpg" alt=""/>
17  </body>
18  </html>
```

在例 4-11 中，第 11 行代码给图像添加了内阴影样式。需要注意的是，使用内阴影时须配合内边距属性 padding，让图像和阴影之间拉开一定的距离，否则图片会遮挡内阴影。

运行例 4-11，效果如图 4-24 所示。

图 4-24 中，图片出现了内阴影效果。box-shadow 属性也可以改变阴影的投射方向以及添加多重阴影效果，示例代码如下：

```
box-shadow:5px 6px 15px 2px #999 inset,-5px -6px 10px 2px #73AFEC inset;
```

效果如图 4-25 所示。

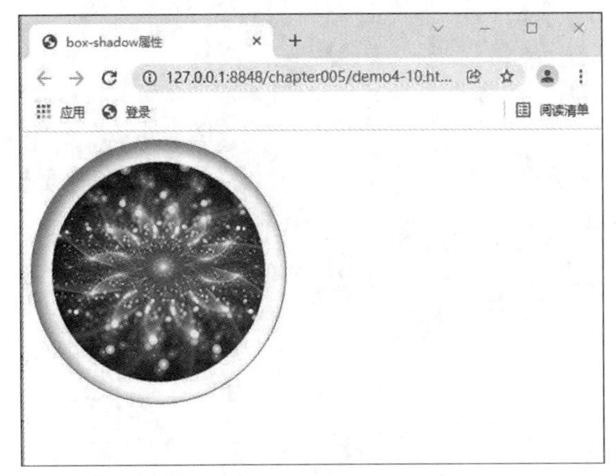

图 4-24　box-shadow 属性的使用

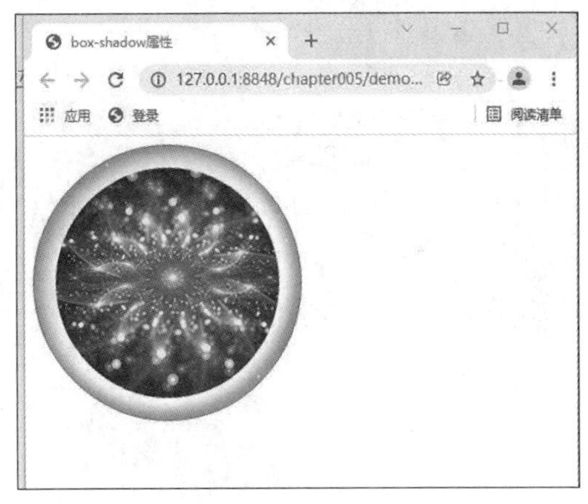

图 4-25　多重内阴影的使用

3.5　渐　变

在 CSS3 之前的版本中，如果需要添加渐变效果，通常要设置背景图像来实现。而 CSS3 中增加了渐变属性，通过渐变属性可以轻松实现渐变效果。CSS3 的渐变属性主要包括线性渐变、径向渐变和重复渐变。

3.5.1　线性渐变

在线性渐变过程中，起始颜色会沿着一条直线按顺序过渡到结束颜色。运用 CSS3 中的“background-image:linear-gradient (参数值);”样式可以实现线性渐变效果，其基本语法格式如下。

```
background-image:linear-gradient(渐变角度,颜色值 1,颜色值 2……..,颜色值 n);
```

在上面的语法格式中，linear-gradient 用于定义渐变方式为线性渐变，括号内用于设定渐变角度和颜色值，具体解释如下。

1. 渐变角度

渐变角度是指水平线和渐变线之间的夹角，可以是以 deg 为单位的角度数值或"to"加"left""right""top""bottom"等关键词。在使用角度设定渐变起点的时候，0 deg 对应"to top"，90 deg 对应"to right"，180 deg 对应"to bottom"，270 deg 对应"to left"，整个过程就是以 bottom 为起点沿顺时针方向旋转。

当未设置渐变角度时，会默认为"180 deg" 等同于 "to bottom"。

2. 颜色值

颜色值用于设置渐变颜色，其中"颜色值 1"表示起始颜色，"颜色值 n"表示结束颜色，起始颜色和结束颜色之间可以添加多个颜色值，各颜色值之间用","隔开。代码演示如例 4-12 所示。

课堂体验　例 4-12

```
1    <! DOCTYPE html>
2    <html lang="en">
3    <head>
4    <meta charset="utf-8">
5    <title>线性渐变</title>
6    <style type="text/css">
7    p{
8        width:200px;
9        height:200px;
10       background-image:linear-gradient(20deg,#ff1a13,#94ff08);
11   }
12   </style>
13   </head>
14   <body>
15   <p></p>
16   </body>
17   </html>
18   </html>
```

在例 4-12 中，为 p 标签定义了一个渐变角度为 30 deg，绿色(#0f0)到蓝色(#00f)的线性渐变。

运行例 4-12，效果如图 4-26 所示。

如图 4-26 所示，绿色到蓝色的线性渐变得到了实现。值得一提的是，在每一个颜色值后面还可以书写一个百分比数值，用于标示颜色渐变的位置。例如下面的示例代码。

```
background-image:linear-gradient(30deg,#0f0 50%,#00F 80%);
```

3.5.2　径向渐变

径向渐变同样是网页中一种常用的渐变，在径向渐变过程中，起始颜色会从一个中心点开始，按照椭圆或圆形形状进行扩张渐变。运用 CS3 中的"background-image: radial-gradient

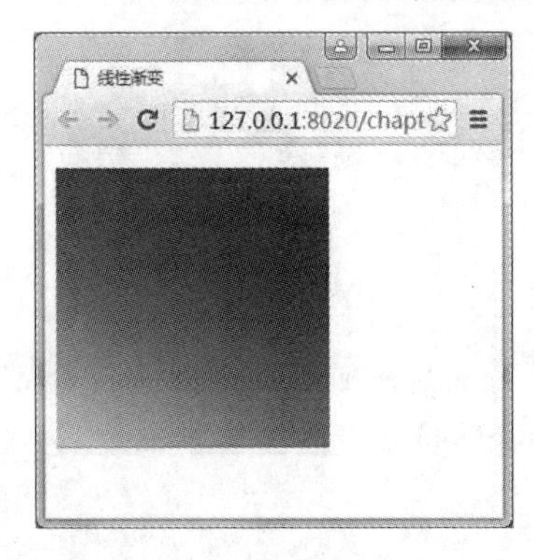

图 4-26　线性渐变

(参数值)”样式可以实现径向渐变效果，其基本语法格式如下。

```
background-image:radial-gradient(渐变形状 圆心位置 ,颜色值 1,颜色值 2,…,颜色值 n);
```

在上面的语法格式中，radial-gradient 用于定义渐变的方式为径向渐变，括号内的参数值用于设定渐变形状、圆心位置和颜色值，对各参数的具体介绍如下。

1. 渐变形状

渐变形状用来定义径向渐变的形状，其取值即可以是定义水平和垂直半径的像素值或百分比，也可以是相应的关键词。其中关键词主要包括两个值“circle”和“ellipse”，具体解释如下。

- 像素值/百分比：用于定义形状的水平和垂直半径，例如“80 px 50 px”即表示一个水平半径为 80 px，垂直半径为 50 px 的椭圆形。
- circle：指定圆形的径向渐变。
- ellipse：指定椭圆形的径向渐变。

2. 圆心位置

圆心位置用于确定元素渐变的中心位置，使用“at”加上关键词或参数值来定义径向渐变的中心位置。该属性值类似于 CSS 中 background-position 属性值，如果省略则默认为“center”。该属性值主要有以下几种。

- 像素值/百分比：用于定义圆心的水平和垂直坐标，可以为负值。
- left：设置左边为径向渐变圆心的横坐标值。
- center：设置中间为径向渐变圆心的横坐标值或纵坐标值。
- right：设置右边为径向渐变圆心的横坐标值。
- top：设置顶部为径向渐变圆心的纵坐标值。
- bottom：设置底部为径向渐变圆心的纵坐标值。

3. 颜色值

“颜色值 1”表示起始颜色，“颜色值 n”表示结束颜色，起始颜色和结束颜色之间可以添加多个颜色值，各颜色值之间用“,”隔开。

下面运用径向渐变来制作一个球体，如例 4-13 所示。

课堂体验　例 4-13

```
1    <! DOCTYPE html>
2    <html lang="en">
3    <head>
```

```
4    <meta charset="utf-8">
5    <title>径向渐变</title>
6    <style type="text/css">
7    p{
8       width:200px;
9       height:200px;
10      border-radius:50%;        /* 设置圆角边框 */
11      background-image:radial-gradient(ellipse at center,#0f0,#030); /* 设置径向渐变 */
12   }
13   </style>
14   </head>
15   <body>
16   <p></p>
17   </body>
16   </html>
```

运行例 4-13,效果如图 4-27 所示。

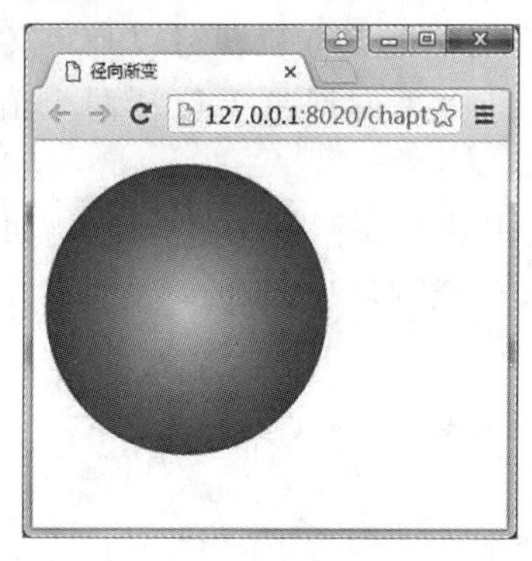

图 4-27　径向渐变

同线性渐变类似,在径向渐变的颜色值后面也可以书写一个百分比数值,用于设置渐变的位置。

3.5.3　重复渐变

在网页设计中,经常会遇到在一个背景上重复应用渐变模式的情况,这时就需要使用重复渐变。重复渐变包括重复线性渐变和重复径向渐变,具体解释如下。

1. 重复线性渐变

在 CSS3 中,通过"background-imager:repeating-linear-gradient(参数值);"样式可以实现重复线性渐变的效果,其基本语法格式如下。

```
background-image:repeating-linear-gradient( 渐变角度,颜色值 1,颜色值 2,…, 颜色值 n);
```

在上面的语法格式中,"repeating-linear-gradient(参数值)"用于定义渐变方式为重复线性渐变,括号内的参数取值和线性渐变相同,分别用于定义渐变角度和颜色值。颜色值同样可以使用百分比定义位置。

2. 重复径向渐变

在 CSS3 中,通过 "background-imager:repeating-radial-gradient(参数值);"样式可以实现重复线性渐变的效果,其基本语法格式如下。

```
background-image:repeating-radial-gradient( 渐变形状 圆心位置,颜色值 1,颜色值 2,…,颜色值 n);
```

在上面的语法格式中,"repeating-radial-gradien(参数值)"用于定义渐变方式为重复径向渐变,括号内的参数取值和径向渐变相同,分别用于定义渐变形状、圆心位置和颜色值。

任务 4 元素类型与转换

在前面的章节中介绍 CSS 属性时,经常会提到"仅使用于块级元素",那么究竟什么是块级元素,在 HTML 标签语言中元素又是如何分类的呢? 下面将对元素的类型与转换进行详细讲解。

4.1 元素的类型

HTML 标签语言提供了丰富的标签,用于组织页面结构。为了使页面结构的组织更加轻松、合理,HTML 标签被定义成了不同的类型,一般分为块标签和行标签,也称为块级元素和行内元素。通过学习它们的特性可以为使用 CSS 设置样式和布局打下基础,具体介绍如下。

4.1.1 块级元素

块级元素在页面中以区域的形式出现,常用于网页布局和网页结构的搭建。其特点是:

- 每个块级元素通常都会独自占据一行或多行。
- 可以对其设置宽度、高度、对齐等属性。
- 可以容纳行内元素和其他块级元素。

常见的块级元素有<h1>~<h6>、<p>、<div>、<ul>、<ol>、<li>等,其中<div>标签是最典型的块级元素。

4.1.2 行内元素

行内元素也称为内联元素或内嵌元素,其特点是:

- 和其他行内元素都在同一行上显示,不会独自换行。
- 高度就是它的文字或图片的高度,默认不可改变。
- 设置高度 height 无效,可以通过 line-height 来设置。
- 设置 margin 只有左右 margin 有效,上下无效。
- 设置 padding 只有左右 padding 有效,上下无效。
- 只能容纳文本或其他行内元素。

提示

这里说的"无效"是指对其他元素的排列没有影响。也就是说,设置了 margin 和 padding 的行内元素与其相邻的其他元素间,不会因为上下 margin 或者上下 padding 而产生间距。但是就其本身而言,上下 margin 与 padding 是有效的。

常见的行内元素有<strong>、<b>、<em>、<i>、<del>、<a>、<u>、<span>等,其中<span>标签是最典型的行内元素。

课堂体验　例 4-14

```
1    <! DOCTYPE html>
2    <html lang="en">
3    <head>
4    <meta charset="utf-8"/>
5    <title>块级元素和行内元素</title>
6    <style type="text/css">
7    h2{              /* 定义 h2 的背景颜色、宽度、高度、文本水平对齐方式 */
8        background:#909;
9        width:300px;
10       height:50px;
11       text-align:center;
12   }
13   p{background:#790;}        /* 定义 p 的背景颜色 */
14   b{                         /* 定义 b 的背景颜色、宽度、高度、文本水平对齐方式 */
15       background:#FCC;
16       width:300px;
17       height:50px;
18       text-align:center;
19   }
20   span{background:#FF0;}  /* 定义 span 的背景颜色 */
21   </style>
22   </head>
23   <body>
24   <h2>标题标签</h2>
25   <p>段落标签</p>
26   <p>
27   <b>b 标签</b>
28   <span>span 标签</span>
29   </p>
30   </body>
31   </html>
```

运行例 4-14，效果如图 4-28 所示。

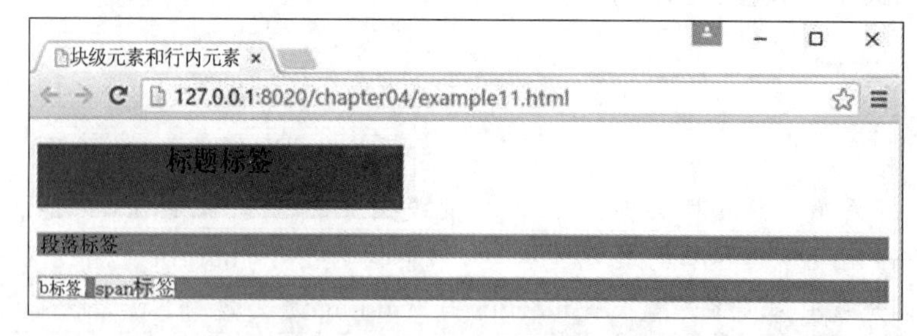

图 4-28　块级元素和行内元素的显示效果

在例 4-14 中，首先使用块标签<h2>、<p>和行内标签<b>、<span>定义文本，然后对它们应用不同的背景颜色，同时，对<h2>和<b>应用相同的宽度、高度和对齐属性。

从图4-28可以看出，当行内元素嵌套在块级元素中时，就会在块级元素上占据一定的范围，成为块级元素的一部分。

4.2　<div>与<span>标签

4.2.1　<div>标签

div英文全称为“division”，译为中文是分割、区域。<div>标签简单而言就是一个块标签，可以实现网页的规划和布局。

<div>标签是一个块容器标签。可以将网页分割为独立的部分，以实现网页的规划和布局。可以在<div>标签中设置外边距、内边距、宽度和高度，同时内部可以容纳段落、标题、表格、图像等各种网页元素，也就是说大多数HTML标签都可以嵌套在<div>标签中，<div>中还可以嵌套多层<div>。<div>标签非常强大，通过与id、class等属性结合设置CSS样式，可以替代大多数的块级文本标签。

课堂体验　例4-15

```
1    <!DOCTYPE html>
2    <html lang="en">
3    <head>
4    <meta charset="utf-8"/>
5    <title>div标签</title>
6    <style type="text/css">
7    .one{
8        width:600px;              /*盒子模型的宽度*/
9        height:50px;              /*盒子模型的高度*/
10       background:aqua;          /*盒子模型的背景*/
11       font-size:20px;           /*设置字体大小*/
12       font-weight:bold;         /*设置字体加粗*/
13       text-align:center;        /*文本内容水平居中对齐*/
14   }
15   .two{
16        width:600px;             /*设置宽度*/
17        height:100px;            /*设置高度*/
18        background:lime;         /*设置背景颜色*/
19        font-size:14px;          /*设置字体大小*/
20        text-indent:2em;         /*设置首行文本缩进2字符*/
21   }
22   </style>
23   </head>
24   <body>
25   <div class="one">用div标签设置标题文本</div>
26   <div class="two">
27   <p>div标签中嵌套P标签的文本内容</p>
```

```
28    </div>
29    </body>
30    </html>
```

运行例 4-15，效果如图 4-29 所示。

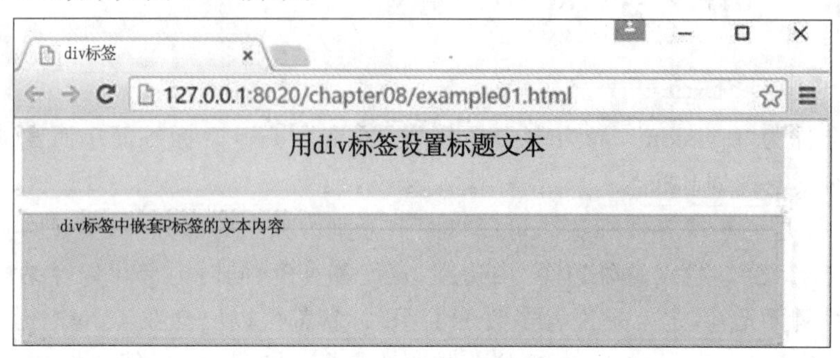

图 4-29　<div>标签用法

4.2.2　<span>标签

<span>在 CSS 定义中属于一个行内元素，<span>与</span>之间只能包含文本和各种行内标签。<span>标签没有固定的表现形式，常用于定义网页中某些特殊显示的文本，通常和 class 属性使用。

<span>本身没有结构特征，和<div>元素相比，可以通俗地理解为<div>为大容器，<span>为小容器，大容器可以放置小容器。即<span>标签可以嵌套于<div>标签中，成为它的子元素，但是反过来则不成立，即<span>标签中不能嵌套<div>标签。

通过<div>和<span>之间的区别和联系，可以更深刻地理解块级元素和行内元素。

课堂体验　例 4-18

```
1    <! DOCTYPE html>
2    <html lang="en">
3    <head>
4    <meta charset="utf-8"/>
5    <title>span 标签</title>
6    <style type="text/css">
7    span{margin:10px;}        /* 定义 span 的外边距 */
8    .one{color:red;}
9    .two{color:pink;}
10   .three{color:blue;}
11   .four{color:purple;}
12   .five{color:green;}
13   </style>
14   </head>
15   <body>
16   <h2>课程推荐</h2>
17   <div class="list">
18   <span class="one">UI 设计</span><span class="two">Java</span><span class="three">
     安卓</span><span class="four">IOS</span><span class="five">前端移动与开发</span>
```

```
19  </div>
20  </body>
21  </html>
```

运行例 4-15，效果如图 4-30 所示。

图 4-30　<span>标签用法

在例 4-15 中，通过在<div>标签中嵌套<span>标签来定义一些特殊显示的文本，然后使用 CSS 分别设置它们的样式。

图 4-30 中的所有课程都是通过 CSS 控制<span>标签设置的。由此可以看出，<span>标签可以嵌套于<div>标签中，成为它的子元素。

4.3　元素的转换

网页是由多个块级元素和行内元素构成的盒子排列而成的。如果希望行内元素具有块级元素的某些特性（如可以设置宽高）或者需要块级元素具有行内元素的某些特性（如不独占一行排列），可以使用 display 属性对元素的类型进行转换。display 属性常用的属性值及含义如下。

- inline：将指定对象显示为行内元素（行内元素默认的 display 属性值）。
- block：将指定对象显示为块级元素（块级元素默认的 display 属性值）。
- inline-block：将指定对象显示为行内块级元素，即在行内显示但是可以对其设置宽高和对齐等属性，但是该元素不会独占一行。
- none：隐藏对象，该对象既不显示又不占用页面空间，也不会占据文档中的位置，相当于该元素不存在。

课堂体验　例 4-16

```
1   <! DOCTYPE html>
2   <html lang="en">
3   <head>
4   <meta charset="utf-8"/>
5   <title>元素的转换</title>
6   <style type="text/css">
7    div{                    /* 设置元素的宽高 */
8   width:180px;
9   height:175px;
10   }11   span{               /* 设置元素的宽高 */
12  width:180px;
13  height:175px;
14   }
```

```
15  p{font-size: 20px;}
16  .spring{background: url(images/spring.jpg);}
17  .summer{background: url(images/summer.jpg);}
18  .autumn{background: url(images/autumn.jpg);}
19  .winter{background: url(images/winter.jpg);}
20  </style>
21  </head>
22  <body>
23  <p>div 部分</p>
24  <div class="spring"></div>
25  <div class="summer"></div>
26  <div class="autumn"></div>
27  <div class="winter"></div>
28  <p>span 部分</p>
29  <span class="spring"></span>
30  <span class="summer"></span>
31  <span class="autumn"></span>
32  <span class="winter"></span>
33  </body>
34  </html>
```

在例 4-16 中，定义了 4 个<div>和 4 个<span>，然后对<div>和<span>设置相同的宽高，最后为类名相同的<div>和<span>分别添加相同的背景样式。

运行例 4-16，效果如图 4-31 所示。

通过图 4-31 可以看出，span 部分的背景图片并未显示。原因是<span>标签为行内元素，设置的宽高样式对其不起作用，修改 span 的样式代码，具体如下。

```
span{
    width:180px;
    height:175px;
    display: inline-block;        /* 将其转换为行内块级元素 */
}
```

保存后，刷新页面，效果如图 4-32 所示。在图 4-32 中，span 部分的背景图片正常显示，且排列在同一行显示。

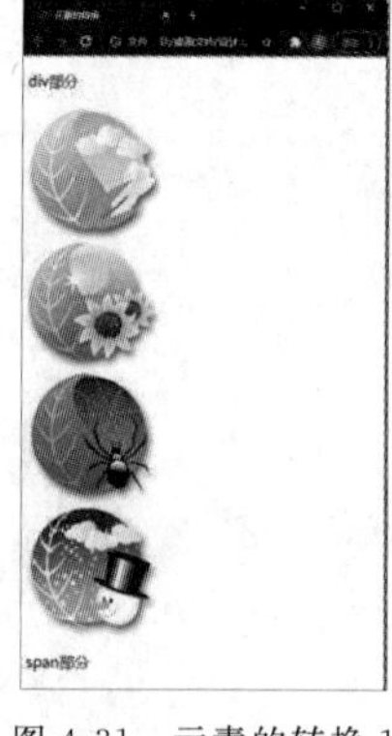

图 4-31　元素的转换 1

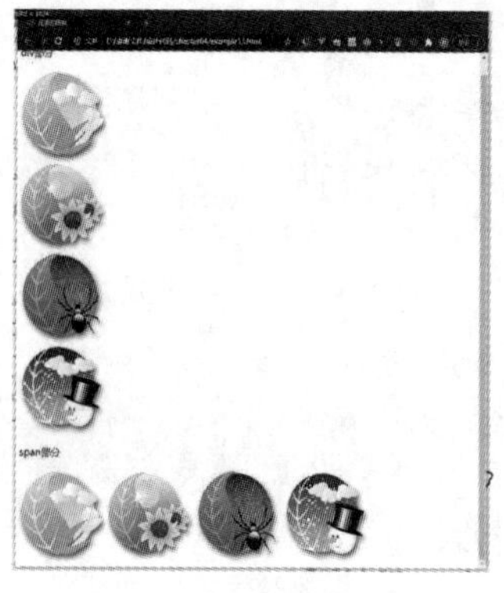

图 4-32　元素的转换 2

同样，可修改 div 的样式代码，也将其转换为行内块级元素，且排列在同一行显示，具体如下。

```
div{
    width:180px;
    height:175px;
     display: inline-block;        /* 将其转换为行内块级元素 */
}
```

保存后，刷新页面，效果如图 4-33 所示。

图 4-33　元素的转换 3

在图 4-33 中可以看出，将<div>和<span>标签都转换为行内块级元素后，两部分的显示效果相同。

由于元素间的转换是相互的，因此可继续修改 div 的样式代码将其转换为行内元素。具体如下：

```
div{
    width:180px;
    height:175px;
     display: inline-block;        /* 将其转换为行内块级元素 */
}
```

保存后，刷新页面，效果如图 4-34 所示。

在图 4-34 中，div 部分的图片未显示，原因是将<div>元素转换为行内元素后，宽高属性将对其不再起作用，因此背景图片无法显示。

任务 5　块级元素垂直外边距的合并

在普通文档流中(没有对元素应用浮动和定位)，当两个相邻或嵌套的块级元素相遇时，其垂直方向的外边距会自动合并，发生重叠。了解块级元素的这一特性，有助于更好地使用 CSS 进行网页布局。

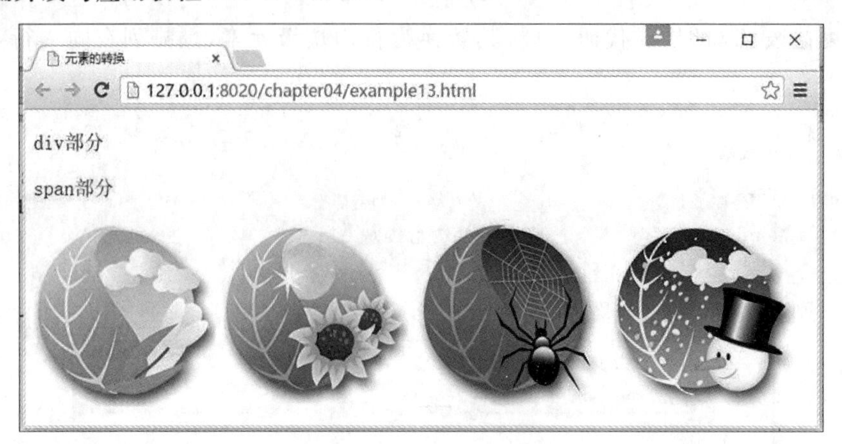

图 4-34 元素的转换 4

5.1 相邻块级元素垂直外边距的合并

当上下相邻的两个块级元素相遇时，如果上面的元素有下外边距 margin-bottom，下面的元素有上外边距 margin-top，则它们之间的垂直间距不是 margin-bottom 与 margin-top 的和，而是两者中的较大者。这种现象被称为相邻块级元素垂直外边距的合并。

课堂体验 例 4-17

```
1   <! DOCTYPE html>
2   <html lang="en">
3   <head>
4       <meta charset="utf-8">
5       <title>相邻块级元素垂直外边距的合并</title>
6   <style type="text/css">
7   div {        /* 定义页面中两个元素的宽度、高度、背景颜色 */
8       width:200px;
9       height:60px;
10      background:#FCC;
11         }
12      .one{margin-bottom:20px;} /* 定义第一个 div 的下外边距 */
13    .two{margin-top:40px;} /* 定义第二个 div 的上外边距 */
14  </style>
15  </head>
16  <body>
17        <div class="one">第一个 div</div>
18        <div class="two">第二个 div</div>
19  </body>
20  </html>
```

运行例 4-17，效果如图 4-35 所示。

在例 4-17 中，定义了两对<div>，为第一个<div>定义下外边距“margin-bottom：20px；”，为第二个<div>定义上外边距“margin-top：40px；”。

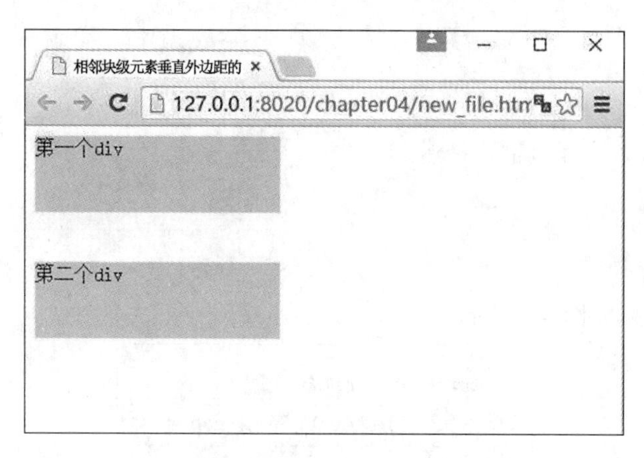

图 4-35　相邻块级元素垂直外边距的合并

在图 4-35 中，两个<div>之间的垂直间距并不是第一个<div>的 margin-bottom 与第二个<div>的 margin-top 之和 60 px。如果用测量工具测量可以发现，两者之间的垂直间距是 40 px，即为 margin-bottom 与 margin-top 中的较大者。

5.2　嵌套块级元素垂直外边距的合并

对于两个嵌套关系的块级元素，如果父元素没有上内边距及边框，则父元素的上外边距会与子元素的上外边距发生合并，合并后的外边距为两者中的较大者，即使父元素的上外边距为 0，也会发生合并。

课堂体验　例 4-18

```
1  <! DOCTYPE html>
2  <html lang="en">
3  <head>
4   <meta charset="uft-8">
5   <title>嵌套块级元素上外边距的合并</title>
6   <style type="text/css">
7    *{ margin:0; padding:0;}        /*将所有元素的默认内外边距归零*/
8   div.father{
9       width:300px;
10      height:150px;
11      background:#FCC;
12      margin-top:20px;        /*定义父 div 的上外边距*/
13    }
14  div.son{
15       width:150px;
16       height:75px;
17       background:#090;
18       margin-top:40px;        /*定义子 div 的上外边距*/
19    }
```

```
20      </style>
21    </head>
22    <body>
23        <div class="father">
24          <div class="son"></div>
25        </div>
26    </body>
27  </html>
```

运行例 4-21,效果如图 4-36 所示。

图 4-36 嵌套块级元素上外边距的合并

在例 4-18 中,定义了两对<div>,它们是嵌套的父子关系,分别为其设置宽度、高度、背景颜色和上外边距,其中父<div>的上外边距为 20 px,子<div>的上外边距为 40 px。为了便于观察,在第 7 行代码中,使用通配符选择器将所有元素的默认内外边距归零。

在图 4-36 中,父<div>与子<div>的上边缘重合,这是因为它们的外边距发生了合并。如果使用测量工具可以发现,这时的外边距为 40 px,即取父<div>与子<div>上边距中的较大者。

如果希望外边距不合并,可以为父元素定义 1 px 的上边框或上内边距。这里以定义父元素的上边框为例,在父<div>的 CSS 样式中增加如下代码:

```
border-top:1px solid #FCC;        /*定义父 div 的上外框*/
```

保存 HTML 文件,刷新网页,效果如图 4-37 所示。

图 4-37 父元素有上边框时外边距不合并

在图 4-37 中，父<div>与浏览器上边缘的垂直间距为 20 px，子<div>与父<div>上边缘的垂直间距为 40 px，也就是说这时外边距正常显示，没有发生合并。需要注意的是在图中，边框颜色和父<div>的背景颜色一样，所以在实际显示效果中好像边框不存在一样。

如果父元素没有设置高度及自适应子元素的高度，同时，也没有对其定义下内边距及下边框，则父元素与子元素的小外边距会发生合并。这就是所谓父元素不适应子元素高度的问题。

任务 6　项目实施

学习完上面的理论知识，我们开始制作“视觉摄影协会”主题网站首页。

6.1　准备工作

1. 创建网页根目录

在计算机本地磁盘任意盘符下创建网站根目录，新建一个文件夹命名为 photography。

2. 在根目录下新建文件

打开网站根目录 photography，在根目录下新建 images 和 css 文件夹，分别用于存放网站所需的图像和 CSS 样式文件。

3. 新建站点

打开开发工具，新建站点。在弹出的对话框中输入站点名称“视觉摄影协会”，然后浏览并选择站点根目录的存储位置，单击“保存”按钮，站点创建成功。

4. 素材准备

把“视觉摄影协会”首页中要用的素材图片，存储在站点中的 images 文件夹中。

6.2　效果分析

6.2.1　HTML 结构分析

“视觉摄影协会”主题网站首页从上到下可以分为四个模块，如图 4-38 所示。

6.2.2　CSS 样式分析

页面的各个模块居中显示，宽度为 980 px，因此，页面的版心为 980 px。另外，页面中的所有字体均为微软雅黑，这些可以通过 CSS 公共样式定义。

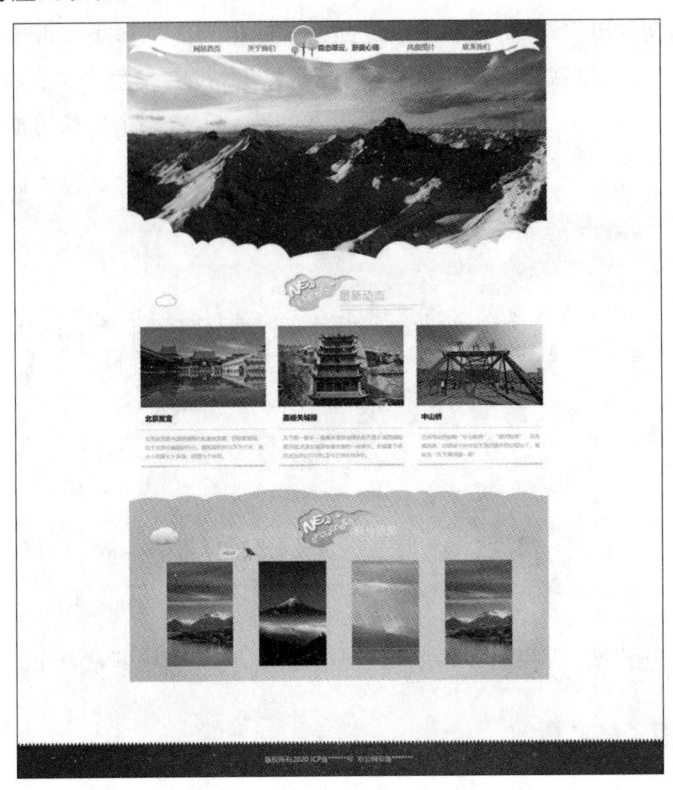

图 4-38 “视觉摄影协会”效果

6.3 定义基础样式

6.3.1 页面布局

下面对“视觉摄影协会”首页进行整体布局，在站点根目录下新建一个 HTML 文件，命名为 index. html，然后使用<div>标签对页面进行布局，代码如下：

```
1   <! DOCTYPE html>
2   <html lang="en">
3   <head>
4   <meta charset="utf-8">
5   <title>视觉摄影协会</title>
6   <link href="css/style. css" type="text/css" rel="stylesheet" />
7   </head>
8   <body>
9   <! --0bg begin-->
10  <div class="bg">
11  </div>
12  <! --0bg end-->
13  <! --0news begin-->
14  <div class ="news">
15  </div>
16  <! --0news end-->
```

```
17  <!--show begin-->
18  <div class ="show">
19  </div>
20  <!--show end-->
21  <!--footer begin-->
22  <div class="footer">
23  </div>
24  <!--footer end-->
25  </body>
26  </html>
```

在上述代码中，定义 class 为 bg 的<div>用来搭建“导航和 banner”模块的结构。另外，通过定义 class 为 news 和 show 的两个<div>分别来搭建“最新动态”和“样片欣赏”两部分的整体结构，“版权信息”模块则通过 class 名为 footer 的<div>搭建。

6.3.2　定义基础样式

在站点根目录下的 CSS 文件夹内新建样式表文件 style. css，使用链入式 CSS 在 index. html 文件中引入样式表文件。然后定义页面的基础样式，具体如下。

```
1  /*重置浏览器的默认样式*/
2  *{margin:0; padding:0; list-style:none; outline:none; border:0; background:none;}
3  /*全局控制*/
4  body{font-family:"微软雅黑";background: #fdfdfd;}
```

上述第 2 行代码用于清除浏览器的默认样式，第 4 行代码为公共样式。

6.4　制作“导航”及“banner”模块

6.4.1　结构分析

“导航”和“banner”模块整体由一个大盒子控制，导航部分可通过<div>嵌套<span>来搭建，“导航”及盒子进行控制背景图像来实现。“banner”部分为一张大的图片，可以通过给最外层的<div>定义背景图像实现。

6.4.2　样式分析

由于 banner 是作为最外层大盒子的背景图插入，因此需设置外层 class 为 bg 的 div 的宽、高样式。另外需要设置大盒子在页面中水平居中显示，由于导航部分也需插入背景图像，因此需同样设置其宽、高，且在页面中水平居中显示，最后还需设置导航部分的文字样式。

6.4.3　搭建结构

在 index. html 文件中书写“导航”和“banner”模块的 HTML 结构代码，具体如下。

```
1  <!DOCTYPE html>
2  <html>
3  <head>
4  <meta charset="utf-8">
5  <title>视觉摄影协会</title>
6  <link href="css/style.css" type="text/css" rel="stylesheet" />
7  </head>
```

```
8  <body>
9  <! -- bg begin-->
10 <div id="bg">
11    <div class="nav">
12       <span>网站首页</span>
13       <span class="margin_more">关于我们</span>
14       <span class="margin_center">视觉摄影协会</span>
15       <span>风景图片</span>
16       <span>联系我们</span>
17    </div>
18 </div>
```

上述代码中,类名为 nav 的<div>用于搭建导航结构,其中的<span>分别用于控制各个导航项。

6.4.4 控制样式

在样式表中 style.css 中书写“导航”和“banner”模块对应的 css 代码,具体如下。

```
1  .bg{
2        width:980px;
3        height:617px;
4        background:url(../images/bg1.jpg) no-repeat;
5        margin:0 auto;
6        padding-top:10px;
7  }
8  .nav{
9        width:848px;
10       height:46px;
11       background:url(../images/nav1.png) no-repeat;
12       margin:0 auto;
13       padding:40px 0 0 123px;
14 }
15 .nav span{
16       color:#685649;
17       font-size:16px;
18       padding:0 30px;
19 }
20 .nav .margin_center{
21       margin-left:-207px;
22       font-weight: 600;
23 }
24 .nav .margin_more{margin-right:240px;}
```

保存 index.html 与 style.css 文件,刷新页面,效果如图 4-39 所示。

图 4-39 导航及 banner 的模块效果

6.5 制作最新动态模块

最新动态模块由最外层 class 为 news 的大盒子整体控制，其内部包含三个样式相同的小盒子，可由三个<div>分别进行定义。对于小盒子中的图片和文本信息，可通过在<div>中嵌套<img>、<hr>和<p>标签来定义。

6.5.1 样式分析

对于模块中标题部分需要使用<h1>标签，并设置其颜色与背景样式等样式。对于内部的三个<div>小盒子。需要使用浮动对它们进行布局(浮动内容后续讲解)，然后再设置其边距和文本等样式。

6.5.2 模块制作

1. 搭建结构

在 index. html 文件内书写“最新动态”模块的 HTML 结构代码，具体如下。

```
1   <div id="news">
2   <div class="news_con">
3   <img src="images/4.jpg" />
4   <h2 class="one">北京故宫</h2>
5   <p class="two">北京故宫是中国明清两代的皇家宫殿，旧称紫禁城，位于北京中轴线的中心。
    建筑面积约 15 万平方米，有大小宫殿七十多座，房屋九千余间。</p>
6   <p class="shadow"></p>
7   </div>
8   <div class="news_con">
9       <img src="images/5.jpg" />
10        <h2 class="one">嘉峪关城楼</h2>
11        <p class="two">天下第一雄关——嘉峪关是举世闻名的万里长城西端险要关隘，也是长
          城保存最完整的一座雄关。关城建于明洪武五年(1372 年)，至今已有 600 余年。</p>
12        <p class="shadow"></p>
```

```
13 </div>
14 <div class="news_con">
15         <img src="images/6.jpg" />
16         <h2 class="one">中山桥</h2>
17         <p class="two">兰州中山桥俗称"中山铁桥""黄河铁桥",旧名镇远桥,甘肃省兰州市位于
           滨河路中段白塔山下,被称为"天下黄河第一桥"</p>
18         <p class="shadow"></p>
19     </div>
20 </div>
```

2. 控制样式

在样式表文件 style.css 中书写 CSS 样式代码,用于控制“最新动态”模块,具体如下。

```
1  .news{
2       width:980px;
3       height:300px;
4       background:url(../images/dongtai.jpg) 60px top no-repeat;
5       margin:-54px auto;
6       padding-top:120px;
7  }
8  .news_con{
9       width:294px;
10      height:256px;
11      float:left;
12      margin-eft:29px;
13 }
14 .news_con .one{
15     width:284px;
16     height:50px;
17     padding-left:10px;
18     line-height:50px;
19     font-weight:bold;
20     font-size:16px;
21     border-bottom:1px solid #ddd;
22 }
23 .news_con .two{
24     width:284px;
25     height:70px;
26     line-height:20px;
27     padding:10px 0 0 10px;
28     font-size:12px;
29     color:#bbb;
30 }
31 .news_con .shadow{        /*阴影部分效果*/
32     width:294px;
33     height:5px;
```

```
34      background:url(../images/yinying.jpg) no-repeat;
35  }
```

保存 index.html 与 style.css 文件，刷新页面，效果如图 4-40 所示。

图 4-40　“最新动态”模块效果

6.6 制作“样片欣赏”模块

样片欣赏模块整体用一个大盒子控制，其内部包含四张样片图片。可通过<div>嵌套<img>标签进行定义。

6.6.1　样式分析

对于模块的标题，可通过给最外层 class 为 show 的大盒子添加<h1>标签来实现，因此需要对其设置宽度、高度及背景样式。内部的<div>同样需设置宽度、高度及外边距样式，另外还需对<img>标签应用左外边距，使图片拉开一定的间距。

6.6.2　模块制作

1. 搭建结构

在 index.html 文件中书写“样片欣赏”模块的 HTML 结构代码，具体如下.

```
1  <div class="show">
2     <div class="pic">
3        <img src="images/1.jpg" />
4        <img src="images/2.jpg" />
5        <img src="images/3.jpg" />
6        <img src="images/4.jpg" />
7     </div>
8  </div>
```

2. 控制样式

在样式表文件 style.css 中书写 css 样式代码，用于控制“样片欣赏”模块，具体如下。

```
1   .show{
2        width:980px;
```

```
3         height:292px;
4         background:url(../images/xinshang.jpg) no-repeat;
5         margin:118px auto;
6         padding-top:170px;
7     }
8     .show .pic{
9         width:916px;
10        height:260px;
11        margin:0 auto;
12    }
13    .show .pic img{margin-left:56px;}
```

保存 index.html 与 style.css 文件，刷新页面，效果如图 4-41 所示。

图 4-41 “样片欣赏”模块效果

6.7 制作“页脚”模块

“页脚”模块的页面结构相对较为简单，均由外层的<div>整体控制。

6.7.1 样式分析

“页脚”模块背景的锯齿样式需通过背景图像来实现，需要为页脚模块添加背景图像。

6.7.2 模块制作

1. 搭建结构

在 index.html 文件中输入“页脚”模块的 HTML 的代码，具体如下。

```
<div class="footer">Copyright 2020 by * * * . All rights reserved. </div>
```

2. 控制样式

在样式表文件 style.css 中书写 CSS 样式代码，用于控制“页脚”模块，具体如下。

```
1   .footer{
2       width:100%;
3       height:80px;
4       background:url(../images/footer_bg.jpg) repeat-x;
5       color:#fff;
6       text-align:center;
7       line-height:80px;
8   }
```

保存 index.html 与 style.css 文件，刷新页面，效果如图 4-42 所示。

Copyright 2020 by ***. All rights reserved.

图 4-42　“页脚”模块效果

课后习题

一、判断题

1. border-style 属性用于设置圆角边框。（　　）
2. 使用 display:none;虽然可以隐藏元素，但是这时元素仍然会占用页面空间。（　　）
3. h-shadow 表示水平阴影的位置，不可以为负值。（　　）
4. border:1px solid ＃F00;和 border:solid ＃F00 1px;实现的效果是完全一样的。（　　）
5. RGBA 模式用于设置背景与图片的不透明度。（　　）
6. 在 CSS 中 background-images 属性用于定义背景图像。（　　）
7. <strong>是行内元素。（　　）
8. 将 span 转换为行内块级元素的方法是对其应用 display:inline-block;样式。（　　）
9. display 属性可以对元素的类型进行转换。（　　）
10. 行内元素不能设置背景。（　　）

二、选择题(不定项)

1. 下列选项中，属于盒子模型基本属性的是（　　）。

A. 内边距　　B. 外边距　　C. 边框　　D. 宽和高

2. 改变元素的左外边距需要用到（　　）。

A. text-indent　　B. margin-left
C. margin　　D. margin-right

3. 下列选项中，可以控制盒子宽度的属性是（　　）。

A. width　　B. height　　C. padding　　D. margin

4. 下列选项中，可以为元素清除默认内外边距的是（　　）。

A. font-size:0　　B. line-height:0　　C. padding:0　　D. margin:0

5. 下列选项中，属于边框属性的是（　　）。

A. border-style　　B. border-height
C. border-width　　D. border-color

项目5

“经史子集”主题网站首页——浮动与定位

学习目标

- 理解元素的浮动
- 熟悉清除浮动的方法
- 掌握元素的定位

学习路线

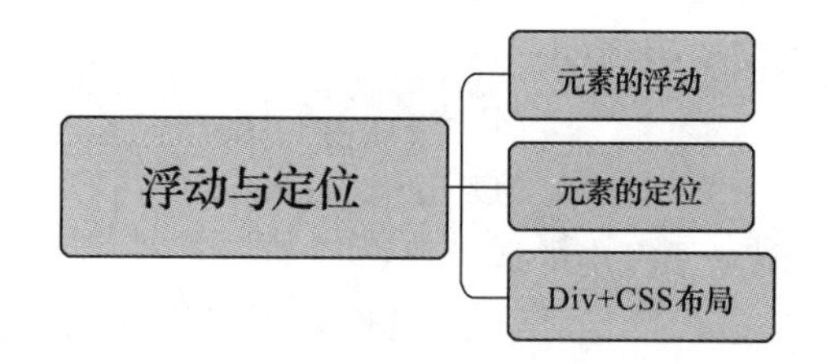

项目描述

“经、史、子、集”四部分类法，是中国传统文化的产物，适用于传统文化典籍。今天，它仍是我们熟悉古籍，进而了解传统文化的一把钥匙。它几乎包括了古代所有的经典古籍。某省图书馆文创中心王经理与公司项目负责人洽谈计划定制一个“经史子集”主题网站。

学习并掌握本项目三个任务的相关基础知识，然后再动手制作该主题网站。完成后网页效果如图 5-1 所示。

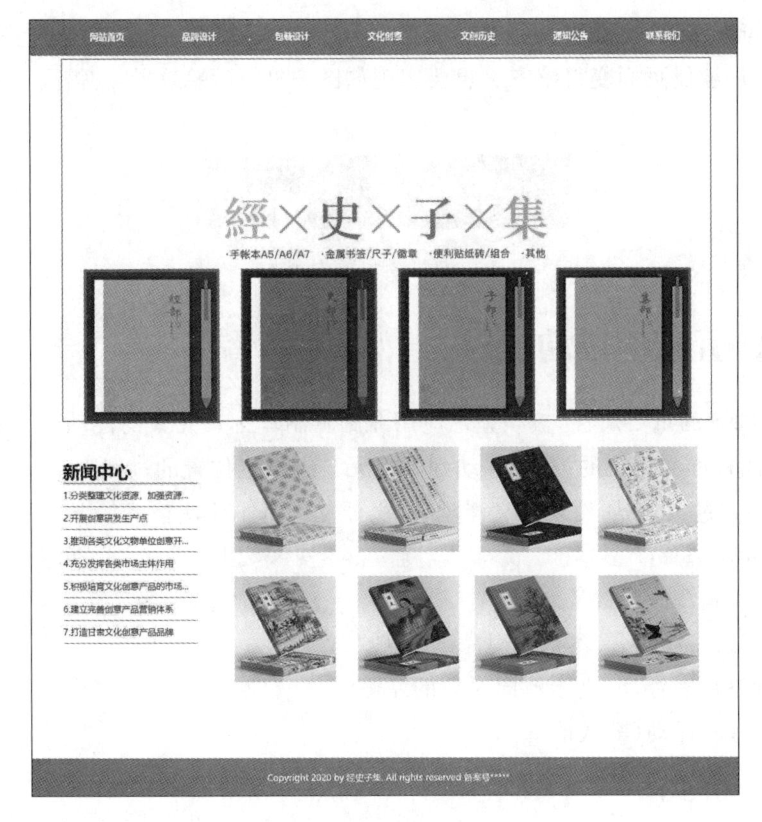

图5-1 经史子集主题网站首页效果

知识储备

任务1 元素的浮动

在网页中，文档流是以默认的方向，即从上到下、从左到右流动的，如果是行内元素，当创建完一个元素后，可在其右侧继续创建其他元素；对于块级元素而言，在创建完一个元素后，会在其下方继续创建其他元素。采用这种默认的文档流搭建的结构看起来死板、不美观，达不到网页预期的效果，所以需要引入CSS中的浮动样式才可以进行更多样式的布局。

初学者在设计一个页面时，默认的排版方式是将页面中的标签从上到下一一罗列。如图5-2所示的就是采用默认排版方式的效果。

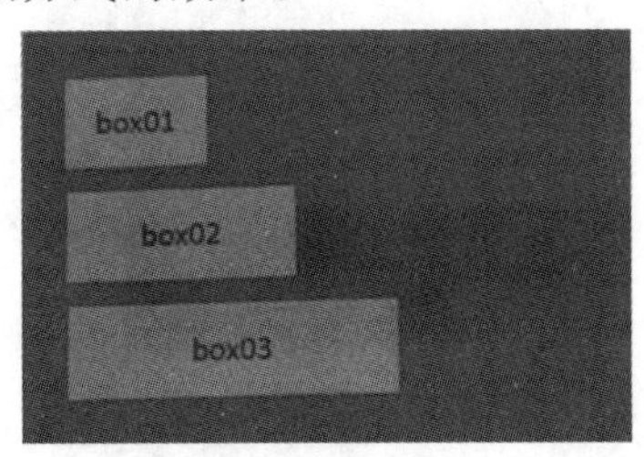

图5-2 模块默认排列方式

大家在浏览网页时，会发现页面中的标签通常会按照左、中、右的结构进行排版，如图 5-3 所示，这样的布局会使页面变得整齐。想要实现如图 5-3 所示的效果，就需要为元素设置浮动属性。

图 5-3　模块浮动后的排列方式

1.1 元素的浮动属性

浮动作为 CSS 的重要属性，被频繁地应用在网页制作中。元素的浮动是指设置了浮动属性的元素会脱离标准文档流的控制，移动到其父元素中指定位置的过程。

在 CSS 中，通过 float 属性来定义浮动，定义浮动的基本语法格式如下。

```
选择器{float:属性值;}
```

常用的 float 属性值及含义如下。

- left：标签居左浮动，文本流向对象的右侧。
- right：标签居右浮动，文本流向对象的左侧。
- none：标签不浮动（默认值）。

课堂体验　例 5-1

```
1   <! DOCTYPE html>
2   <html lang="en">
3   <head>
4   <meta charset="utf-8" />
5   <title>浮动的应用</title>
6   <style type="text/css">
7   .one{
8       width:100px;
9       height:100px;
10      background:pink;
11  }
12  .two{
13      width:150px;
14      height:150px;
15      background:red;
16  }
17  .three{
18      width:200px;
19      height:200px;
20      background:blue;
21  }
```

```
22  </style>
23  </head>
24  <body>
25  <div class="one"></div>
26  <div class="two"></div>
27  <div class="three"></div>
28  </body>
29  </html>
```

在例5-1中，在未添加浮动属性前的布局样式，三个盒子依次由上而下排列，符合标准流的布局效果。

运行例5-1，效果如图5-4所示。

接下来修改第一个盒子的样式代码，为其添加左浮动样式。

```
float:left;
```

保存HTML文件，刷新页面，效果如图5-5所示。

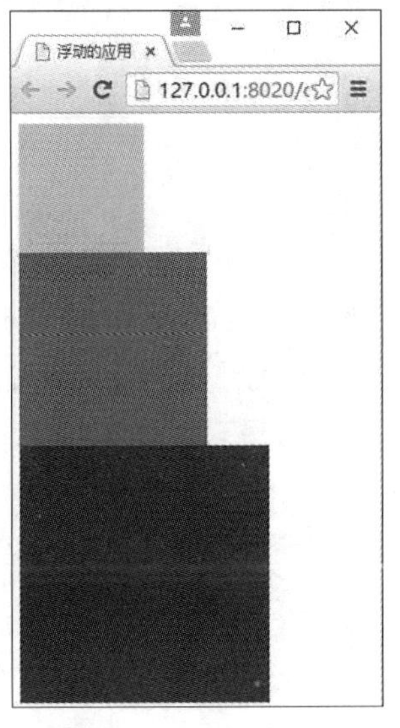

图5-4 浮动的应用1

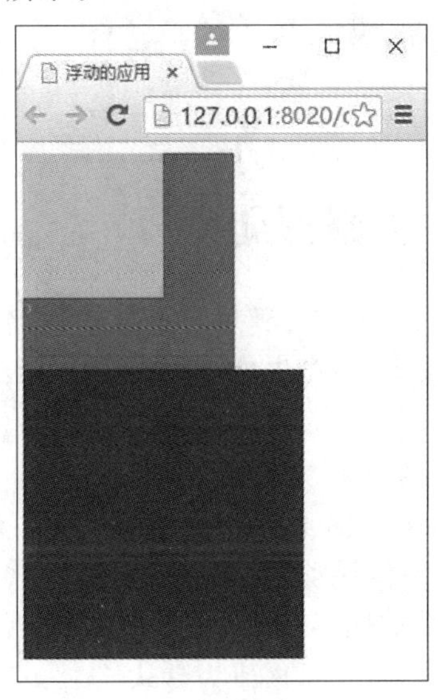

图5-5 浮动的应用2

由图5-5可以看出，由于为第一个盒子设置了左浮动样式，因此使其脱离标准文档流，其后面的元素会自动向上浮动，直到上边缘与第一个盒子重合。

修改第二个盒子的样式代码，为其添加左浮动样式。

```
float:left;
```

保存HTML文件，刷新页面，效果如图5-6所示。

由图5-6可以看出，第二个浮动的盒子排列到了第一个盒子的右侧，与第一个盒子在同一行显示，且都脱离了标准文档流，第三个盒子自动向上浮动，直到上边缘与第一个盒子重合。

接下来修改第三个盒子的样式代码，为其添加左浮动样式：

```
float:left;
```

保存HTML文件，刷新页面，效果如图5-7所示。

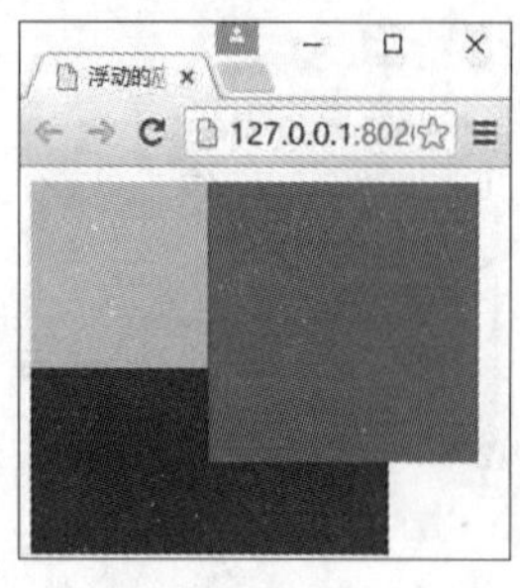

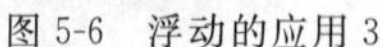
图 5-6　浮动的应用 3

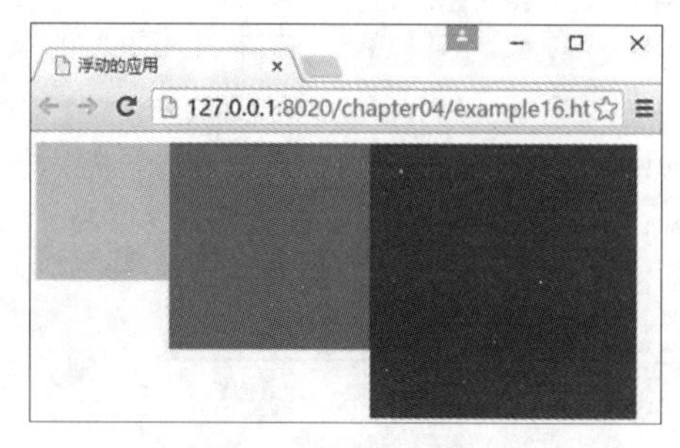

图 5-7　浮动的应用 4

由图 5-7 可以看出，三个盒子在同一行显示，且依次从左向右排列，脱离了标准流从上到下的排列方式。

提示

当盒子右侧所预留的空间不能满足第三个盒子的宽度，此时，浮动的盒子会自动换行到下方显示。

1.2 清除浮动

在网页中，当一个元素被设为浮动后，就不再占用源文档流的位置，与该元素相邻的其他元素，会受浮动的影响，产生位置上的变化。这时，如果要避免浮动对其他元素的影响，就需要清除浮动。在 CSS 中，使用 clear 属性清除浮动，其基本语法格式如下：

```
选择器{clear:属性值;}
```

在上面的语法中，常用的 clear 属性值及含义如下。

- left：清除左侧浮动。
- right：清除右侧浮动。
- none：不清除浮动，该值为默认值
- both：同时清除左右两侧浮动的影响。

课堂体验　例 5-2

```
1  <! DOCTYPE html>
2  <html lang="en">
3  <head>
4  <meta charset="utf-8" />
5  <title>清除浮动的应用</title>
6  <style type="text/css">
7  div{float:left;}
8  </style>
9  </head>
10 <body>
11 <div><img src="images/pic11.jpg"/></div>
```

```
12  <div><img src="images/pic22.jpg"/></div>
13  <div><img src="images/pic33.jpg"/></div>
14  <p>水墨画：由水和墨经过调配水和墨的浓度所画出的画，是绘画的一种形式，更多时候，水墨画
    被视为中国传统绘画，也就是国画的代表。也称国画，中国画。基本的水墨画，仅有水与墨，黑与
    白色，但进阶的水墨画，也有工笔花鸟画，色彩缤纷。后者有时也称为彩墨画。</p>
15  </body>
16  </html>
```

运行例 5-2，效果如图 5-8 所示。

图 5-8 清除浮动前效果展示

在图 5-8 中，由于为<div>设置了左浮动，因此，段落标签会围绕图片显示。若想让段落文本不受浮动元素的影响，需通过清除浮动实现，为<p>标签添加样式代码。

```
p{clear:left;}
```

保存 HTML 文件，刷新页面，效果如图 5-9 所示。

图 5-9 清除浮动后效果展示

在图 5-9 中，清除段落文本左侧的浮动后，段落文本不再受浮动元素的影响，而是按照元素自身的默认排列方式，独自占据一个区域，显示在图片下方。

需要注意的是，clear 属性只能清除元素左右两侧浮动的影响，但是在制作网页时，经常会遇到一些特殊的浮动影响。当对子元素设置浮动时，如果不对其父元素定义高度，则子元素的浮动会对父元素产生影响。

课堂体验 例 5-3

```
1  <!DOCTYPE html>
2  <html lang="en">
3  <head>
4  <meta charset="utf-8" />
5  <title>子元素浮动对父元素的影响</title>
```

```
6   <style type="text/css">
7   .one,.two,.three{
8         float:left;
9         width:100px;
10        height:100px;
11        margin:10px;
12        background: red;
13  }
14  .box{
15        border:1px solid #ccc;
16        background: blue;
17  }
18  </style>
19  </head>
20  <body>
21  <div>
22    <div class="box">
23    <div class="one">div1</div>
24    <div class="two">div2</div>
25    <div class="three">div3</div>
26   </div>
27  </div>
28  </body>
29  </html>
```

运行例 5-3,效果如图 5-10 所示。

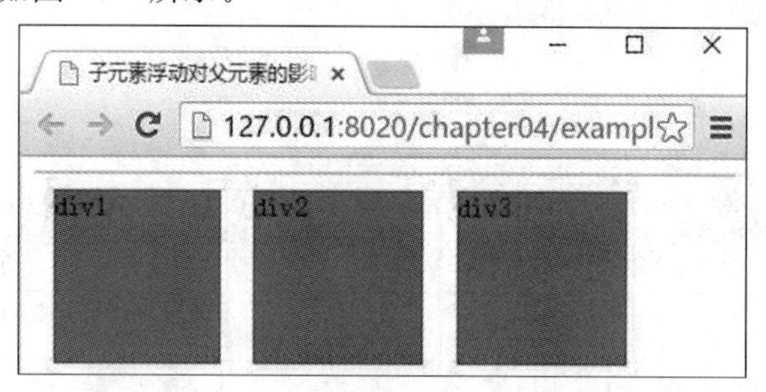

图 5-10　子元素浮动对父元素的影响

在图 5-10 中,由于没有设置高度的父元素受到子元素浮动的影响,变成了一条直线,即父元素不能自适应子元素的高度。

子元素和父元素为嵌套关系,不存在左右位置,所以使用 clear 属性并不能清除子元素浮动对父元素的影响。对于这种情况该如何清除浮动呢?

本教材总结了常用的三种清除浮动的方法,具体介绍如下。

1.2.1　使用空标签清除浮动

在浮动元素之后添加空标签,并对该标签应用“clear:both”样式,可清除元素浮动所产生的影响,这个空标签可以是<div>、<p>、<hr/>等任何标签。

课堂体验 例 5-4

```
1  <! DOCTYPE html>
2  <html lang="en">
3  <head>
4  <meta charset="utf-8" />
5  <title>空标签清除浮动</title>
6  <style type="text/css">
7  .one,.two,.three{
8       float:left;
9       width:100px;
10      height:100px;
11      margin:10px;
12      background: red;
13 }
14 .box{
15      border:1px solid #ccc;
16      background: blue;
17 }
18 .four{clear:both;}
19 </style>
20 </head>
21 <body>
22 <div>
23  <div class="box">
24      <div class="one">div1</div>
25      <div class="two">div2</div>
26      <div class="three">div3</div>
27      <div class="four"></div>
28  </div>
29 </div>
30 </body>
31 </html>
```

运行例 5-4,效果如图 5-11 所示。

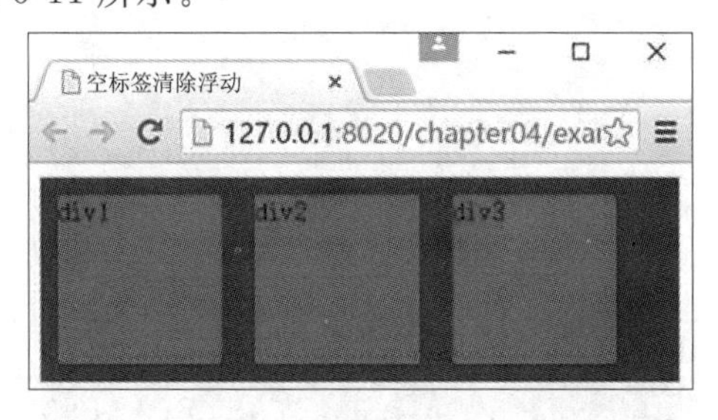

图 5-11 空标签清除浮动

在图 5-11 中,父元素被其子元素撑开了,即子元素的浮动对父元素的影响已经不存在。但是在无形中增加了毫无意义的结构元素(空标签),因此在实际工作中不建议使用。

1.2.2 使用 overflow 属性清除浮动

对元素应用"overflow:hidden"或"overflow:auto"样式，也可以清除浮动对该元素的影响，该方法弥补了空标签清除浮动的不足。

课堂体验 例 5-5

```
1   <! DOCTYPE html>
2   <html lang="en">
3   <head>
4   <meta charset="utf-8" />
5   <title>overflow 属性清除浮动</title>
6   <style type="text/css">
7   .one,.two,.three{
8       float:left;
9        width:100px;
10       height:100px;
11       margin:10px;
12       background: red;
13  }
14  .box{
15       border:1px solid #ccc;
16       background: blue;
17       overflow: hidden;
18  }
19  </style>
20  </head>
21  <body>
22  <div>
23    <div class="box">
24         <div class="one">div1</div>
25         <div class="two">div2</div>
26         <div class="three">div3</div>
27   </div>
28  </div>
29  </body>
30  </html>
```

运行例 5-5，效果如图 5-12 所示。

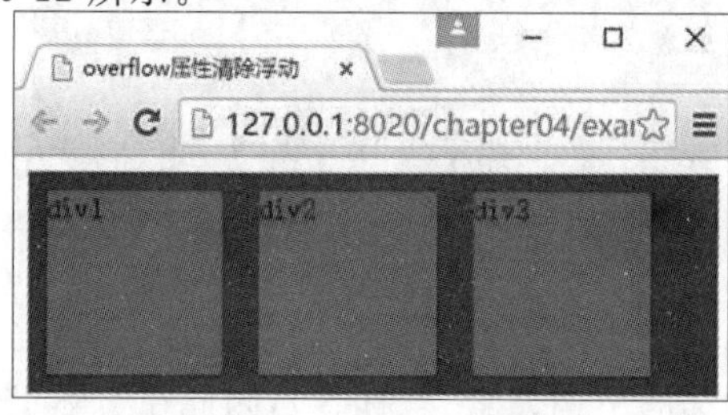

图 5-12 overflow 属性清除浮动

在图5-12中，父元素又被其子元素撑开，即子元素浮动对父元素的影响已经不存在。

1.2.3 使用after伪对象清除浮动

使用after伪对象也可以清除浮动，但是该方法只适用于IE8及以上版本浏览器和其他非IE浏览器。使用after伪对象清除浮动时需要注意以下两点：

• 必须为需要清除浮动的元素伪对象设置"height:0;"样式，否则该元素会比其实际高度高出若干像素。

• 必须在伪对象中设置content属性，属性值可以为空，如content:" ";。

课堂体验　例5-6

```
1  <! DOCTYPE html>
2  <html lang="en">
3  <head>
4  <meta charset="utf-8" />
5  <title>使用after伪对象清除浮动</title>
6  <style type="text/css">
7  .one,.two,.three{
8        float:left;
9        width:100px;
10       height:100px;
11       margin:10px;
12       background: red;
13 }
14 .box{
15       border:1px solid #ccc;
16       background: blue;
17 }
18 .box:after{        /*对父元素应用after伪对象样式*/
19       display:block;
20       clear:both;
21       content:"";
22       visibility:hidden;
23       height:0;
24 }
25 </style>
26 </head>
27 <body>
28 <div>
29   <div class="box">
30     <div class="one">div1</div>
31     <div class="two">div2</div>
32     <div class="three">div3</div>
33   </div>
34 </div>
```

```
35  </body>
36  </html>
```

运行例 5-6，效果如图 5-13 所示。

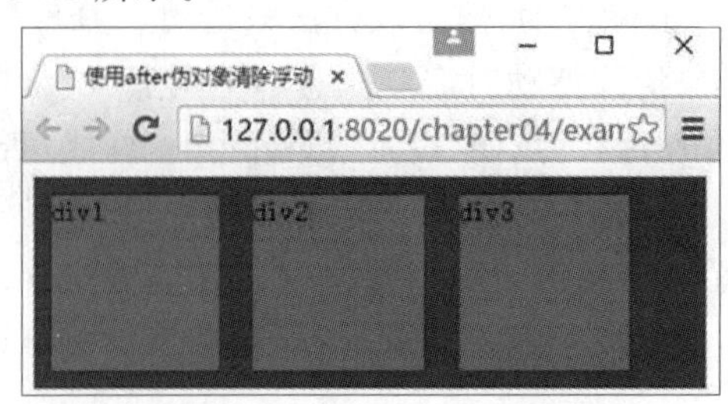

图 5-13　使用 after 伪对象清除浮动

在图 5-13 中，父元素被其子元素撑开了，同样达到了预期中的效果。

1.3 overflow 属性

当盒子内的元素超出盒子自身的大小时，内容就会溢出（IE6 除外），这时如果想要规范溢出内容的显示方式，就需要使用 CSS 的 overflow 属性，其基本语法格式如下。

```
选择器{overflow:属性值;}
```

在上面的语法中，overflow 属性的常用值有 4 个，分别表示不同的含义，见表 5-1。

表 5-1　overflow 的常用属性值

属性值	描　　述
visible	内容不会被修剪，会呈现在元素框之外（默认值）
hidden	溢出内容会被修剪，并且被修剪的内容是不可见的
auto	在需要时产生滚动条，即自适应所要显示的内容
scroll	溢出内容会被修剪，且元素框会始终显示滚动条

了解了 overflow 的几个常用属性值及其含义之后，下面通过一个案例演示其具体的用法和效果。

课堂体验　例 5-7

```
1   <! DOCTYPE html >
2   <html lang="en">
3   <head>
4   <meta http-equiv="Content-Type" content="text/html;charset=utf-8">
5   <title>overflow 属性</title>
6   <style type="text/css">
7   div{
8   width:100px;
9   height:140px;
10  background:#0ff;
11  overflow:visible;        /*溢出内容呈现在元素框之外*/
12  </style>
13  </head>
14  <body>
```

```
15  <div>
16  overflow 属性用于规范元素中溢出内容的显示方式。其常用属性值有 visible、hidden、auto 和
    scroll 四个,用于定义溢出内容的不同显示方式。
17  </div>
18  </body>
19  </html>
```

运行例 5-7,效果如图 5-14 所示。

在例 5-7 中,通过“overflow:visible;”样式,定义溢出的内容不会被修剪,而呈现在元素框之外。如果希望溢出的内容被修剪,且不可见,可将 overflow 的属性值定义为 hidden。

```
overflow:hidden;    /* 溢出内容被修剪,且不可见 */
```

保存 HTML 文件,刷新页面,效果如图 5-15 所示。

图 5-14 定义 overflow:visible 效果

图 5-15 定义 overflow:hidden 效果

如果希望元素框能够自适应其内容的多少,在内容溢出时,产生滚动条,否则,则不产生滚动条,可以将 overflow 的属性值定义为 auto。

```
overflow:auto;    /* 根据需要产生滚动条 */
```

保存 HTML 文件,刷新页面,效果如图 5-16 所示。

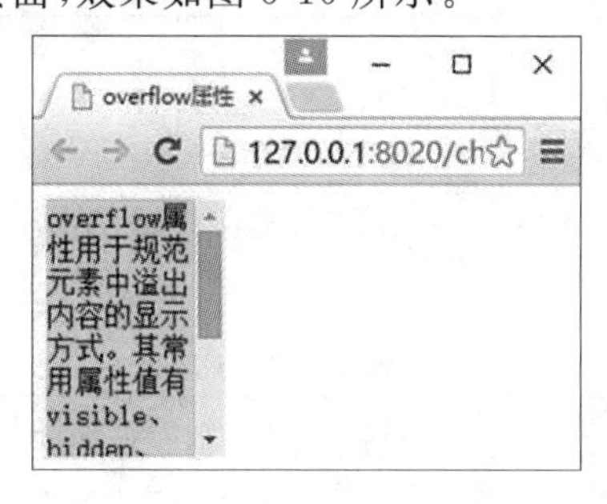

图 5-16 定义 overflow:auto 效果

在图 5-16 中,元素框的右侧产生了滚动条,拖曳滚动条即可查看溢出的内容。当盒子中的内容减少时,滚动条就会消失。

值得注意的是,当定义 overflow 的属性值为 scroll 时,元素框中也会产生滚动条。

任务 2 元素的定位

浮动布局虽然灵活，但是却无法对元素的位置进行精确的控制。在 CSS 中，通过 CSS 定位可以实现网页元素的精确定位。定位的基本思想很简单，一般可以定义元素相对于其在文档流中的位置定位，或者相对于父元素、另一个元素甚至浏览器窗口本身的位置进行定位。

2.1 元素的定位属性

制作网页时，如果希望元素出现在某个特定的位置，就需要使用定位属性对元素进行精确定位。元素的定位属性主要包括定位模式和边偏移两部分，具体介绍如下。

2.1.1 定位模式

在 CSS 中，position 属性用于定义元素的定位模式，其基本语法格式如下。

```
选择器{position:属性值;}
```

在上面的语法中，position 的常用属性值有 4 个，分别表示不同的定位模式，具体见表 5-2。

表 5-2 position 的常用属性值

属性值	描　述
static	静态定位(默认定位方式)
relative	相对定位，相对于其源文档流的位置进行定位
absolute	绝对定位，相对于其上一个已经定位的父元素进行定位
fixed	固定定位，相对于浏览器窗口进行定位

2.1.2 边偏移

定位模式仅仅用于定义元素以哪种方式定位，并不能确定元素的具体位置。在 CSS 中，通过边偏移属性 top、bottom、left 和 right 来精确定义定位元素的位置，其取值为不同单位的数值或百分比，对它们的具体解释见表 5-3。

表 5-3 边偏移设置方式

属性值	描　述
top	顶端偏移量，定义元素相对于其父元素上边线的距离
bottom	底端偏移量，定义元素相对于其父元素下边线的距离
left	左端偏移量，定义元素相对于其父元素左边线的距离
right	右端偏移量，定义元素相对于其父元素右边线的距离

2.2 静态定位

静态定位(static)是元素的默认定位方式，当 position 属性的取值为 static 时，可以将元素定位于静态位置。所谓静态位置就是各个元素在 HTML 文档流中默认的位置。

任何元素在默认状态下都会以静态定位来确定自己的位置，所以当没有定义 position 属性时，并不说明该元素没有自己的位置，它会遵循默认值显示为静态位置。在静态定位状态下，无法通过边偏移属性(top、bottom、left 或 right)来改变元素的位置。

2.3 相对定位

当 position 属性的取值为 relative 时，可以将元素的定位模式设置为相对定位。相对定位是将元素相对于它在标准文档流中的位置进行定位，即参照元素原来的位置进行移动，元素原有的空间位不变，元素在移动时会盖住其他元素，如图 5-17 所示。

图 5-17 相对定位

对元素设置相对定位后，可以通过边偏移属性改变元素的位置，但是它在文档流中的位置仍然保留。

相对定位是参照元素在空间中的原有位置。

课堂体验 例 5-8

```
1  <! DOCTYPE html>
2  <html lang="en">
3  <head>
4  <meta charset="utf-8" />
5  <title>相对定位的应用</title>
6  <style type="text/css">
7  div{
8       width:100px;
9       height:50px;
10      background: pink;
11      margin-bottom: 10px;
12 }
13 .div1{
14      position: relative;
15      left: 150px;
16      top:100px;
```

```
17 }
18 </style>
19 </head>
20 <body>
21 <div class="div1">div1</div>
22 <div class="div2">div2</div>
23 <div class="div3">div3</div>
24 </body>
25 </html>
```

在例 5-8 中，对 div1 设置相对定位模式，并通过边偏移属性 left 和 top 改变它的位置。运行例 5-8，效果如图 5-18 所示。

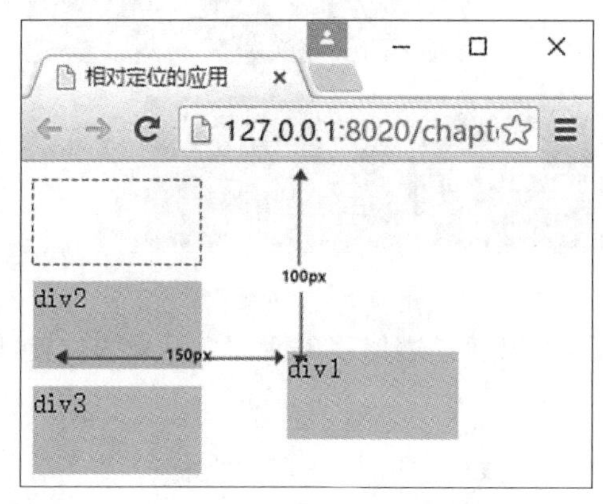

图 5-18　相对定位效果

从图 5-18 可以看出，对 div1 设置相对定位后，它会相对于其自身的默认位置进行偏移，但它在文档流中的位置仍然保留。

2.4 绝对定位

当 position 属性的取值为 absolute 时，可以将元素的定位模式设置为绝对定位。绝对定位是元素完全脱离文档流，页面中的其他元素视它不存在，也就是说绝对定位元素不会影响到其他元素，如图 5-19 所示。

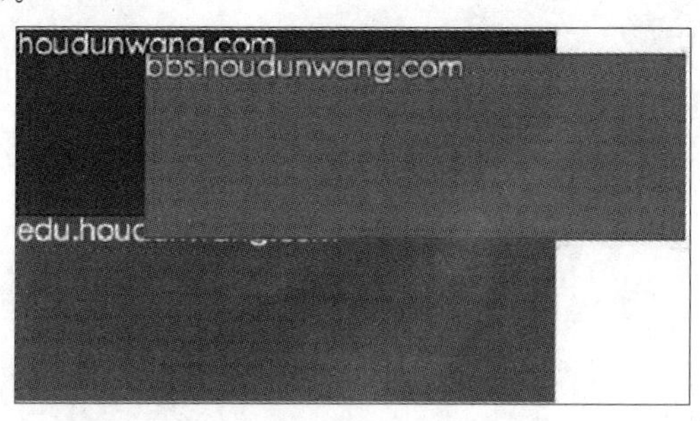

图 5-19　绝对定位

绝对定位(absolute)是将元素依据最近的已经定位(绝对、固定或相对定位)的父元素进行定位，若所有父元素都没有定位，则依据 body 根元素(浏览器窗口)进行定位。

绝对定位是参照距离它最近的有定位属性的父元素，如果父块级元素没有定位属性，则会参照文档。

一般我们设置绝对定位时，都会找一个合适的父元素将其设置为相对定位，不过最好为这个具有相对定位属性的父元素设置宽高，这样在各个浏览器中表现时都不会出现问题。

课堂体验　例5-9

```
1   <! DOCTYPE html>
2   <html lang="en">
3   <head>
4   <meta charset="utf-8" />
5   <title>绝对定位的应用</title>
6   <style type="text/css">
7   .father{
8       margin:0 auto;
9       width:300px;
10      height:200px;
11      background:yellow;
12      position:relative;
13  }
14  .div1,.div2,.div3{
15      width:100px;
16      height:50px;
17      background: pink;
18      margin-bottom: 10px;
19  }
20  .div1{
21      position: absolute;
22      left: 150px;
23      top:100px;
24  }
25  </style>
26  </head>
27  <body>
28  <div class="father">
29  <div class="div1">div1</div>
30  <div class="div2">div2</div>
31  <div class="div3">div3</div>
32  </div>
```

```
33  </body>
34  </html>
```

对父盒子设置相对定位模式，对子盒子 div1 设置绝对定位模式，并通过边偏移属性 left 和 top 改变它的位置。

运行例 5-9，效果如图 5-20 所示。

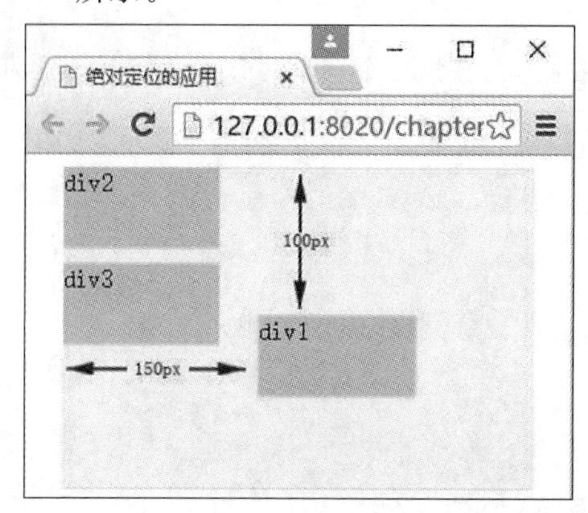

图 5-20 绝对定位效果 1

在图 5-20 中，设置为绝对定位的元素 div1 依据其父盒子进行绝对定位。并且，这时 div2 占据了 div1 的位置，即 div1 脱离了标准文档流的控制，不再占据标准文档流中的空间。此时，无论如何拖曳浏览器窗口，div1 相对父盒子的位置都不会变化。

若父盒子未进行定位，则 div1 相对浏览器定位，删除上述第 12 行代码后，效果如图 5-21 所示。

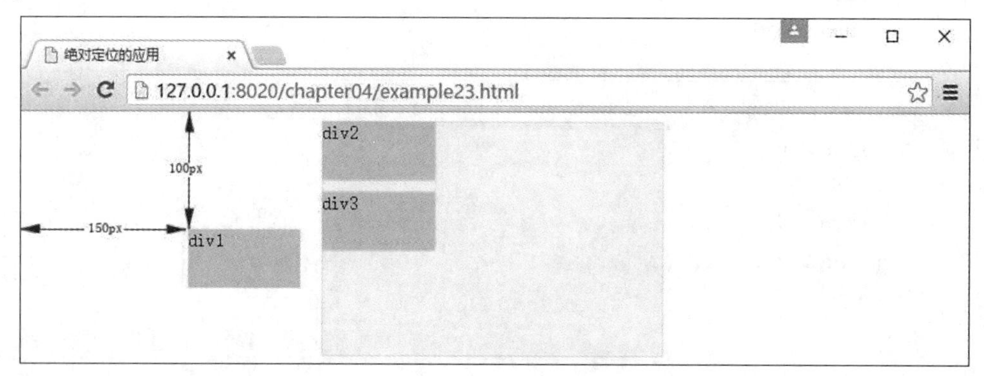

图 5-21 绝对定位效果 2

2.5 固定定位

固定定位(fixed)是绝对定位的一种特殊形式，它以浏览器窗口作为参照物来定义网页元素。当 position 属性的取值为 fixed 时，即可将元素的定位模式设置为固定定位。

- 固定定位是相对于“当前浏览器窗口”进行定位。
- 固定定位元素不再占用空间，层级要高于普通元素。
- 固定定位元素，是一个块级元素，换句话说，行内元素使用 fixed 定位，将转成“块级元素”。
- 如果只指定了 fixed 定位属性，并没有设置偏移量，则“原地不动”。

当对元素设置固定定位后，它将脱离标准文档流的控制，始终依据浏览器窗口来定义自己的显示位置。不管浏览器滚动条如何滚动，也不管浏览器窗口的大小如何变化，该元素都始终显示在浏览器窗口的固定位置(IE6 不支持固定定位)。

2.6 z-index 层叠等级属性

当对多个元素同时设置定位时，定位元素之间有可能会发生重叠，如图 5-22 所示。

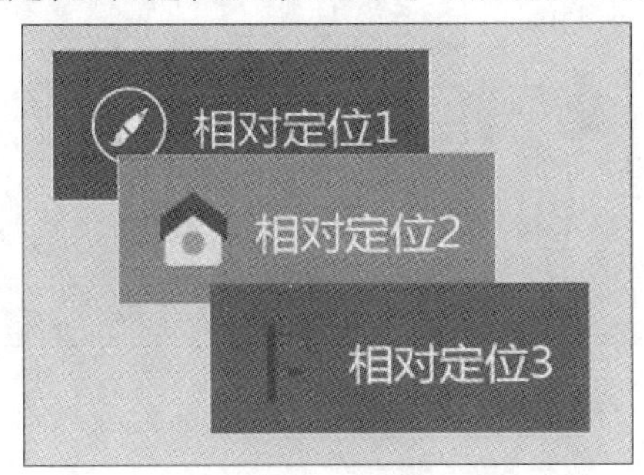

图 5-22 定位标签发生重叠

在 CSS 中，要想调整重叠定位元素的堆叠顺序，可以对定位元素应用 z-index 层叠等级属性，语法格式如下。

z-index:序列号;

其取值可以为正整数、负整数和 0。z-index 的默认属性值是 0，取值越大，定位元素在层叠元素中越居上。

任务 3 Div+CSS 布局

阅读报纸时容易发现，虽然报纸中内容很多，但是经过合理的排版，版面依然清晰、易读。同样，在制作网页时要想使网页结构清晰，有条理，也需要对网页进行“排版”，网页中的排版通常使用 CSS 布局来实现的，本节将对常用的几种的 CSS 布局进行详细讲解。

3.1 版心和布局流程

(1)确定网页的版心。

(2)分析页面中的行模块，以及每个模块的列模块。

(3)运用盒子模型的原理，通过 Div+CSS 布局来控制网页各个模块。

初学者在学习制作网页时一定要注意页面布局的习惯，可以极大地提高制作效率。

3.2 单列布局

“单列布局”是网页布局的基础，所有复杂的布局都是在此基础上演变而来的。如图 5-23 所示的就是一个“单列布局”页面的结构示意图。

从图 5-23 可以看出，单列布局页面从上到下分别为头部、导航栏、焦点图、内容和页面底部，每个模块单独占据一行，且宽度和版心相等。

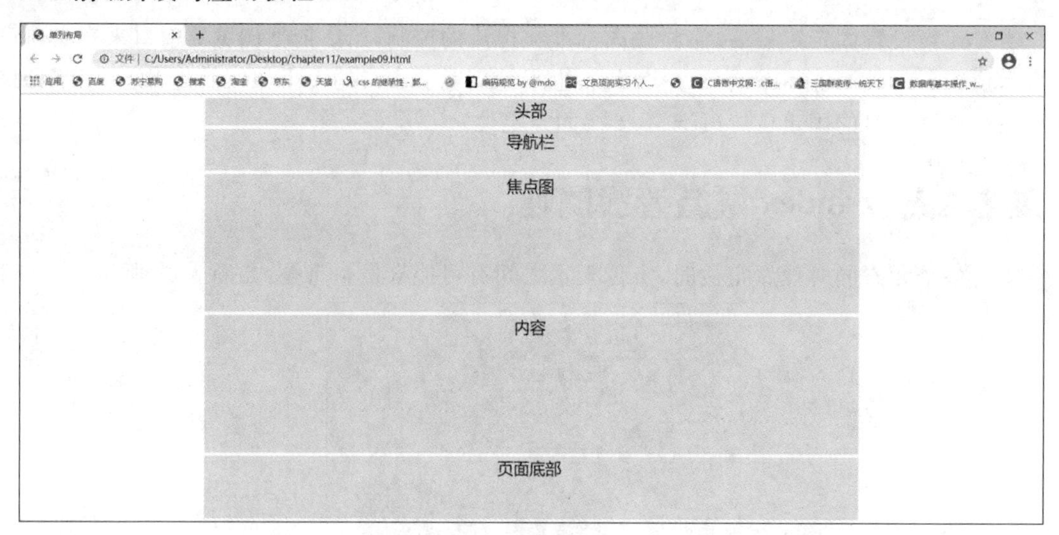

图 5-23　单列布局

3.3 两列布局

单列布局虽然统一、有序，但常常会让人觉得呆板。所以在实际网页制作过程中，通常使用另一种布局方式，即两列布局。两列布局和单列布局类似，只是网页内容被分为左右两部分，通过这样的分割，打破了统一布局的呆板，让页面看起来更加活跃。如图 5-24 所示就是一个“两列布局”页面的结构示意图。

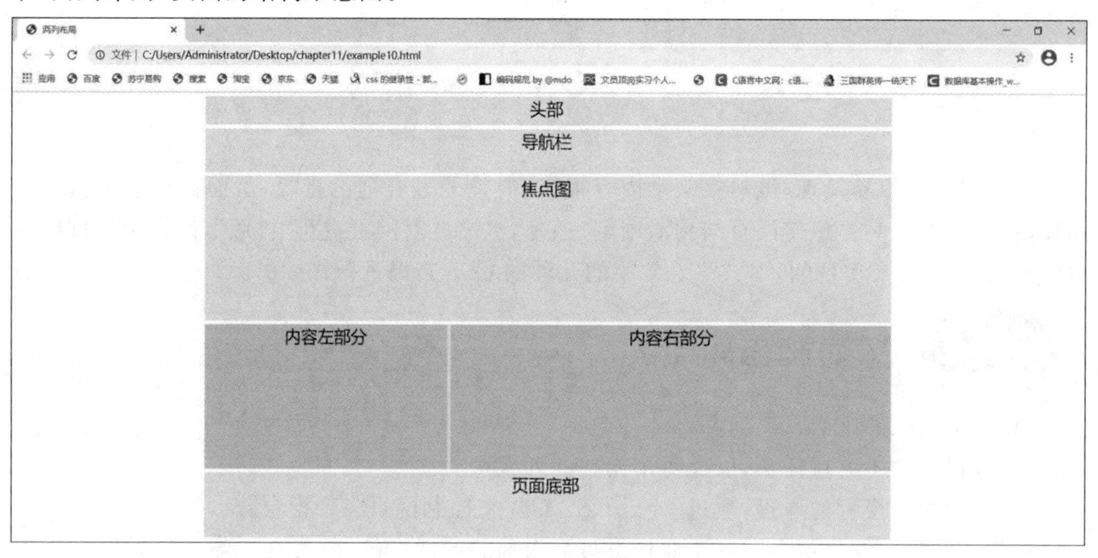

图 5-24　两列布局

在图 5-25 中，内容模块被分为左右两部分，实现这一效果的关键是在内容模块所在的大盒子中嵌套两个小盒子，然后对两个小盒子分别设置浮动。

3.4 三列布局

对于一些大型网站，特别是电子商务类网站，由于内容分类较多，通常需要采用“三列布局”的页面布局方式。其实，这种页面布局方式是两列布局的演变，只是将主体内容分成了左、中、右三部分。如图 5-25 所示就是一个“三列布局”的页面。

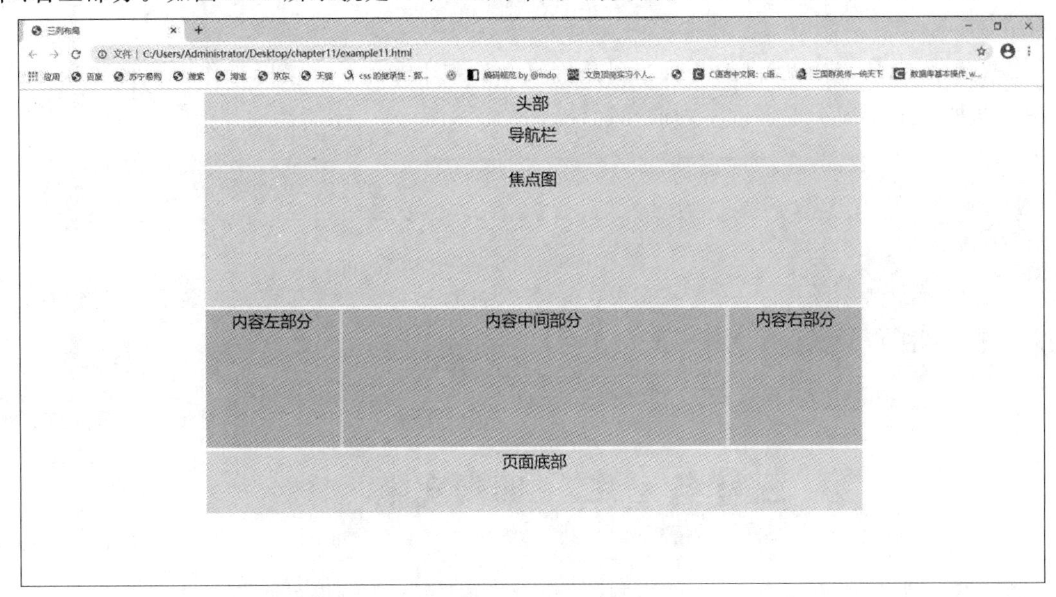

图 5-25　三列布局

在图 5-25 中，内容模块被分为了左、中、右三部分，实现这一效果的关键是在模块所在的大盒子中嵌套三个小盒子，然后对三个小盒子分别设置浮动。

3.5 通栏布局

值得一提的是，无论布局类型是单列布局、两列布局或者三列布局，为了网站的布局，网页总的一些模块，如头部、导航栏、焦点图或页面底部等经常需要通栏显示。将模块设置为通栏后，无论页面放大或者缩小，该模块都将横铺与浏览器窗口中。如图 5-26 所示就是一个应用“通栏布局”页面的结构示意图。

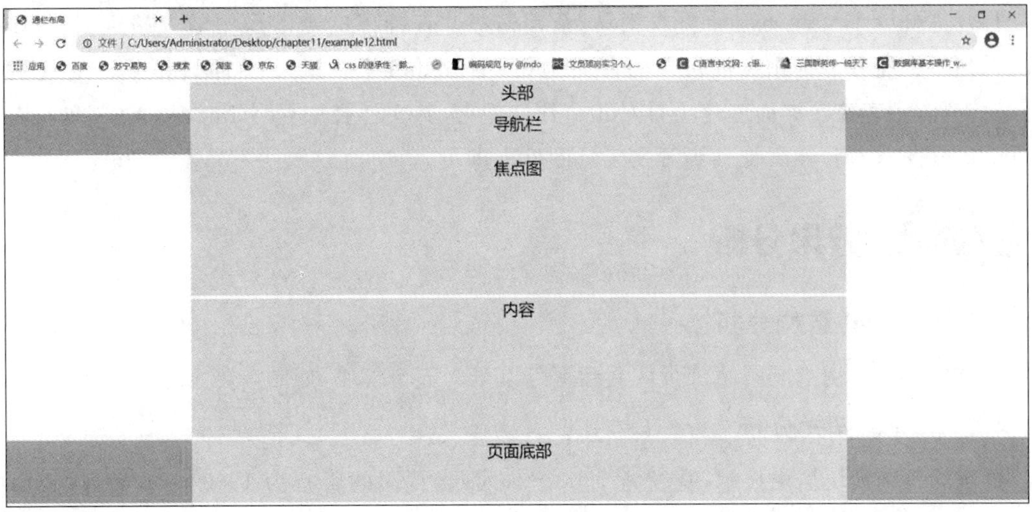

图 5-26　通栏布局

在图 5-26 中，导航栏和页面底部均为通栏模块，它们将始终横铺于浏览器窗口中。通栏布局的关键是在相应模块的外面添加一层 div，并且将外层 div 的宽度设置为 100％。

需要注意的是，前面所讲的几种布局是网页中的基本布局。在实际工作中，通常需要综合运用这几种基本布局实现多行多列的布局样式。

初学者在制作网页时，一定要养成实时测试页面的好习惯，避免完成页面的制作后，出现难以调试的bug或兼容性问题。

任务 4 项目实施

学习完上面的理论知识，我们开始制作“经史子集”文创主题网站首页。

4.1 准备工作

1. 创建网页根目录

在计算机本地磁盘任意盘符下创建网站根目录，新建一个文件夹命名为 Cultural。

2. 在根目录下新建文件。

打开网站根目录 Cultural，新建 images 和 css 文件夹，分别用于存放需要的图像和 css 文件。

3. 新建站点

打开 Adobe Dreamweaver 开发工具，新建站点。在弹出的对话框中输入站点名称“Cultural”，然后浏览并选择站点根目录的存储位置，单击“保存”按钮，站点创建成功。若使用其他开发工具，则直接在桌面创建项目 Cultural 文件夹，其文件夹中包含 images、CSS 文件夹和 index. html 文件。将项目拖动到开发工具图标上即可。

4.2 效果分析

4.2.1 html 结构分析

“经史子集”文创主题网站首页从上到下可以分为五个模块，如图 5-27 所示。

4.2.2 css 样式分析

页面的各个模块居中显示，宽度为 1200 px，因此，页面的版心为 1200 px。另外，页面的所有字体均为微软雅黑，这可以通过 css 公共样式定义。

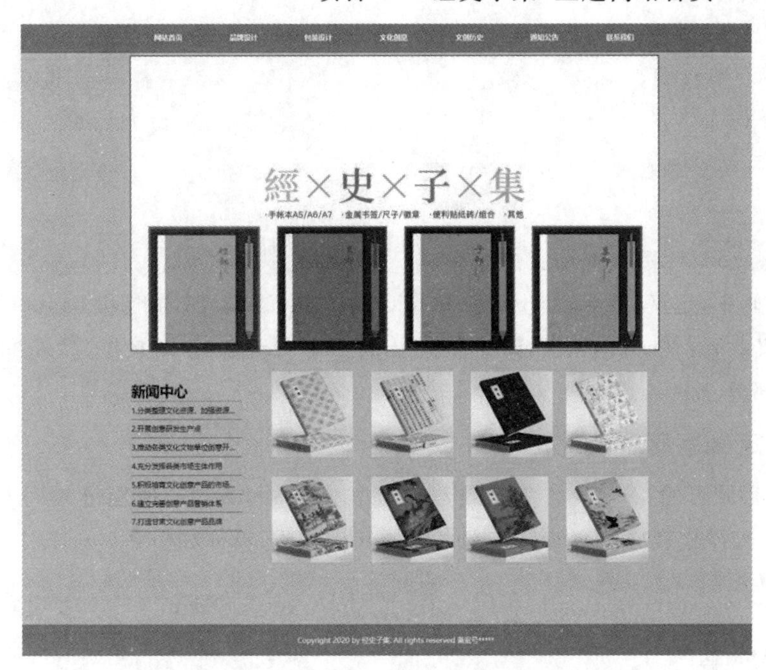

图 5-27 “经史子集”文创主题网站首页效果

4.3 定义基础样式

4.3.1 页面布局

下面对网站首页进行整体布局，在站点根目录下新建一个 html 文件，命名为 index. html，然后使用<div>标签对页面进行布局，代码如下。

```
1  <! DOCTYPE html>
2  <html lang="en">
3  <head>
4  <meta charset="utf-8">
5  <title>经史子集</title>
6  <link href="css/style. css" rel="stylesheet" type="text/css" />
7  </head>
8  <body>
9     <div class="nav">
10    <div >
11        <img src="img/LGOG-2. png alt="" />
12     </div>
13     </div>
14     <div class="banner">
15     </div>
16     <div class="center">
17        <div class="left">
18           </div>
19           <div class="right">
```

```
20              </div>
21          </div>
22          <div class="bottom">
23          </div>
24          <div class="foot"></div>
25  </body>
26   </html>
```

在上述代码中，定义 class 为 nav 和 banner 的<div>搭建“导航和 banner”模块的结构。另外，通过定义 class 为 center、bottom 和 foot 的三个<div>分别来搭建“新闻模块”、“悬浮框”和“页脚”部分。

4.3.2 定义基础样式

在站点根目录下的 CSS 文件夹内新建样式表文件 style. css，使用链入式 CSS 在 index. html 文件中引入样式表文件。然后定义页面的基础样式，具体如下：

```
1  /*重置浏览器的默认样式*/
2   *{margin:0; padding:0; list-style:none;}
3   /*全局控制*/
4  body{font-family:"微软雅黑"; }
```

上述第 2 行代码用于清除浏览器的默认样式，第 4 行为公共样式。

4.4 制作“导航”及“banner”模块

4.4.1 结构分析

“导航”和“banner”模块由两个盒子控制，导航部分可通过<div>嵌套<ul>来搭建，“banner”部分为一张大的图片，可以通过给最外层的<div>定义背景图像实现。

4.4.2 样式分析

导航和 banner 都需要在页面中水平居中显示。

4.4.3 搭建结构

在 index. html 文件中书写“导航”和“banner”模块的 HTML 结构代码，具体如下。

```
1    <! DOCTYPE html>
2    <html lang="en">
3   <head>
4   <meta charset="utf-8">
5   <title>经史子集</title>
6   <link href="css/style. css" rel="stylesheet" type="text/css" />
7   </head>
8   <body>
9       <div class="nav">
10      <div style="position:fixed;">
11          <img src="img/LGOG-2. png alt="" />
```

```
12      </div>
13          <ul>
14              <li>网站首页</li>
15              <li>品牌设计
16              <ul>
17                  <li>品牌设计</li>
18              </ul>
19              </li>
20              <li>包装设计</li>
21              <li>文化创意</li>
22             <li>文创历史</li>
23             <li>通知公告</li>
24              <li>联系我们</li>
25          </ul>
26        </div>
27        <div class="banner">
28          <img src="images/01.png" width="1200" height="650" />
29          <div class="img">
30            <ul>
31              <li><img src="images /02.png"/></li>
32              <li><img src=" images /03.png"/></li>
33              <li><img src=" images /04.png"/></li>
34              <li><img src=" images /05.png"/></li>
35            </ul>
36      </div>
37     </div>
38   </body>
39   </html>
```

4.4.4 控制样式

在样式表中 style.css 中书写“导航”和“banner”模块对应的 css 代码，具体如下。

```
1    .nav{
2        background: rgba(53,133,255,0.9);
3        width: 100%;
4        height: 60px;
5        top: 0;
6        z-index: 9999;
7        border-bottom: 4px solid dodgerblue;
8        position: fixed;    /* 固定定位 */
9        }
10   .nav ul{
11       width: 1200px;
```

```
12        height: 60px;
13        margin: 0 auto;
14          }
15    .nav ul li{
16        position: relative;      /* 相对定位 */
17        float: left;    /* 浮动 */
18        width: 171px;
19          height: 60px;
20        line-height: 60px;
21        text-align: center;
22        font-weight: bold;
23        color: #FFF;
24      }
25    .nav ul li ul{
26        display: none;
27        width:171px;
28        height: 60px;
29        }
30    .nav ul li:hover ul{
31        position:absolute;
32        display:block;
33        width: 171px;
34        height: 60px;
35        background: lightblue;
36        }
37    .nav ul li:hover ul li{
38        width:171px;
39        height: 60px;
40        display: block;
41        text-align: center;
42    }
43    .nav ul li:hover ul li:hover{
44        background: deepskyblue;
45    }
46    .banner{
47        position: relative;
48        top:70px;
49        margin:0 auto;
50        width: 1200px;
51        height: 650px;
52        border:1px solid #000;
```

```
53 }
54 .banner .img{
55     position: absolute;
56     width: 1200px;
57     height: 250px;
58     bottom:23px;
59 }
60 .banner .img li{
61     float: left;
62     margin-left:40px;
63 }
```

保存 index.html 与 style.css 文件，刷新页面，效果如图 5-28 所示。

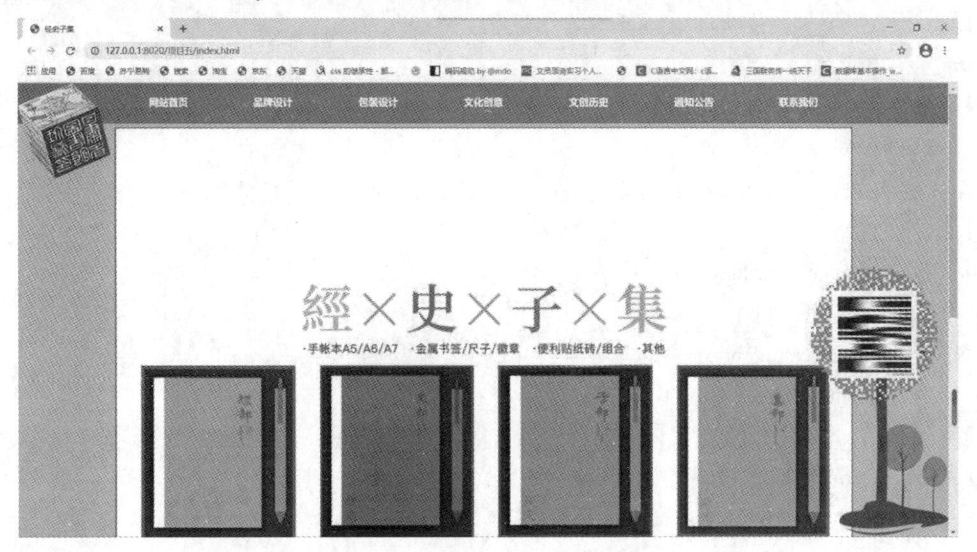

图 5-28　导航及“banner”的模块效果

4.5 制作新闻模块

新闻模块由最外层 class 为 center 的大盒子整体控制，可通过在<div>中嵌套<h1>和<ul>标签来定义。

4.5.1　样式分析

对于模块中文字部分需要使用<ul>标签，并设置其颜色与背景样式等样式。然后再设置其边距和文本等样式。

4.5.2　模块制作

1. 搭建结构

在 index.html 文件中书写“新闻中心”模块的 html 结构代码，具体如下。

```
1  <div class="center">
2    <div class="left">
```

```
3         <div class="h1"><h1>新闻中心</h1></div>
4         <ul>
5             <li> 1.分类整理文化资源,加强资源共享</li>
6             <li> 2.开展创意研发生产点</li>
7             <li> 3.推动各类文化文物单位创意开发利用</li>
8             <li> 4.充分发挥各类市场主体作用</li>
9             <li> 5.积极培育文化创意产品的市场主体和平台</li>
10            <li> 6.建立完善创意产品营销体系</li>
11            <li> 7.打造甘肃文化创意产品品牌</li>
12        </ul>
13      </div>
14      <div class="right">
15        <img src="img/06.png" />
16      </div>
17    </div>
```

2.控制样式

在样式表 style.css 中书写“新闻中心”模块对应的 css 代码,具体如下。

```
1     .center{
2         position: relative;
3         width: 1200px;
4         margin: 88px auto;
5         height: 500px;
6     }
7     .center .left{
8         width: 250px;
9         height: 500px;
10        float: left;
11        margin-top: 50px;
12    }
13    .center .h1{
14        border-bottom: 2px solid #00BFFF;
15    }
16    .center .left ul li{
17        overflow: hidden;
18        text-overflow: ellipsis;/*文字隐藏后添加省略号*/
19        white-space: nowrap;/*强制不换行*/
20        height:40px;
21        line-height:40px;
22        border-bottom: 1px solid #666;
23    }
24    .center .right{
```

```
25        width: 900px;
26        height: 500px;
27        float: right;
28    }
```

保存 index.html 与 style.css 文件，刷新页面，效果如图 5-29 所示。

图 5-29 "新闻"模块效果

4.6 制作"悬浮框"和"页脚"模块

"悬浮框"和"页脚"模块页面结构相对较为简单，均由外层的<div>整体控制。

4.6.1 样式分析

控制"页脚"模块的样式主要是控制文本样式，"悬浮框"模块主要是有一张图片使用固定定位构成。

4.6.2 模块制作

1. 搭建结构

在 index.html 文件中书写"悬浮框"和"页脚"模块的 html 结构代码，具体如下。

```
1  <div class="bottom">
2      <img src="images/erweima.png" />
3  </div>
4  <div class="foot">Copyright 2020 by 经史子集. All rights reserved 备案号 * * * * * </div>
```

2. 控制样式

在样式表文件 style.css 中书写 css 样式代码，用于控制"页脚"模块，具体如下。

```
1   .bottom{
2       position: fixed;
3       z-index: 999;
4       bottom: 0;
```

```
5        right：0；
6    }
7    .foot{
8        width：100%；
9        height：70px；
10   background：rgba(53,133,255,0.9)；
11   color：#fff；
12   text-align：center；
13   line-height：70px；
14   }
```

保存 index.html 与 style.css 文件，刷新页面，效果如图 5-30 所示。

图 5-30 “悬浮框”和“页脚”模块效果

课后习题

一、判断题

1. border-style 属性用于设置圆角边框。 （ ）

2. border-style:dashed;样式可以将元素的边框设置为实线。 （ ）

3. 对一个宽度固定的块块级元素应用 margin:0 auto;样式，可使其水平居中。 （ ）

4. <span>是行内元素。 （ ）

5. 在 CSS 中 border 属性可用于改变元素的内边距。 （ ）

6. 背景图像的位置是可以调整的，但是只可以用使用预定义的关键字，如 left、top 等。 （ ）

二、选择题(不定项)

1. 在 CSS 中，可以通过 float 属性为元素设置浮动，以下属于 float 属性值的是（ ）。

A. left　　B. center　　C. right　　D. none

2. overflow 属性用于规范溢出内容的显示方式，下列选项中属于 overflow 常用属性值的是（ ）。

A. visible　　B. hidden　　C. auto　　D. scroll

3. 关于内边距属性 padding 的描述，下列说法正确的是（ ）。

A. padding 属性是复合属性

B 必须按顺时针顺序采用值复制原则定义 4 个方向的内边距

C. 其取值可为 1 到 4 个值

D. padding 的取值不能为负

4. 关于元素显示模式的转换，下列说法正确的是(　　)。

A. 将块级元素转换为行内元素的方法是使用 display:inline;样式

B. 将行内元素转换为块级元素的方法是使用 display:inline;样式

C. 两者不可以转换

D. 两者可以随意转换

5. 下列选项中，关于 display:none; 样式说法正确的是(　　)。

A. 显示元素对象　B. 隐藏元素对象　C. 占用页面空间　D. 不占用页面空间

项目6

“书与创”主题网页制作——列表与超链接

学习目标

- 掌握无序列表、有序列表及自定义列表
- 熟悉列表的嵌套
- 掌握超链接标签
- 掌握链接伪类

学习路线

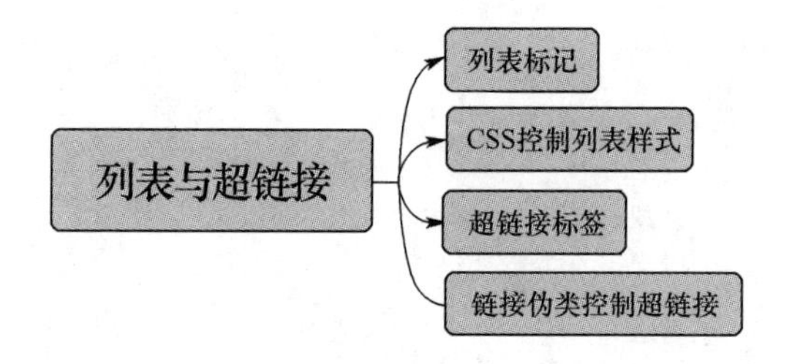

项目描述

为了系统梳理传统文化资源，让收藏在禁宫里的文物、陈列在广阔大地上的遗产、书写在古籍里的文字都活起来，图书馆负责人与公司项目负责人洽谈计划定制一个“书与创”主题网站。

学习并掌握本项目四个任务的相关基础知识，然后再动手制作该主题网站。完成后网页效果如图 6-1 所示。

图 6-1 “书与创”首页效果

知识储备

任务 1 列表标签

为了使网页更易读，经常需要将网页信息以列表的形式呈现，如淘宝商城首页的商品服务分类，排列有序、条理清晰，呈现为列表的形式。为了满足网页排版的需求，HTML 提供了 3 种常用的列表：无序列表、有序列表和自定义列表。下面将对 3 种列表进行讲解，使读者进一步认识列表标签。

1.1 无序列表

无序列表是网页中最常用的列表之一，之所以称为“无序列表”，是因为其各个列表项之间没有顺序级别之分，通常是并列的。例如，学院官网的导航栏结构清晰，各个列表项之间排序不分先后，这个导航栏就可以看作一个无序列表。定义无序列表的基本语法格式如下。

```
<ul>
    <li>列表项 1</li>
    <li>列表项 2</li>
    <li>列表项 3</li>
    ……
</ul>
```

在上面的语法中，<ul></ul>标签用于定义无序列表，<li></li>标签嵌套在<ul></ul>标签中，用于描述具体的列表项，每对<ul></ul>中至少应包含一对<li></li>。

值得一提的是，<ul>和<li>都拥有 type 属性，用于指定列表项符号。在无序列表中

type 的常用值属性有 3 个,它们呈现的效果不同,具体见表 6-1。

表 6-1　　无序列表 type 的常用属性值

type 属性值	显示效果
disc(默认值)	●
circle	○
square	■

了解了无序列表的基本语法和 type 属性之后,下面创建一个无序列表,示例如下。

课堂体验　例 6-1

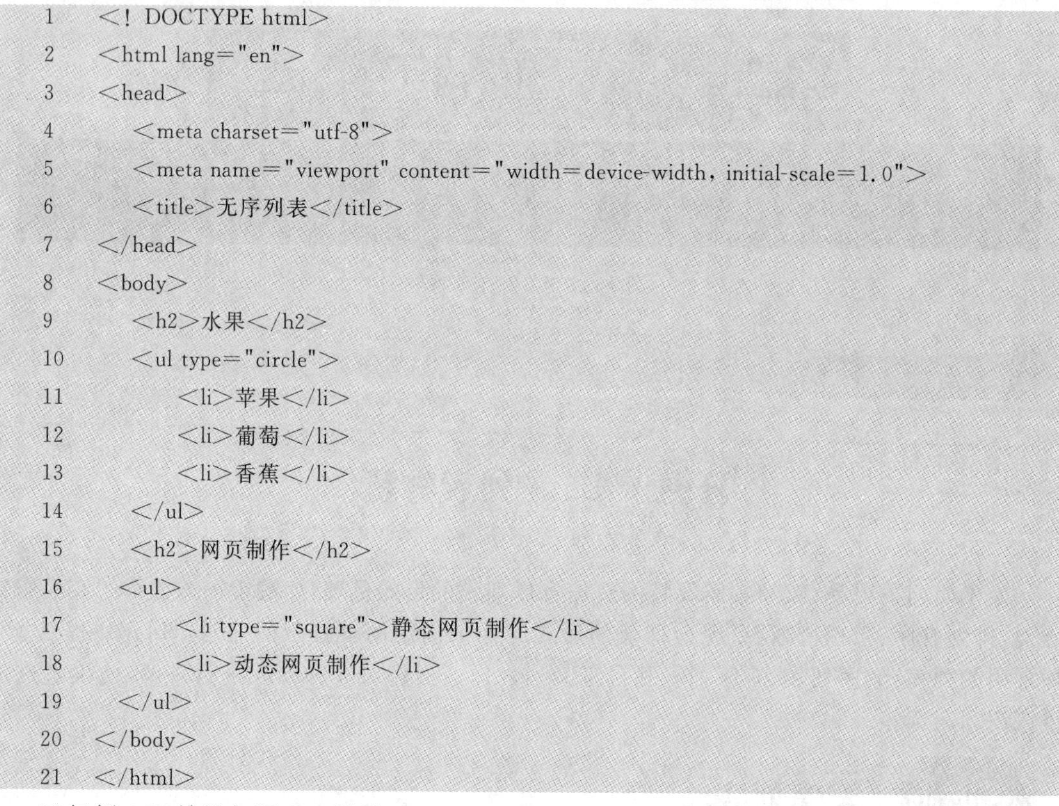

```
1    <! DOCTYPE html>
2    <html lang="en">
3    <head>
4        <meta charset="utf-8">
5        <meta name="viewport" content="width=device-width, initial-scale=1.0">
6        <title>无序列表</title>
7    </head>
8    <body>
9        <h2>水果</h2>
10       <ul type="circle">
11           <li>苹果</li>
12           <li>葡萄</li>
13           <li>香蕉</li>
14       </ul>
15       <h2>网页制作</h2>
16      <ul>
17           <li type="square">静态网页制作</li>
18           <li>动态网页制作</li>
19      </ul>
20   </body>
21   </html>
```

运行例 6-1,效果如图 6-2 所示。

在例 6-1 中,创建了两个无序列表,并通过 type 属性为它们定义列表项目符号。在第一个无序列表中,对<ul>标签应用 type 属性,在第二个列表中对列表项<li>应用 type 属性。

从示例中可以看出,不定义 type 属性时,列表项目符号显示为默认的"●",为<ul>或<li>定义 type 属性时,列表项目符号则按相应的样式显示。

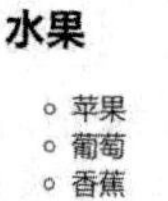

图 6-2　无序列表使用效果

一般不赞成使用无序列表的 type 属性,而是通过 CSS 样式属性替代。

<li>与</li>之间相当于一个容器，可以容纳所有的元素。但是<ul></ul>中只能嵌套<li></li>，直接在<ul></ul>标签中输入文字的做法是不被允许的。

1.2 有序列表

有序列表即有排列顺序的列表，其各个列表项按照一定的顺序排列，例如网页中常见的歌曲排行榜、游戏排行榜等都可以通过有序列表来定义。定义有序列表的基本语法格式如下。

```
<ol>
    <li>列表项1</li>
    <li>列表项2</li>
    <li>列表项3</li>
    ……
</ol>
```

在上面的语法中，<ol></ol>标签用于定义有序列表，<li></li>为具体的列表项，和无序列表类似，每对<ol></ol>中至少应包含一对<li></li>。

有序列表中，除了type属性之外，还可以为<ol>定义start属性，为<li>定义value属性，它们决定有序列表的项目符号，其取值和含义见表6-2。

表6-2　有序列表相关的属性

属　性	属性值	描　述
type	1(默认)	项目符号显示为数字1,2,3,......
	A或a	项目符号显示为英文字母A,B,C,......或a,b,c,......
	I或i	项目符号显示为罗马数字Ⅰ,Ⅱ,Ⅲ,......或i,ii,iii,......
start	数字	规定项目符号的起始值
value	数字	规定项目符号的数字

了解了有序列表的基本语法和常用属性之后，下面通过一个案例来演示其用法和效果，示例代码如例6-2所示。

课堂体验　例6-2

```
1   <! DOCTYPE html>
2   <html lang="en">
3   <head>
4   <meta charset="utf-8">
5   <title>有序列表</title>
6   </head>
7   <body>
8   <h2>信息工程系各专业毕业就业率:</h2>
9       <ol>
10          <li>计算机网络技术:98%</li>
11          <li>计算机应用(web前端开发方向):97%</li>
12          <li>云计算应用技术:96%</li>
13      </ol>
14        <h2>信息工程系各班级分配:</h2>
15        <ol>
```

```
16            <li type="1">计算机 1901 班</li>       <! --阿拉伯数字排序-->
17            <li type="a">网络 1901 班</li>       <! --英文字母排序-->
18            <li type="I">网络 1902 班</li>       <! --罗马数字排序-->
19        </ol>
20    </body>
21    </html>
```

运行例 6-2,效果如图 6-3 所示。

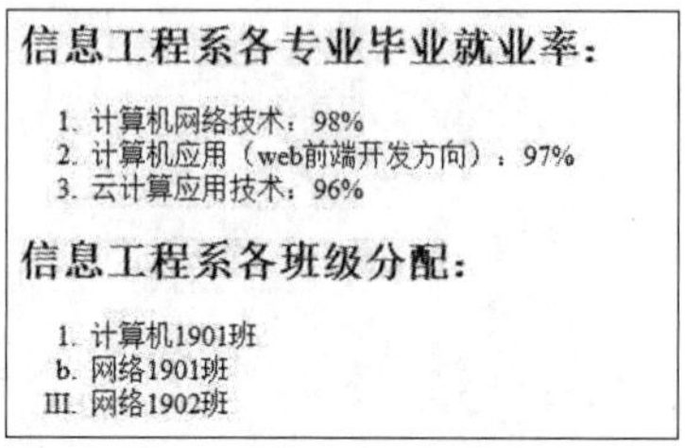

信息工程系各专业毕业就业率:

1. 计算机网络技术：98%
2. 计算机应用（web前端开发方向）：97%
3. 云计算应用技术：96%

信息工程系各班级分配:

1. 计算机1901班
b. 网络1901班
III. 网络1902班

图 6-3　有序列表使用效果

在例 6-2 中,定义了两个有序列表,第一个有序列表没有应用任何 HTML 属性,第二个有序列表中的列表项应用了 type 属性,用于设置特定的列表项目符号。

当不定义列表项项目符号时,有序列表的列表项按照默认的“1,2,3,......”的顺序排列。当使用 type 和 value 定义列表项目符号时,有序列表的列表项按照指定的项目符号显示。

提示

1.如果在不同浏览器中运行上述案例,效果可能与图有所不同,这是因为各个浏览器对有序列表的 type 属性的解析不同。

2.不赞成使用<ol>、<li>的 type、start 和 value 属性,一般通过 CSS 样式属性替代。

1.3 自定义列表

自定义列表常用于对术语或名词进行解释和描述,与无序列表和有序列表不同,自定义列表的列表项前没有任何项目符号。其基本语法格式如下:

```
<dl>
    <dt>专业课</dt>
    <dd>静态网页设计</dd>
    <dd>动态网页设计</dd>
    ......
    <dt>选修课</dt>
    <dd>大学英语</dd>
    <dd>CAD 制图</dd>
</dl>
```

在上面的语法中,<dl></dl>标签用于指定定义列表,<dt></dt>和<dd></dd>

并列嵌套于<dl></dl>中。<dt></dt>标签用于指定术语名词，<dd></dd>标签用于对名词进行解释和描述。一对<dt></dt>中可以对应多对<dd></dd>，即可以对一个名词进行多项解释。

了解了定义列表的基本语法和常用属性之后，下面通过一个案例来演示其用法和效果，如例 6-3 所示。

课堂体验　例 6-3

```
1   <! DOCTYPE html>
2   <html lang="en">
3   <head>
4       <meta charset="utf-8">
5       <meta name="viewport" content="width=device-width, initial-scale=1.0">
6       <title>自定义列表</title>
7   </head>
8   <body>
9       <dl>
10              <dt>专业课</dt>            <! -- 定义术语名字 -->
11              <dd>静态网页设计</dd>     <! -- 解释和描述名词 -->
12              <dd>动态网页设计</dd>
13              <dt>选修课</dt>
14              <dd>大学英语</dd>
15              <dd>CAD 制图</dd>
16      </dl>
17  </body>
18  </html>
```

运行例 6-3，效果如图 6-4 所示。

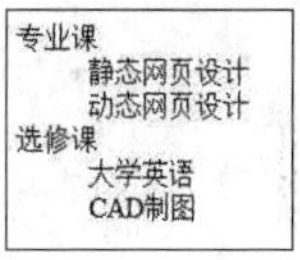

专业课
　　静态网页设计
　　动态网页设计
选修课
　　大学英语
　　CAD制图

图 6-4　自定义列表

在上述示例中，定义了一个定义列表，其中<dt></dt>标签内为术语名词“专业课”/“选修课”，其后紧跟着 2 对<dd></dd>标签，用于对<dt></dt>标签中的名词进行解释和描述。

从例 6-3 可以看出，相对于<dt></dt>标签中的术语或名词，<dd></dd>标签中解释和描述性的内容会产生一定的缩进效果。

任务 2　css 控制列表样式

定义无序或有序列表时，可以通过标签的属性控制列表的项目符号，但是这种方式实现的效果并不理想，为此 CSS 提供了一系列的列表样式属性。本节将对这些属性进行详细讲解。

2.1　list-style-type 属性

当使用列表时，经常需要定义列表的项目符号。在 CSS 中，list-style-type 属性用于控制无序和有序列表的项目符号，其取值有很多种，它们的显示效果不同，具体见表 6-3。

表 6-3　　列表 list-style-type 的属性值

列表类型	属性值	显示效果
无序列表	disc	●
	circle	○
	square	■
有序列表	decimal	阿拉伯数字 1,2,3,......
	upper-alpha	大写英文字母 A,B,C,......
	lower－alpha	小写英文字母 a,b,c,......
	upper-roman	大写罗马数字 I,II,III,......
	lower-roman	小写罗马数字 i,ii,iii,......

下面通过一个具体的案例来演示其用法，如例 6-4 所示。

课堂体验　例 6-4

```
1    <! DOCTYPE html>
2    <html lang="en">
3    <head>
4    <meta charset="utf-8">
5    <title>列表项目符号类型</title>
6    <style type="text/css">
7    ul{list-style-type:circle;}
8    ol{list-style-type:upper-roman;}
9    </style>
10    </head>
11    <body>
12   <h3>饮料</h3>
13       <ul>
14         <li>咖啡</li>
15         <li>茶</li>
16         <li>果汁</li>
17       </ul>
18       <h3>歌曲排行</h3>
19       <ol>
20         <li>时间都去哪了</li>
21         <li>勇气</li>
22         <li>答案</li>
23       </ol>
24   </body>
25   </html>
```

定义了一个无序列表和一个有序列表，对无序列表<ul>应用"list-style-type:circle"，将其列表项目符号设置为"○"，同时对有序列表<ol>应用"list-style-type:upper-roman;"，将其列表项目符号设置为大写罗马数字。

运行例 6-4，效果如图 6-5 所示。

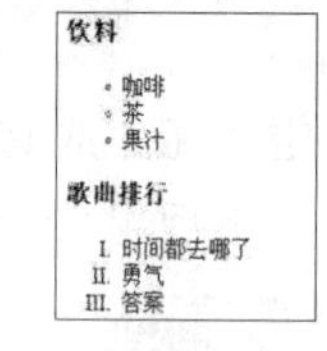

图 6-5　list-style-type 属性

2.2 list-style-image 属性

单调的列表项目符号并不能满足网页制作的需求，为此 CSS 提供了 list-style-image 属性，其取值为图像的url(地址)。使用list-style-image属性可以为各个列表设置项目符号，使列表的样式更加美观。

为了使学者更好地应用list-style-image属性，下面对无序列表<ul>定义列表项目图像，如例6-5所示。

课堂体验　例6-5

```
1   <! DOCTYPE html>
2   <html lang="en">
3   <head>
4   <meta charset="utf-8">
5   <title>list-style-image 控制列表项目图像</title>
6   <style type="text/css">
7   ul{
8    list-style-image:url(images/5-120601152053.png)}
9   </style>
10  </head>
11  <body>
12      <h2>信息工程系班级分配</h2>
13     <ul>
14         <li>网络 1901 班</li>
15         <li>计算机 1901 班</li>
16         <li>云计算 1901 班</li>
17         <li>动漫 1901 班</li>
18      </ul>
19  </body>
20  </html>
```

运行例6-5，效果如图6-6所示。

在图6-6中，列表项目图像和列表项没有对齐，这是因为list-style-image属性对列表项目图像的控制能力不强。因此，在实际工作中不建议使用list-style-image属性。

信息工程系班级分配
网络1901班
计算机1901班
云计算1901班
动漫1901班

图6-6　list-style-image属性

2.3 list-style-positon属性

设置列表项目符号时，有时需要控制列表项目符号的位置，即列表项目符号相对于列表项内容的位置。在CSS中，list-style-position属性用于控制列表项目符号的位置，其取值有inside和outside两种，对它们的解释如下。

- inside：列表项目符号位于列表文本以内。
- outside：列表项目符号位于列表文本以外(默认值)。

为了使初学者更好地理解list-style-position属性，下面通过一个具体的案例来演示其用法和效果，如例6-6所示。

课堂体验　例6-6

```
1   <! DOCTYPE html>
2   <html lang="en">
```

```
3    <head>
4        <meta charset="utf-8">
5        <meta name="viewport" content="width=device-width，initial-scale=1.0">
6        <title>项目符号位置属性</title>
7        <style type="text/css">
8            .in {
9              list-style-position：inside；
10           }
11           .out {
12             list-style-position：outside；
13           }
14           li {
16             border：1px solid #ccc；
16           }
17       </style>
18   </head>
19   <body>
20       <h2>信息工程系班级分配</h2>
21       <ul class="in">
22           <li>网络 1901 班</li>
23           <li>计算机 1901 班</li>
24           <li>云计算 1901 班</li>
25           <li>动漫 1901 班</li>
26       </ul>
27       <h2>信息工程系班级分配</h2>
28       <ul class="out">
29           <li>网络 1901 班</li>
30           <li>计算机 1901 班</li>
31           <li>云计算 1901 班</li>
32           <li>动漫 1901 班</li>
33       </ul>
34   </body>
35   </html>
```

运行例 6-6，效果如图 6-7 所示。

信息系各班级分配情况

- 网络1901班
- 计算机1901班
- 云计算1901班
- 动漫1901班

- 网络1901班
- 计算机1901班
- 云计算1901班
- 动漫1901班

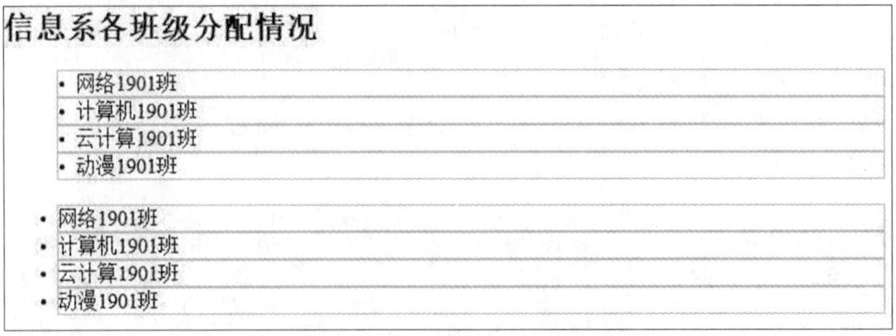

图 6-7　list-style-positon 属性

在例 6-6 中，定义了两个无序列表，对第一个无序列表应用“list-style-position：inside；”，使其列表项目符号位于列表文本以内，对第二个无序列表应用“list-style-position：outside；”，使其列表项目符号位于列表文本以外。为了使显示效果更加明显，在第 16 行代码中对<li>设置了边框样式。

2.4 list-style 属性

同盒子模型的边框等属性一样，在 CSS 中列表样式也是一个复合属性，可以将列表相关的样式都综合定义在一个复合属性 list-style 中。使用 list-style 属性综合设置列表样式的语法格式如下：

```
list-style:列表项目符号 列表项目符号位置 列表项目图像;
```

使用复合属性 list-style 属性时，通常按照上面语法格式中的顺序书写，各个样式之间以空格隔开，不需要的样式可以省略。

了解了列表样式的复合属性 list-style 之后，下面通过一个实例来演示其用法和效果，如例 6-7 所示。

课堂体验 例 6-7

```
1   <! DOCTYPE html>
2   <html lang="en">
3   <head>
4      <meta charset="utf-8">
5      <title>list-style 属性综合设置列表样式</title>
6      <style type="text/css">
7         ul {
8              list-style: circle inside;
9         }
10          .class {
11              list-style: square outside url(images/5-120601152053.png);
12          }
13      </style>
14    </head>
16    <body>
17      <h2>信息系各班级分配情况</h2>
18      <ul>
19        <li class="class">网络 1901 班</li>
20        <li>计算机 1901 班</li>
21        <li>云计算 1901 班</li>
22        <li>动漫 1901 班</li>
23      </ul>
24    </body>
25  </html>
```

在例 6-7 中定义了一个无序列表，通过符合属性 list-style 分别控制<ul>和第一个<li>的样式，如第 8 行代码和第 11 行代码所示。

运行例 6-7，效果如图 6-8 所示。

信息系各班级分配情况

新 网络1901班
- 计算机1901班
- 云计算1901班
- 动漫1901班

图 6-8　list-style 属性

在实际网页制作过程中，为了更高效地控制列表项目符号，通常将 list-style 的属性定义为 none，然后通过为<li>设置背景图像的方式实现不同的列表项目符号。下面通过一个具体的案例来演示通过背景属性定义列表项目符号的方法，如例 6-8 所示。

课堂体验　例 6-8

```
1    <! DOCTYPE html>
2    <html lang="en">
3    <head>
4       <meta charset="utf-8">
5       <title>list-style-image 控制列表项目图像</title>
6      <style type="text/css">
7        li {
8           list-style：none；
9           height：26px；
10         background：url(images/5-120601152053. png) no-repeat left center；
11         padding-left：35px；
12       }
13     </style>
14   </head>
15   <body>
16       <h2>信息工程系班级分配</h2>
17     <ul>
18         <li>网络 1901 班</li>
19         <li>计算机 1901 班</li>
20         <li>云计算 1901 班</li>
21         <li>动漫 1901 班</li>
22     </ul>
23   </body>
24   </html>
```

运行例 6-8，效果如图 6-9 所示。

信息系各班级分配情况

新 网络1901班
新 计算机1901班
新 云计算1901班
新 动漫1901班

图 6-9　list-style 的属性定义为 none

在上个实例中，每个列表的项目符号前都添加了项目图像，如果需要调整列表项目图像只需要更改<li>的背景属性即可。

任务 3 超链接标签

一个网站通常由多个页面构成，进入网站时首先看到的是首页，如果想从首页跳转到其他子页面，就需要在首页相应的位置添加超链接。以某学院官网为例，打开某学院官网，首先看到的是首页，当单击导航栏中的“质量工程”时，会跳转到“质量工程”页面，这是因为导航栏中的“质量工程”添加了超链接功能。本节将对超链接标签进行详细讲解。

3.1 创建超链接

超链接虽然在网页中占有不可替代的地位，但是在 HTML 中创建超链接非常简单，只需用<a></a>标签环绕在需要被超链接的对象即可。其基本语法格式如下：

```
<a href="跳转目标"  target="目标窗口的弹出方式">文本或图像</a>
```

在上面的语法中，<a>标签是一个行内标签，用于定义超链接，href 和 target 为其常用属性，下面对它们进行具体解释。

• href：用于指定链接目标的 url 地址，当为<a>标签应用 href 属性时，它就具有了超链接的功能。

• target：用于指定链接页面的打开方式，其取值有_self、_blank 两种，其中_self 为默认值，指的是在原窗口中打开，_blank 指的是在新窗口中打开。

了解了创建超链接的基本语法和超链接标签的常用属性值后，下面我们一起来创建一个带有超链接功能的简单页面，如例 6-9 所示。

课堂体验 例 6-9

```
1   <! DOCTYPE html>
2   <html lang="en">
3   <head>
4   <meta charset="utf-8">
5   <title>创建超链接</title>
6   </head>
7   <body>
8    <a href="#" tanget="_self">信息工程系</a>target="_self"原窗口打开<br/><br/>
9      <a href="http://www.baidu.com" target="_blank">百度</a>target="_blank"新窗口打开
       <br/><br/>
10  </body>
11  </html>
```

在实例中，我们创建了两个超链接，通过 href 属性将它们的链接目标分别指定为“信息工程系”和“百度”，同时，通过 target 属性定义第一个链接页面在原窗口打开，第二个链接页面在新窗口打开。

运行例 6-9，效果如图 6-10 所示。

从图 6-10 中我们可以看出，被超链接标签<a></a>环绕的文本“信息工程系”和“百度”的文本颜色特殊且带有下划线效果，这是因为超链接标签本身有默认的显示样式。当鼠标移动到链接文本时，光标会变成手形的形状，同时，页面的左下方会显示链接页面的地址。当单击链接文本“信息工程系”和“百度”时，分别会在原窗口和新窗口中打开链接页面。

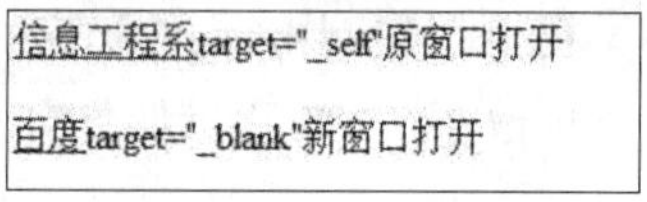

信息工程系target="_self"原窗口打开

百度target="_blank"新窗口打开

图 6-10　超链接效果

如果将<a>标签的 href 属性定义为“#”(href=“#”)，表示该链接暂时为一个空链接，也就是说没有确定链接目标。

刚刚我们创建了文本的超链接，那么我们也可以创建网页中各个元素的超链接，比如图像、表格、音频、视频等都可以创建超链接。

3.2 锚点链接

如果网页内容较多，页面过长，浏览网页时就需要不断地拖动滚动条，来查看所需要的内容，这样效率较低，且不方便。为了提高信息的检索速度，HTML 提供了一种特殊的链接——锚点链接，通过创建锚点链接，用户能够快速定位到目标内容。

对于初学者来说，理解锚点链接比较困难。为了使初学者更形象地认识锚点链接，下面通过一个具体的案例来演示页面中创建锚点链接的方法，如例 6-10 所示。

课堂体验　例 6-10

```
1   <! DOCTYPE html>
2   <html lang="en">
3   <head>
4   <meta charset="utf-8">
5   <title>锚点链接</title>
6   </head>
7   <body>
8    课程介绍：
9      <ul>
10         <li><a href="#one">平面广告设计</a></li>
11         <li><a href="#two">用户界面(UI)设计</a></li>
12         <li><a href="#three">网页设计与制作</a></li>
13          <li><a href="#four">Flash 广告动画设计</a></li>
14     </ul>
15     <h3 id="one">平面广告设计</h3>
16     <p>课程涵盖 Photoshop 图像处理、Illustrator 图形设计、平面广告创意设计、字体设计与标
       志设计。</p>
17     <br/><br/><br/><br/><br/><br/><br/><br/><br/><br/><br/>
18     <h3 id="two">用户界面(UI)设计</h3>
19     <p>课程涵盖实用美术基础、手绘基础造型、图标设计与实战演练、界面设计与实战演练。
       </p>
20     <br/><br/><br/><br/><br/><br/><br/><br/><br/><br/><br/>
21     <h3 id="three">网页设计与制作</h3>
```

```
22      <p>课程涵盖 DIV+CSS 实现 web 标准布局、Dreamweaver 快速网站建设、网页版式构图与
        设计技巧、网页配色理论与技巧。</p>
23      <br/><br/><br/><br/><br/><br/><br/><br/><br/><br/><br/>
24      <h3 id="four">Flash 广告动画设计</h3>
25      <p>课程涵盖 Flash 动画基础、Flash 高级动画、Flash 互动广告设计、Flash 商业网站设计。
        </p>
26    </body>
27    </html>
```

在例 6-10 中，首先使用<a href="#id 名">链接文本</a>创建链接文本，其中 href="#id 名"用于指定链接目标的 id 名称，如第 10～13 行代码所示，然后使用相应的 id 名标注跳转目标位置。

当单击“课程介绍”下的链接时，页面会自动定位到相应的内容介绍部分。

从实例中可以总结得出，创建锚点链接分为两步：

(1)使用<a href="#id 名">链接文本</a>创建文本链接。

(2)使用相应的 id 名标注跳转目标的位置。

任务 4 链接伪类控制超链接

定义超链接时，为了提高用户体验，经常需要为超链接指定不同的状态，使得超链接在单击前、单击后和鼠标悬停时的样式不同。在 CSS 中，通过链接伪类可以实现不同的链接状态。本节将对链接伪类控制超链接的样式进行详细讲解。

所谓伪类并不是真正意义上的类，它的名称是由系统定义的，通常由标签名、类名或 id 名加“:”构成。超链接标签的<a>的伪类有 4 种，见表 6-4。

表 6-4 超链接标签<a>的伪类

超链接标签<a>的伪类	含 义
a:link{CSS 样式规则}	未访问时超链接的状态
a:visited{CSS 样式规则}	访问后超链接的状态
a:hover{CSS 样式规则}	鼠标经过、悬停时超链接的状态
a:active{CSS 样式规则}	鼠标单击不动时超链接的状态

为了使初学者更好地理解和应用超链接伪类，下面使用链接伪类制作一个网页导航，例 6-11 所示。

课堂体验 例 6-11

```
1    <! DOCTYPE html>
2    <html lang="en">
3    <head>
4    <meta charset="utf-8">
5    <title>链接伪类</title>
6    <style type="text/css">
7    a:link,a:visited{          /*未访问和访问后*/
8        color:#f0f;
9        text-decoration:none;    /*清除超链接默认的下划线*/
```

```
10          margin-right:20px;
11      }
12      a:hover{          /* 鼠标悬停 */
13          color:#0f0;
14          text-decoration:underline;     /* 鼠标悬停时出现下划线 */
15      }
16      a:active{          /* 鼠标点击不放开 */
17      color:#f00;
18      }
19      </style>
20      </head>
21      <body>
22          <a href="#">学习资源</a>
23          <a href="#">课程中心</a>
24          <a href="#">原创教材</a>
25          <a href="#">联系我们</a>
26      </body>
27      </html>
```

在例 6-11 中，可以通过链接伪类定义超链接不同状态下的样式。另外第 9 行代码用于清除超链接默认下的下划线，第 14 行代码用于在鼠标悬停时为超链接添加下划线。

运行例 6-11，效果如图 6-11 所示。

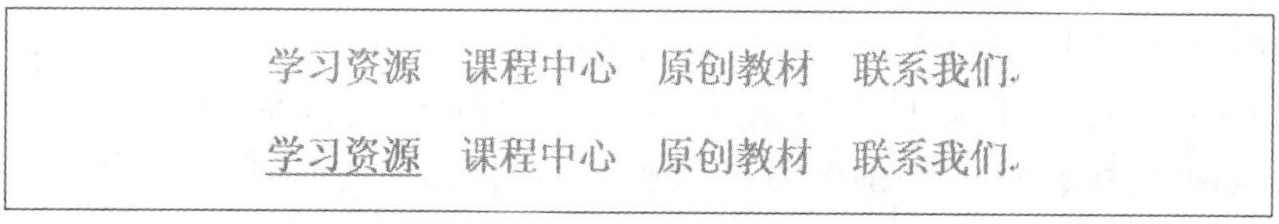

学习资源　课程中心　原创教材　联系我们

学习资源　课程中心　原创教材　联系我们

图 6-11　链接伪类效果

在实际工作中，通常只需要使用 a:link、a:visited 和 a:hover 定义未访问、访问后和鼠标悬停时的链接样式，并且通常对 a:link 和 a:visited 应用相同的属性样式，使未访问和访问后的链接样式保持一致。

任务 5　项目实施

学习完上面的理论知识，我们开始制作“书与创”主题网站首页。

5.1 准备工作

1. 创建网页根目录

在计算机本地磁盘任意盘符下创建网站根目录，新建一个文件夹命名为 Book Creation。

2. 在根目录下新建文件

打开网站根目录 Book Creation，在根目录下新建 images 和 css 文件夹，分别用于存放网站所需的图像和 css 样式文件。

3. 新建站点

打开 Adobe Dreamweaver 开发工具，新建站点。在弹出的窗口中输入站点名称“Book Creation”，然后浏览并选择站点根目录的储存位置，单击“保存”按钮，站点创建成功。

4. 素材准备

主要把“书与创”首页登录页面中要用的素材图片，存储在站点中的 images 文件夹中。

5.2 效果分析

5.2.1 HTML 结构分析

“书与创”页面整体上分为“导航”模块、“主题”模块、“版权信息”模块。其中，主题模块又可以分为“banner”模块、“国内文创产品”和“国外文创产品”模块三部分，如图 6-12 所示。

图 6-12 “书与创”主题网站首页效果

5.2.2 CSS 样式分析

“导航”模块和“版权信息”模块通栏显示，主题模块宽为 1200 px 且居中显示。另外，页面背景为浅橙色，页面中的文字多为微软雅黑，可以通过 CSS 公共样式进行定义。

5.3 定义基础样式

5.3.1 页面布局

下面对“书与创”页面进行整体布局，在站点根目录下新建一个 html 文件，命名 index. html，然后使用<div>标签对页面进行布局，代码如下：

```
1  <! DOCTYPE html>
2  <html lang="en">
3  <head>
4  <meta charset=utf-8">
5  <title>书与创</title>
6  <link href="css/style06. css" type="text/css" rel="stylesheet" />
7  </head>
8  <body>
```

```
9   <! --header begin-->
10  <div class="header">
11  </div>
12  <! --header end-->
13  <! --content begin-->
14   <div class="content">
15  </div>
16  <! -- content end-->
17  <! --footer begin-->
18  <div class="footer">
19  </div>
20  <! --footer end-->
21  </body>
22  </html>
```

在上述代码中，定义了 class 为 header、content 和 footer 的三对<div>来分别搭建“导航”模块、“主题”模块和“版权信息”模块的结构，页面整体上分为三部分。

5.3.2 定义基础样式

在站点根目录下的 CSS 文件夹内新建样式表文件 style06. css，使用链入式 CSS 在 index. html 文件中引入样式表文件，然后定义页面的基础样式，具体如下。

```
1  /*重置浏览器的默认样式*/
2   *{margin:0; padding:0; list-style:none; outline:none; }
3  /*全局控制*/
4  body{font-family: "微软雅黑";font-size:14px;}
5  a:link,a:visited{text-decoration:none;color:#fff;font-size:16px;}
```

上述第 2 行代码用于清除浏览器的默认样式，第 4～5 行代码为公共样式。

5.4 制作“banner”及“内容”模块

“导航”模块背景通栏显示，需要在外层嵌套一层大盒子。另外，导航由 Logo 和八个子栏目构成，可以通过无序列表<ul>嵌套<li>标签定义。此外，每个导航项都是可以单击的链接，所以需要在<li>中嵌套超链接标签<a>。

5.4.1 样式分析

将最外层大盒子的宽度设置为 100%，背景图像沿 x 轴平铺。另外，“导航”模块内容居中显示，需要对<ul>设置固定宽度和水平居中样式。此外，需要为<li>设置左浮动，使各个子栏目排列到同一行；并且对超链接标签<a>设置鼠标以上稀释背景图片样式。

5.4.2 搭建结构

在 index. html 文件中书写“banner”及“内容”模块的 HTML 结构代码，具体如下。

```
1  <! DOCTYPE html>
2  <html lang="en">
3  <head>
4  <meta charset=utf-8" />
```

```
5   <title>书与创</title>
6   <link href="css/style06.css" type="text/css" rel="stylesheet" />
7   </head>
8   <body>
9    <div class="header">
10       <ul class="nav">
11         <li class="logo"><img src="images/logo.png" /></li>
12         <li><a href="#">文创发展对策</a></li>
13         <li><a href="#">文创的政策</a></li>
14        <li><a href="#">文创的对策</a></li>
15        <li><a href="#">文创的趋势</a></li>
16        <li><a href="#">文创开发</a></li>
17        <li><a href="#">艺术长廊</a></li>
18        <li><a href="#">每月推荐书目</a></li>
19        <li><a href="#">会员/登陆</a></li>
20  </ul>
21  </div>
22  </body>
23  </html>
```

上述代码中，定义了 class 为 header 的<div>来搭建导航的整体结构。另外，使用无序列表<ul>整体定义“导航”模块，并通过<li>搭建导航中各个子栏目的结构。此外，通过超链接标签<a>来设置单击导航链接时的跳转地址。

5.4.3 控制样式

在样式表中 style.css 中书写“banner”和“内容”模块对应的 css 代码，具体如下。

```
1   .header {
2      width: 100%;
3      height: 128px;
4      background: url(../images/head_bg.jpg) repeat-x;
5      border-bottom: 3px solid #d5d5d5;
6   }
7   .nav {
8      width: 1200px;
9      margin: 0 auto;
10  }
11  .nav li {
12     float: left;
13  }
14  .nav li a {
15     display: inline-block;
16     height: 91px;
17     width: 119px;
18     text-align: center;
19     line-height: 70px;
```

```
20  }
21  .nav li a:hover {
22  background: url(../images/xuanfu.png) center center;
23  }
```

上述代码中 第 14～20 行代码，通过将行内元素<a>转换为块级元素来设置宽度、高度、并通过“text-align”属性设置文本居中对齐。另外，第 21 行代码用于设置鼠标移上超链接时，显示背景图片效果。

保存 index.html 与 style.css 文件，刷新页面，效果如图 6-13 所示。

图 6-13 “导航”模块效果

当鼠标移上导航中的文字链接时，将对显示超链接的背景图片，如图 6-14 所示即为鼠标移上“艺术长廊”时的效果。

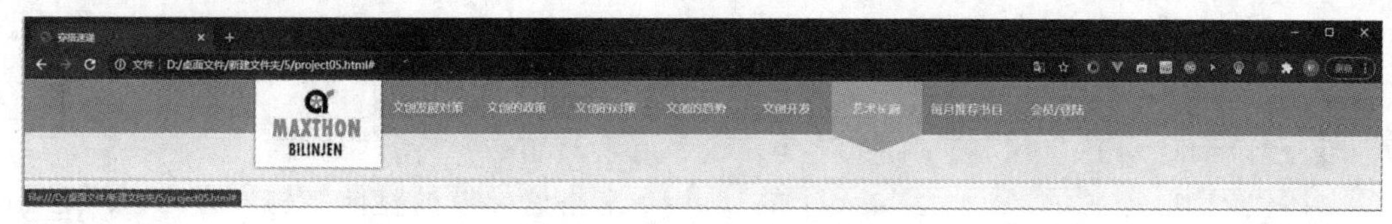

图 6-14 鼠标移上“艺术长廊”模块效果

5.5 制作“banner”和“国内文创产品”模块

“banner”模块的页面结构相对较为简单，由一张图片构成。“文创产品”模块由一个大盒子构成，主要包括两部分部分，由<ul>嵌套<li>再嵌套一个<a>标签和<p>标签搭建构成。

5.6 制作文创作品

5.6.1 样式分析

“文创产品”模块的五个图片在同一行排列，需要对<li>设置浮动。

5.6.2 模块制作

1. 搭建结构

在 index.html 文件中输入““banner”及“文创产品”模块的 html 的代码，具体如下。

```
1   <!-- content 开始 -->
2   <div class="content">
3       <div class="banner"><img src="images/banner.jpg" /></div>
4       <h2><img src="images/c-1.png" alt=""></h2>
5       <div class="style_bg">
6           <div class="style">
7               <ul>
8                   <li>
```

```
9                   <a href="#">
10                      <img src="images/1.png" alt="">
11                      <p>上海图书馆</p>
12                  </a>
13              </li>
14              <li>
15                  <a href="#">
16                      <img src="images/6.png" alt="">
17                      <p>西安图书馆</p>
18                  </a>
19              </li>
20              <li>
21                  <a href="#">
22                      <img src="images/7.png" alt="">
23                      <p>陕西图书馆</p>
24                  </a>
25              </li>
26              <li>
27                  <a href="#">
28                      <img src="images/2.jpg" alt="">
29                      <p>四川图书馆</p>
30                  </a>
31              </li>
32                <li>
33                  <a href="#">
34                    <img src="images/3.jpg" alt="">
35                   <p>北京图书馆</p>
36                   </a>
37                </li>
38              </ul>
39            </div>
40          </div>
41        <h2><img src="images/f-1.png" alt=""></h2>
42       <div class="current">
43            <div class="style">
44              <ul>
45                <li>
46                  <a href="#">
47                    <img src="images/01.png" alt="">
48                    <p>野兽出没的地方</p>
49                  </a>
```

```
50                      </li>
51                      <li>
52                          <a href="#">
53                              <img src="images/02.jpg" alt="">
54                              <p>大英图书馆文创商店</p>
55                          </a>
56                      </li>
57                      <li>
58                          <a href="#">
59                              <img src="images/03.jpg" alt="">
60                              <p>GWLHearsMe 明信片
61                              </p>
62                          </a>
63                      </li>
64                      <li>
65                          <a href="#">
66                              <img src="images/04.jpg" alt="">
67                              <p>博德利安图书馆</p>
68                          </a>
69                      </li>
70                      <li>
71                          <a href="#">
72                              <img src="images/05.jpg" alt="">
73                              <p>American 明信片</p>
74                          </a>
75                      </li>
76                  </ul>
77              </div>
78      </div>
79  </div>
80  <!-- content 结束 -->
```

2. 控制样式

在样式表文件 style.css 中书写 CSS 样式代码，用于控制“banner”及“文创产品”模块，具体如下。

```
1   /* content */
2   .content {
3           width: 1200px;
4       margin: 0 auto;
5   }
6   .style_bg {
7       width: 1200px;
```

```
8       height：180px；
9       background：#ec6e47；
10    }
11    .style ul li a {
12       width：230px；
13       height：100%；
14       float：left；
15       text-align：center；
16       padding-top：20px；
17       margin：0 5px；
18    }
19    .current {
20       width：1200px；
21       height：180px；
22       background：#ec6e47；
23    }
```

保存 index.html 与 style.css 文件，效果如图 6-15 所示。

图 6-15 “banner”及“文创产品”模块效果

5.7 制作“版权信息”模块

“版权信息”模块通栏显示，整体上由一个<div>盒子构成。其中，版权信息内容通过三个<dl>标签定义。

5.7.1 样式分析

“版权信息”模块通栏显示，需要设置宽度 100%。另外，版权信息内容中的<dt>部分用 18 px，其余部分用 16 px，需要使用 CSS 文本外观属性来定义。

5.7.2 模块制作

1. 搭建结构

在 index. html 文件中输入“版权信息”模块的 html 的代码，具体如下。

```
<!-- footer 开始 -->
<div class="footer">
    <div class="foot">
        <dl>
            <dt>帮助中心</dt>
            <dd>账户管理</dd>
            <dd>参观指南</dd>
            <dd>借阅指南</dd>
        </dl>
        <dl>
            <dt>关注我们</dt>
            <dd>新浪微博</dd>
            <dd>官方微信</dd>
            <dd>联系我们</dd>
            <dd>公益基金会</dd>
        </dl>
        <dl>
            <dt>网站特色</dt>
            <dd>音乐天地</dd>
            <dd>陇上心语</dd>
        </dl>
        <dl>
            <dt>阅读·书香</dt>
            <dd>《简爱》</dd>
            <dd>《怒河春醒》</dd>
            <dd>《百年葛莱美》</dd>
        </dl>
    </div>
</div>
<!-- footer 结束 -->
```

2. 控制样式

在样式表文件 style04. css 中书写 CSS 样式代码，用于控制“版权信息”模块，具体如下。

```
footer {
    width: 100%;
    height: 190px;
    background: #ec6e47;
    color: #fff;
```

```
6        line-height: 26px;
7        margin-top: 20px;
8        font-size: 16px;
9    }
10   .footer .foot {
11        width: 800px;
12        height: 100px;
13        margin: 0 auto;
14        padding-top: 20px
15   }
16   .footer dl {
17        float: left;
18        margin-left: 100px;
19   }
20   .foot dl dt {
21        font-size: 18px;
22        margin-bottom: 20px;
23   }
```

保存 index.html 与 style.css 文件，效果如图 6-16 所示。

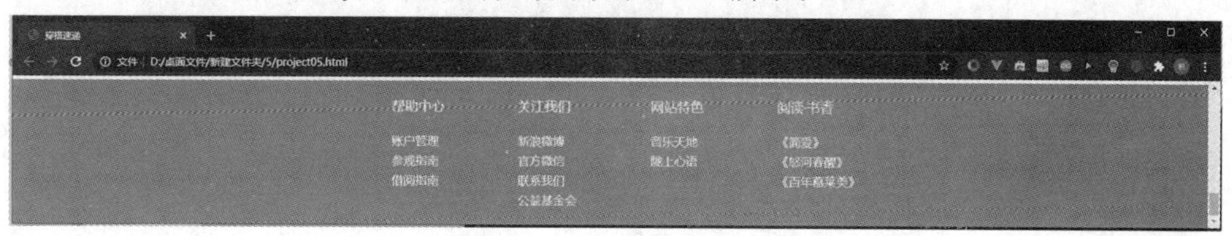

图 6-16 “版权信息”模块效果

课后习题

一、判断题

1. 定义列表中，<dt></dt>标签用于对名词进行解释和描述。 (　　)

2. 定义列表中，<dl>、<dt>、<dd>三个标签之间不允许出现其他标记。 (　　)

3. <ol></ol>标签用于定义有序列表，<li></li>为具体的列表项。 (　　)

4. 在 CSS 中，list-style-position 属性用于控制列表项目符号的位置。 (　　)

5. 在 CSS 中，list-style-type 属性用于控制列表项显示符号的类型。 (　　)

6. 在 HTML 语言中，常用的列表有三种，分别为无序列表、有序列表和定义列表。 (　　)

7. 在 HTML 中创建超链接非常简单，只需用<a></a>标签环绕需要被链接的对象即可。 (　　)

8. 在超链接中，“href”属性用于指定链接页面的打开方式。 (　　)

9. 在超链接中，当 target 取值为“_self”，意为在原窗口中打开链接页面。 (　　)

10. 在进行列表嵌套时，无序列表中只能嵌套无序列表。 (　　)

二、选择题(不定项)

1. 关于定义无序列表的基本语法格式，以下描述正确的是(　　)。

A. <ul></ul>标记用于定义无序列表

B. <li></li>标记嵌套在<ul></ul>标记中，用于描述具体的列表项

C. 每对<ul></ul>中至少应包含一对<li></li>

D. <li>不可以定义 type 属性，只能使用 CSS 样式属性代替

2. 下列选项中，用于清除超链接默认的下划线的是(　　)。

A. text-decoration：none；　　B. text-decoration：underline；

C. text-decoration：overline；　　D. text-decoration：line-through；

3. 下列选项中，属于“target”属性值的是(　　)。

A. _double　　B. _self　　C. _new　　D. _blank

4. 下列代码中，可以用于清除链接图像边框的是(　　)。

A. border：0；　　B. margin：0；

C. padding：0；　　D. list-style：none；

5. 下列代码中，用于清除列表默认样式的是(　　)。

A. list-style：none；　　B. list-style：0；

C. list-style：zero；　　D. list-style：delete；

项目7

"文创联盟"登录注册页面——表格与表单

学习目标

- 理解表格的创建
- 掌握表格样式的控制
- 掌握表单相关标签
- 熟悉表单样式的控制

学习路线

项目描述

中国创意产业联盟是促进中国创意产业向高文化化和高技术化的融合发展，推动全国创意产业大发展和大繁荣，以最终实现创意强国目标而团结在一起的国内唯一的一个全国性创意产业合作联盟。会长与公司项目负责人洽谈计划定制一个主"文创联盟"登录注册页面。

学习并掌握本项目五任务的相关基础知识，然后再动手制作该主题网站。完成后网页效果如图 7-1 所示。

图 7-1　文创联盟首页效果

任务 1　表格标签

日常生活中，为了清晰地显示数据或信息，常常使用表格对数据或信息进行统计，同样在制作网页时，为了使网页中的元素有条理地显示，也可以使用表格对网页进行规划。为此，HTML 提供了一系列的表格标签。本节将对这些标签进行详细讲解。

1.1 创建表格

在 WORD 中，如果要创建表格，只需插入表格，然后设定相应的行数和列数即可。但是在 HTML 网页中，所有的元素都是通过标签来定义的，要想创建表格，就需要使用表格相关的标签。创建表格的基本语法格式如下。

```
<table>
    <tr>
        <td>单元格内的文字</td>
        ……
    </tr>
</table>
```

在上面的语法中包含三对 HTML 标签，分别为<table></table>、<tr></tr>、<td></td>，它们是创建表格的基本标签，缺一不可，下面对它们进行具体解释。

- <table></table>：用于定义一个表格。
- <tr></tr>：用于定义表格中的一行，必须嵌套在<table></table>标签中，在

<table></table>中包含几对<tr></tr>，就表示该表格有几行。

• <td></td>：用于定义表格中的单元格，必须嵌套在<tr></tr>标签中，一对<tr></tr>中包含几对<td></td>，就表示该行中有多少列（或多少个单元格）。

了解了创建表格的基本语法和标签，下面带领大家创建一个简单的表格，实例如下。

课堂体验　例 7-1

```
1  <! DOCTYPE html>
2  <html lang="en">
3  <head>
4  <meta charset="utf-8">
5  <title>创建表格</title>
6  </head>
7    <body>
8    <table border="1" >
9        <tr>
10           <td>姓名</td>
11           <td>语文</td>
12           <td>数学</td>
13           <td>英语</td>
14         </tr>
15         <tr>
16           <td>Mike</td>
17           <td>95</td>
18           <td>80</td>
19           <td>90</td>
20         </tr>
21         <tr>
22           <td>Lucy</td>
23           <td>85</td>
24           <td>90</td>
25           <td>70</td>
26         </tr>
27         <tr>
28           <td>Tom</td>
29           <td>80</td>
30           <td>100</td>
31           <td>95</td>
32         </tr>
33      </table>
34      </body>
35  </html>
```

在例 7-1 中，使用表格相关的标签定义了一个 4 行 4 列的学生成绩统计表。为了使表格显示得更加清晰，在第 8 行代码中，对表格标签<table>应用了边框属性 border。表格的宽度和高度靠内容文本来支撑。然而在介绍表格的基本语法时，并没有提到边框属性 border。

运行例 7-1，见图 7-2。

如果去掉<table>标签的 border 属性，表格依然会整齐有序地排列着，但是看不到边框，也就是说默认情况下表格的边框为 0，在页面中不会显示，如图 7-3 所示。

姓名	语文	数学	英语
Mike	95	80	90
Lucy	85	90	70
Tom	80	100	95

图 7-2　表格带有边框

姓名	语文	数学	英语
Mike	95	80	90
Lucy	85	90	70
Tom	80	100	95

图 7-3　表格不带边框

从实例中总结得出，创建表格的基本标签为<table></table>、<tr></tr>、<td></td>，默认的情况下，表格的边框为 0，宽度和高度靠其自身的内容来支撑。

1.2　<table>标签的属性

大多数 HTML 标签都有相应的属性，用于为元素提供更多的信息，<table>标签也不例外，HTML 为其提供了一系列的属性，用于控制表格的显示样式，具体见表 7-1。

表 7-1　<table>标签的常用属性

属性名	含　义	常用属性值
border	设置表格的边框(默认值 border="0"无边框)	像素值
cellspacing	设置单元格与单元格边框之间的空白间距	像素值(默认为 2 像素)
cellpadding	设置单元格内容与单元格边框之间的空白间距	像素值(默认为 1 像素)
width	设置表格的宽度	像素值
height	设置表格的高度	像素值
algin	设置表格在网页中的对齐方式	left、center、right
bgcolor	设置表格的背景颜色	预定义的颜色值、# 十六进制 RGB、rgb(r,g,b)
background	设置表格的背景图像	url 地址

1.2.1　border 属性

在<table>标签中，border 属性用于设置表格的边框，默认值为 0。在上个实例中，当设置<table>标签的 border 属性值为 1 时，出现了如图 7-4 所示的双线边框效果。为了使初学者更好地理解 border 属性设置的双线边框，将上个实例中<table>标签的 border 属性值设置为 20，即将第 8 行代码更改如下：

```
<table border="20">
```

比较两个实例如图 7-4、图 7-5 所示。

姓名	语文	数学	英语
Mike	95	80	90
Lucy	85	90	70
Tom	80	100	95

图 7-4　表格边框 border 为 1

姓名	语文	数学	英语
Mike	95	80	90
Lucy	85	90	70
Tom	80	100	95

图 7-5　表格边框 border 为 20

从图 7-4、图 7-5 中可以看出，当<table>标签的 border 属性值为 20 时，双线边框的外边框变宽了，内边框不变。其实，在出现的双线边框中，外边框为表格<table>的边框，内边框为单元格<td>的边框。也就是说，<table>标签的 border 属性值改变的是外边框宽度，内边框宽度仍然为 1 px。

1.2.2 cellspacing 属性

cellspacing 属性用于设置单元格与单元格边框之间的空白间距，默认为 2 px。例如，对上个实例中的<table>标签应用 cellspacing="20"，第 8 行代码如下：

```
<table border="20" cellspacing="20">
```

保存 HTML 文件，刷新页面，效果如图 7-6 所示。

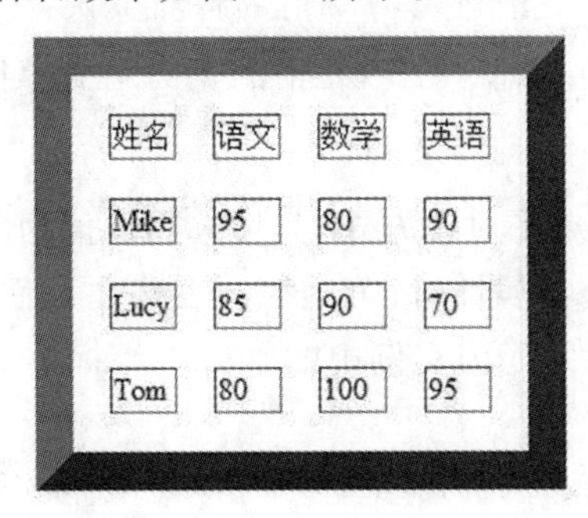

图 7-6 表格 cellspacing 属性

在图中可以看出，单元格与单元格边框以及单元格与表格边框之间都拉开了 20 px 的距离。

1.2.3 cellpadding 属性

cellpadding 属性用于设置单元格内容与单元格边框之间的空白间距，默认为 1 px。现将实例中的<table>标签应用 cesspadding=“10”，即将第 8 行代码更改如下：

```
<table border="20" cellspacing="20" cellpadding="10">
```

保存 HTML 文件，刷新页面，效果如图 7-7 所示。

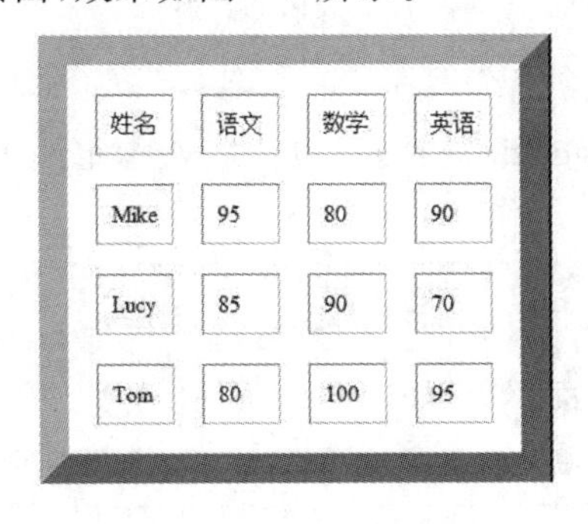

图 7-7 表格 cellpadding 属性

在图中可以看出，单元格内容与单元格边框之间出现了 10 px 的空白距离。

1.2.4 width 和 height 属性

默认情况下，表格的宽度和高度都是靠其自身的内容来撑开的，如果想要更改表格的尺寸，就需要设置其宽高属性。下面对实例中的表格设置宽度和高度，即将第 8 行代码更改如下：

```
<table border="20" cellspacing="20" cellpadding="10" width="600" height="300">
```

保存 HTML 文件，刷新页面，效果如图 7-8 所示

在图中可以看出，表格的宽高发生了明显的变化，通过测量工具测量后发现表格的总宽度

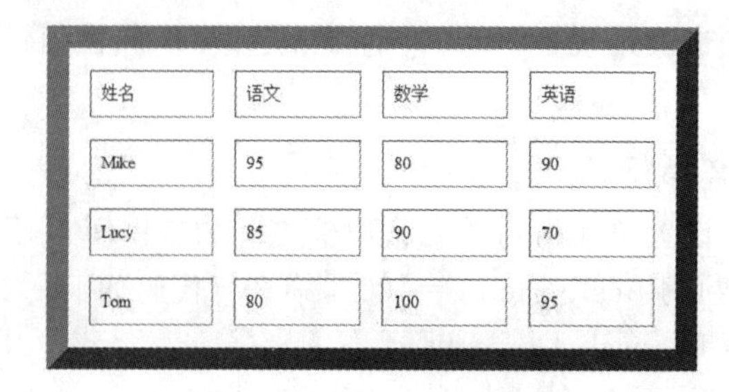

姓名	语文	数学	英语
Mike	95	80	90
Lucy	85	90	70
Tom	80	100	95

图 7-8　表格 width 和 height 属性

为 600 px，总高度为 300 px，其中，每一个单元格的宽高均为等比例的发生变化。

1.2.5　align 属性

align 属性用于定义元素的水平对齐方式，其可选属性值为 left、center、right。

当对<table>标签应用 align 属性时，可以控制表格在页面中的水平对齐方式，但单元格的内容不受 align 属性的影响。下面为实例中的<table>标签添加 align 属性，即将第 8 行代码更改如下。

```
<table border="20" cellspacing="20" cellpadding="10" width="600" height="300" align="center">
```

保存 HTML 文件，刷新页面，效果如图 7-9 所示。

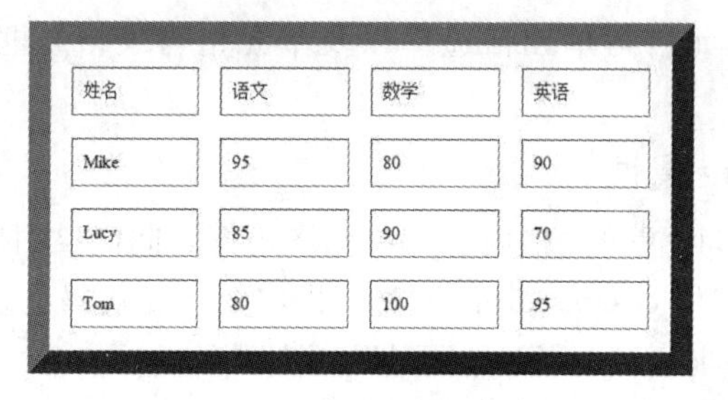

姓名	语文	数学	英语
Mike	95	80	90
Lucy	85	90	70
Tom	80	100	95

图 7-9　表格 align 属性

1.2.6　bgcolor 属性

通过<table>标签中的 bgcolor 属性，可以为表格指定一个背景颜色，例如，为实例中的表格添加背景颜色，可以将第 8 行代码更改如下：

```
<table border="20" cellspacing="20" cellpadding="10" width="600" height="300" align="cen-
ter" bgcolor="yellow">
```

保存 HTML 文件，刷新页面，效果如图 7-10 所示。

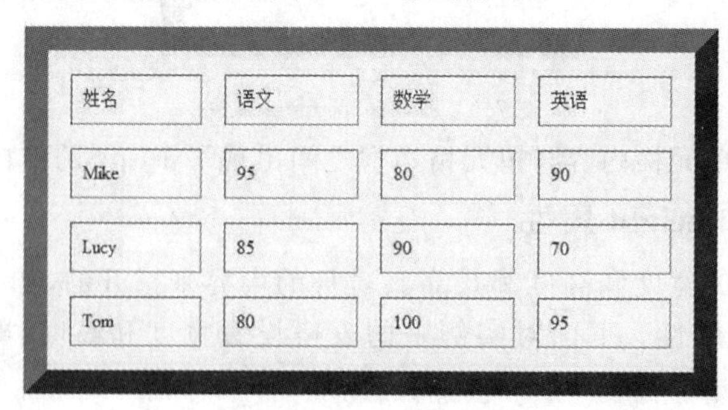

姓名	语文	数学	英语
Mike	95	80	90
Lucy	85	90	70
Tom	80	100	95

图 7-10　表格 bgcolor 属性

1.2.7 background 属性

通过<table>标签中的 background 属性，可以为表格指定一个背景图像。

1.3 <tr>标签的属性

前面已经介绍了<table>标签的相关属性，通过对<table>标签应用各种属性，可以控制表格的整体显示样式。如果想要单独设置表格中的某一行特殊显示，就需要为行标签<tr>定义属性，其常用属性见表 7-2。

表 7-2　<tr>标签的常用属性

属性名	含义	常用属性值
height	设置行高度	像素值
align	设置一行内容的水平对齐方式	left、center、right
valign	设置一行内容的垂直对齐方式	top、middle、bottom
bgcolor	设置背景行颜色	预定义的颜色值、十六进制＃RGB、rgb(r,g,b)
background	设置行背景图像	url 地址

列出了<tr>标签的常用属性，其中大部分属性与<table>标签的属性相同，用法类似。为了加深初学者对这些属性的理解，下面通过一个案例来演示行标签<tr>的常用属性效果，如例 7-2 所示。

课堂体验　例 7-2

```
1   <!DOCTYPE html>
2   <html lang="en">
3   <head>
4   <meta charset="utf-8">
5   <title>tr 标签属性</title>
6   </head>
7   <body>
8   <table border="1" width="300" height="200" align="center">
9         <tr height="60" align="center" valign="middle" bgcolor="yellow">
10              <td>姓名</td>
11              <td>语文</td>
12              <td>数学</td>
13              <td>英语</td>
14        </tr>
15        <tr>
16              <td>Mike</td>
17              <td>95</td>
18              <td>80</td>
19              <td>90</td>
20        </tr>
21        <tr>
22              <td>Lucy</td>
23              <td>85</td>
```

```
24                <td>90</td>
25                <td>70</td>
26            </tr>
27            <tr>
29                <td>Lily</td>
30                <td>80</td>
31                <td>100</td>
32                <td>95</td>
33            </tr>
34        </table>
35        </body>
36        </html>
```

在例 7-2 中，第 9 行的代码用于为<tr>设置相应的属性，以改变第一行内容的显示样式。运行例 7-2，效果如图 7-11 所示。

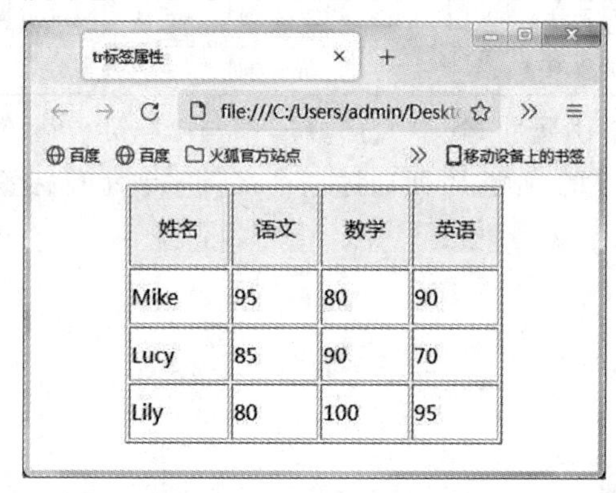

图 7-11　表格<tr>属性

在图中可以看出，表格中的第一行内容按照设置的高度显示，文本内容水平垂直居中，且添加了黄色背景。

提示

1. <tr>标签无宽度属性 width，其宽度取决于表格标签<table>。

2. 可以对<tr>标签应用 valign 属性，用于设置一行内容的垂直对齐方式。

3. 虽然可以对<tr>标签应用 background 属性，但是在<tr>标签中需考虑兼容性问题。

1.4 <td>标签的属性

在网页制作过程中，通过为单元格标签<td>定义属性，可以单独对某一个单元格进行控制，其常用属性见表 7-3。

表 7-3 <td>标签的常用属性

属性名	含义	常用属性值
width	设置单元格的宽度	像素值
height	设置行高度	像素值
align	设置一行内容的水平对齐方式	left、center、right
valign	设置一行内容的垂直对齐方式	top、middle、bottom
bgcolor	设置背景行颜色	预定义的颜色值、十六进制#RGB、rgb(r,g,b)
background	设置行背景图像	url 地址
colspan	设置单元格横跨的列数(用于合并水平方向的单元格)	正整数
rowspan	设置单元格纵跨的列数(用于合并竖直方向的单元格)	正整数

表 7-3 中列出了<td>标签的常用属性，其中大部分属性与<tr>标签的属性相同，用法也类似。与<tr>标签不同的是，<td>标签添加了 width 属性，用于指定单元格的宽度，同时<td>标签还拥有 colspan 和 rowspan 属性，用于对单元格进行合并。下面通过例 7-3 对 colspan 属性和 rowspan 属性的用法做详细讲解。

课堂体验 例 7-3

```
1  <! DOCTYPE html>
2  <html lang="en">
3  <head>
4  <meta charset="utf-8">
5  <title>合并单元格</title>
6  </head>
7   <body>
8    <table border="1" width="300" height="200" align="center">
9          <tr height="50" align="center" valign="middle" bgcolor="yellow">
10               <td colspan="3">信息工程系</td>
11         </tr>
12         <tr align="center">
13              <td>专业</td>
14               <td>课程</td>
15               <td>取证率</td>
16         </tr>
17         <tr align="center">
18               <td rowspan="3">计算机应用</td>
19                 <td>1+X Web 前端开发</td>
20                 <td>98%</td>
21         </tr>
22            <tr>
23                 <td>ACAA 网页设计</td>
24                 <td>80%</td>
25            </tr>
26            <tr>
```

```
27                  <td>ACAA 平面设计</td>
28                  <td>65%</td>
29              </tr>
30          </table>
31  </body>
32  </html>
```

在例 7-3 中，第 10 行代码通过将<td>标签的 colspan 设置为 3，使当前单元格横跨为 3 列。第 18 行代码将<td>标签的 rowspan 设置为 3，使当前单元格竖跨 3 行。

运行例 7-3，效果如图 7-12 所示。

信息工程系		
专业	课程	取证率
计算机应用	1+X Web前端开发	98%
	ACAA网页设计	80%
	ACAA平面设计	65%

图 7-12　表格<td>属性

任务 2　CSS 控制表格样式

2.1　CSS 控制表格边框

在前面实例中，使用<table>标签的 border 属性可以为表格设置边框，但是用这种方式设置的边框效果并不理想，如果要更改边框的颜色，或改变单元格的边框大小，就会很困难。而使用 CSS 边框样式属性 border 可以轻松控制表格的边框。

使用边框样式属性 border 设置表格边框时，要特别注意单元格边框的设置。下面通过一个具体的案例来说明，如例 7-4 所示。

课堂体验　例 7-4

```
1  <! DOCTYPE html>
2  <html lang="en">
3  <head>
4  <meta charset="utf-8">
5  <meta name="viewport" content="width=device-width, initial-scale=1.0">
6  <title>控制表格边框</title>
7  <style type="text/css">
8  table {
9       width：280px；
10      height：280px；
11      border：1px solid #F00；
12  }
13  </style>
```

```
14 </head>
15 <body>
16 <table>
17   <caption>
18   2010—2012 年招生情况
19   </caption>
20   <tr>
21     <th></th>
22     <th>2010</th>
23     <th>2011</th>
24     <th>2012</th>
25   </tr>
26   <tr>
27     <th>招生人数</th>
28     <td>9800</td>
29     <td>12000</td>
30     <td>16000</td>
31   </tr>
32   <tr>
33     <th>男生</th>
34     <td>5000</td>
35     <td>7000</td>
36     <td>9000</td>
37   </tr>
38   <tr>
39     <th>女生</th>
40     <td>4800</td>
41     <td>5000</td>
42     <td>7000</td>
43   </tr>
44 </table>
45 </body>
46 </html>
```

在例 7-4 中，定义了一个 4 行 4 列的表格，然后使用内嵌 CSS 样式表为表格标签<table>定义宽、高和边框。

运行例 7-4，效果如图 7-13 所示。

从图 7-13 容易看出。虽然对表格标签<table>应用了边框样式属性 border，但是单元格并没有添加任何边框效果。所以，在设置表格的边框时，还要给单元格单独设置相应的边框，在例 7-4 的 CSS 样式第 14 行代码中添加如下代码：

```
14  td,th {
15          border: 1px solid #F00;   /* 为单元格单独设置边框 */
16      }
```

保存 HTML 文件，刷新网页，效果如图 7-14 所示。

2010—2012年招生情况

	2010	2011	2012
招生人数	9800	12000	16000
男生	5000	7000	9000
女生	4800	5000	7000

图 7-13　表格设置 border 属性 1

2010—2012年招生情况

	2010	2011	2012
招生人数	9800	12000	16000
男生	5000	7000	9000
女生	4800	5000	7000

图 7-14　表格设置 border 属性 2

在图 7-14 中可以看出，单元格添加了边框效果，但是这时单元格与单元格的边框之间存在一定的空白距离。如果要去掉单元格之间的空白距离，得到常见的细线边框效果，就需要使用<table>标签的 border-collapse 属性，是单元格的边框合并，在例 7-4 的 CSS 样式第 11 行代码之后添加如下代码：

```
12    border-callapse:collapse;   /*边框合并*/
```

保存 HTML 文件，刷新网页，效果如图 7-15 所示。

2010—2012年招生情况

	2010	2011	2012
招生人数	9800	12000	16000
男生	5000	7000	9000
女生	4800	5000	7000

图 7-15　表格设置 border-collapse 属性

提示

1. border-collspse 属性的属性值除了 collspse(合并)之外，还可以为 separate(分离)，默认颜色为 separate。

2. 当表格的 border-collspse 属性设置为 collspse 时，HTML 中设置的 cellspacing 属性值无效。

3. 行标签<tr>无 border 样式属性。

2.2 CSS 控制单元格边距

当使用<table>标签的属性美化表格时，可以通过 cellpadding 和 cellspacing 分别控制单元格内容与边框之间的距离以及相邻单元格边框之间的距离。这种方式与盒子模型中设置内外边距非常类似，对单元格设置内边距 padding 和外边距 margin 样式能不能实现这种效果呢？下面做一个测试。新建一个 2 行 2 列的简单表格，并用<table>标签的 border 属性对其添加 1 px 的边框。

课堂体验　例 7-5

```
1    <! DOCTYPE html>
2    <html lang="en">
```

```
3   <head>
4       <meta charset="UTF-8">
5       <meta name="viewport" content="width=device-width, initial-scale=1.0">
6       <title>控制单元格边距</title>
7       <style type="text/css">
8      </style>
9   </head>
10  <body>
11      <table border="1">
12          <tr>
13              <td>单元格 1</td>
14              <td>单元格 2</td>
15          </tr>
16          <tr>
17              <td>单元格 1</td>
18              <td>单元格 2</td>
19          </tr>
20      </table>
21  </body>
22  </html>
```

运行例 7-5，效果如图 7-16 所示。

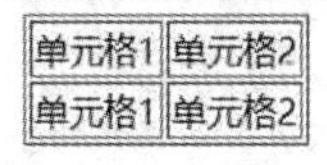

图 7-16　表格设置 1 px 的边框

在图 7-16 中，单元格内容紧贴边框，相邻单元格边框之间的距离也比较小。为了拉开单元格内容与边框之间的距离以及相邻单元格边框之间的距离，对单元格标签<td>应用内边距属性 padding 和外边距属性 margin，内嵌式 CSS 样式代码如下：

```
7   <style type="text/css">
8         td {
9           padding: 20px;
10          margin: 20px;
12        }
13  </style>
```

保存 HTML 文件，刷新网页，效果如图 7-17 所示。

图 7-17　表格设置 padding、margin 属性

从图 7-17 中可以看出单元格内容与边框之间拉开了一定的距离，但是相邻单元格边框之间的距离没有任何变化，也就是说对单元格设置的外边距属性 margin 没有生效。

总结例 7-5 可以看出，设置单元格内容与边框之间的距离，可以对<td>标签应用内边距样式属性 padding，或对<table>标签应用 HTML 属性 cellpadding。而<td>标签无外边距属性 margin,要想设置相邻单元格边框之间的距离,只能对<table>标签应用 HTML 标签属性 cellspacing。

2.3 CSS 控制单元格宽和高

单元格的宽度和高度,有着和其他元素不同的特性,主要表现在单元格之间的互相影响上。下面通过一个具体的案例来说明。

课堂体验　例 7-6

```
1   <!DOCTYPE html>
2   <html lang="en">
3   <head>
4   <meta charset="utf-8">
5   <meta name="viewport" content="width=device-width, initial-scale=1.0">
6   <title>控制单元格的宽高</title>
7   <style type="text/css">
8           table {
9               border: 1px solid #F00;
10          }
11          td {
12                border: 1px solid #F00;
13          }
14          .one {
15                width: 60px;
16                height: 60px;
17          }   /*定义单元格 1 的宽度和高度*/
18          .two {
19                height: 20px;
20          }   /*定义单元格 2 的高度*/
21          .three {
22            width: 100px;
23          }
24          /*定义单元格 3 的宽度*/
25  </style>
26  </head>
27  <body>
28      <table>
29          <tr>
30              <td class="one">单元 1</td>
31              <td class="two">单元 2</td>
32          </tr>
33          <tr>
34              <td class="three">单元 3</td>
35              <td>单元 3</td>
```

```
36            </tr>
37        </table>
38    </body>
39    </html>
```

在例 7-6 中，定义了一个 2 行 2 列的简单表格，将第一个单元的宽度和高度均设置为 60 px，同时将第二个单元格的高度设置为 20 px，将第三个单元格的宽度设置为 100 px。

运行例 7-6，效果如图 7-18 所示。

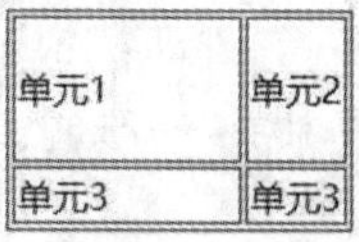

单元1	单元2
单元3	单元3

图 7-18 设置单元格的宽度和高度

从图 7-18 可以看出，单元格 1 和单元格 2 的高度相同，均为 60 px，单元格 1 和单元格 3 的宽度相同，均为 100 px。即对同一行中的单元格定义不同，或对同一列中的单元格定义不同的宽度时，最终的宽度或高度将取其中的较大者。

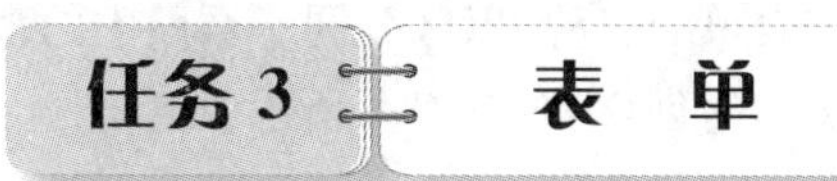

任务 3 表 单

3.1 认识表单

对于表单，初学者可能比较陌生，其实它们在互联网上随处可见，例如注册页面中的用户名和密码输入、性别选择、提交按钮等都是用表单相关的标签定义的。简单地说，表单是网页上用于输入信息的区域，它的主要功能是收集用户信息，并将这些信息传递给后台服务器，实现网页与用户的沟通。

在 HTML 中，一个完整的表单通常由表单控件（也称表单元素）、提示信息和表单域 3 个部分构成，如图 7-19 所示为一个简单的 HTML 表单界面。

图 7-19 表单页面

对于表单构成中的表单控件、提示信息和表单域，初学者可能比较难理解，对它们的具体解释有：

• 表单控件：包含了具体的表单功能项，如单行文本输入框、密码输入框、复选框、提交按钮、重置按钮等。

• 提示信息：一个表单中通常还需要包含一些说明性的文字，提示用户进行填写和操作。

• 表单域：相当于一个容器，用来容纳所有的表单控件和提示信息，可以通过它定义处理表单数据所用程序的 url 地址，以及数据提交到服务器的方法。如何不定义表单域，表单中的数据就无法传送到后台服务器。表单域包含了文本框、多行文本框、密码框、隐藏域、复选框、单选框和下拉选择框等，用于采集用户的输入或选择的数据。

在 HTML5 中，<form></form>标签用于定义表单域，即创建一个表单，以实现用户信息的收集和传递。基本语法格式如下：

```
<form action="url 地址" method="提交方式"  name="表单名称" >
   各种表单控件
</form>
```

在上述语法中，<form>与</form>之间的控件是由用户自定义的。action 属性用于指定接收并处理表单数据的服务器程序的 url 地址。当提交表单时，表单数据会传送到对应的页面去处理。method 属性用于设置表单数据的提交方式，其取值为 get 和 post。采用 get 方法提交的数据将显示在浏览器的地址栏中，保密性差，且有数据量的限制，而 post 方式的保密性好，并且无数据量的限制。name 属性用于指定表单的名称，以区分同一页面中的多个表单。

下面通过一个案例来演示表单的创建，如例 7-7 所示。

课堂体验　例 7-7

```
1  <! DOCTYPE html>
2  <html lang="en">
3  <head>
4  <meta charset="utf-8">
5  <title>创建表单</title>
6  </head>
7  <body>
8  <form action="http://www.mysite.cn/index.php" method="post">
9    账号：
10     <input type="text" name="账号"/>
11     密码：
12     <input type="password" name="密码"/>
13     <input type="submit" value="提交"/>
14  </form>
15  </body>
16  </html>
```

例 7-7 即为一个完整的表单结构，对于其中的某些标签和标签的属性，后面会详细讲解，这里了解即可。

运行例 7-7，效果如图 7-20 所示。

图 7-20　完整的表单结构

上面对表单的构成有了一定的了解，值得一提的是，在表单的 3 部分构成中，表单控件是表单的核心，常用表单控件见表 7-4。

表 7-4 完整的表单控件

表单控件	描述
<input />	表单输入控件(可定义多种表单项)
<textarea></textarea>	定义多行文本框
<select></select>	定义一个下拉列表(必须包含列表项)

3.2 表单控件

学习表单的核心就是学习表单控件，HTML 提供了一系列的表单控件，用于定义不同的表单功能，如密码输入框、文本域、文本框、下拉列表、复选框等，本节将对这些表单控件进行详细讲解。

3.2.1 input 控件

浏览网页时经常会看到单行文本输入框、单选按钮、复选框、提交按钮、重置按钮等，要想定义这些元素就需要使用 input 控件，其基本语法格式如下：

```
<input type="控件类型"/>
```

在上述的语法中，<input/>标签作为单标签，type 属性为其最基本的属性，其取值有多种，用于指定不同的控件类型。除了 type 属性之外，<input/>标签还可以定义很多其他的属性，其常用属性见表 7-5。

表 7-5 input 控件的常用属性

属性	属性值	描述
type	text	单行文本输入框
	password	密码输入框
	radio	单选按钮
	checkbox	复选框
	button	普通按钮
	submit	提交按钮
	reset	重置按钮
	image	图像形式的提交按钮
	hidden	隐藏域
	file	文件域
name	由用户定义	控件的名称
value	由用户定义	input 控件中的默认文本值
size	正整数	input 控件在页面中的显示宽度
readonly	readonly	该控件内容为只读(不能编辑修改)
disabled	disabled	第一次加载页面是禁用改控件(显示为灰色)
checked	checked	定义选择控件默认被选中的项
maxlength	正整数	控件允许输入的最多字符数

表 7-5 中列出了 input 控件的常用属性，为了使初学者更好地理解和应用这些属性，下面通过一个案例来演示其用法和效果。

课堂体验　例 7-8

```
1	<! DOCTYPE html>
2	<html lang="en">
3	<head>
4	<meta charset="utf-8">
5	<meta name="viewport" content="width=device-width, initial-scale=1.0">
6	<title>控件</title>
7	</head>
8	<body>
9	    <form action="#" method="post">
10	        用户名:
11	        <! --单行文本输入框 -->
12	        <input type="text" value="张三" maxlength="6"><br><br> 密码:
13	        <! --password 密码输入框 -->
14	        <input type="password" size="40"><br><br> 性别:
15	        <! --radio 单选按钮 -->
16	        <input type="radio" name="sex" checked>男
17	        <input type="radio" name="sex">女<br><br> 兴趣:
18	        <! --CheckBox 复选框 -->
19	        <input type="checkbox">唱歌
20	        <input type="checkbox">跳舞
21	        <input type="checkbox">游泳<br><br>
22	        上传头像:<input type="file"><br><br>
23	        <! --file 文件域 -->
24	        <input type="submit">
25	        <! --submit 提交按钮 -->
26	        <input type="reset">
27	         <! --reset 重置按钮 -->
28	        <input type="button" value="普通按钮">
29	        <! --button 普通按钮 -->
30	        <input type="image" src="sign. png">
31	        <! --image 图像域-->
32	        <input type="hidden">
33	        <! --hidden 隐藏域 -->
34	    </form>
35	</body>
36	</html>
```

在例 7-8 中,通过对<input >标签应用不同的 type 属性值,来定义不同类型的 input 控件。然后,对其中的一些控件应用<input>标签的其他可选属性。例如在第 12 行代码中,通过 maxlength 和 value 属性定义单行文本输入框中允许输入的最多字符数和默认显示文本,在第 14 行代码中,通过 size 属性定义密码输入框的宽度,在第 16 行代码中通过 name 和 checked 属性定义单元按钮的名称和默认选中项。

运行例 7-8,效果如图 7-21 所示。

在图 7-21 中，不同类型的 input 控件外观不同，当对它们进行具体的操作时，如输入用户名和密码，选择性别和兴趣等，显示的效果也不一样。

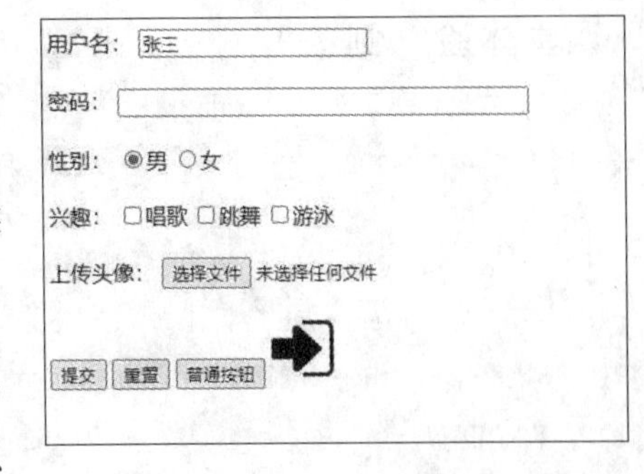

图 7-21 input 控件

为了使初学者更好地理解不同的 input 控件类型，下面对它们进行简单的介绍。

1. 单行文本输入框<input type="text">

单行文本输入框常用来输入简短的信息，如用户名、账号、证件号码等，常用的属性有 name、value、maxlength。

2. 密码输入框<input type="password">

密码输入框用来输入密码，其内容将以圆点的形式显示。

3. 单选按钮<input type="radio">

单选按钮用于单项选择，如选择性别、是否操作等。需要注意的是，在定义单选按钮时，必须为同一组中的选项指定相同的 name 值，这样“单选”才会生效。此外，可以对单选按钮应用 checked 属性，指定默认选中项。

4. 复选框<input type="checkbox">

复选框常用于多项选择，如选择兴趣、爱好等，可对其应用 checked 属性，指定默认选中项。

5. 普通按钮<input type="button">

普通按钮常常配合 JavaScript 脚本语言使用，初学者了解即可。

6. 提交按钮<input type="submit">

提交按钮是表单中的核心控件，用户完成信息的输入后，一般都需要单击“提交”按钮才能完成表单数据的提交。可以对其应用 value 属性，改变提交按钮上的默认文本。

7. 重置按钮<input type="reset">

当用户输入的信息有误时，可单击重置按钮取消已输入的所有表单信息。可以对其应用 value 属性，改变重置按钮上的默认文本。

8. 图像形式的提交按钮<input type="image">

图像形式的提交按钮与普通的提交按钮在功能上基本相同，只是它用图像代替了默认的按钮，外观上更加美观。需要注意的是，必须为其定义 src 属性指定图像的 URL 地址。

9. 隐藏域<input type="hidden">

隐藏域对于用户是不可见的，通常用于后台的程序，初学者了解即可。

10. 文件域<input type="file">

当定义文件域时，页面中将出现一个文本框和一个“浏览...”按钮，用户可以通过填写文件路径或者直接选择文件的方式，将文件提交给后台服务器。

上面认识了各种 input 控件，值得一提的是，常常需要将<input>控件联合<label>标签使用，以扩大控件的选择范围，从而提供更好的用户体验。例如，在选择性别时，希望单击提示文字“男”或者“女”，也可以选中相应的单选按钮。

下面通过一个案例演示<label>标签在 input 控件中的使用，如例 7-9 所示。

课堂体验　例 7-9

```
1    <! DOCTYPE html>
2    <html lang="en">
3    <head>
4        <meta charset="utf-8">
5        <meta name="viewport" content="width=device-width, initial-scale=1.0">
6        <title>标签的使用</title>
7    </head>
8    <body>
9        <form action="#" method="post">
10           <label for="name">姓名:</label>
11           <input type="text" maxlength="6" id="name"><br><br> 性别:
12           <input type="radio" name="sex" checked id="man"><label for="man">男
             </label>
13           <input type="radio" name="sex" id="woman"><label for="woman">女
             </label>
14       </form>
15   </body>
16   </html>
```

在例 7-9 中，使用 label 标签包含表单中的提示信息，并且将其 for 属性的值设置为相应表单控件的 id 名称，这样<label>标签标注的内容就绑定到了指定 id 的表单控件上，当单击<label>标签中的内容时，相应的表单控件就会处于选中状态。

运行例 7-9，效果如图 7-22 所示。

图 7-22　不同的 input 控件类型

在图 7-22 中，单击“姓名”时，光标会自动移动到姓名输入框中，同样单击“男”或“女”时，相应的单选按钮就会处于选中状态。

3.2.2　textarea 控件

当定义 input 控件的 type 属性值为 text 时，可以创建一个单行文本输入框。但是，如果需要输入大量的信息，单行文本输入框就不再适用，为此 HTML 提供了<textarea></textarea>标签。通过 textarea 控件可以轻松地创建多行文本输入框，其基本语法格式如下：

```
<textarea cols="每行中的字符数" rows="显示的行数">
    文本内容
</textarea>
```

在上面的语法格式中，cols 和 rows 为<textarea>标签的必须属性，其中 cols 用来定义多行文本输入框每行中的字符数，rows 用来定义多行文本输入框显示的行数，它们的取值均为正整数。

了解了 textarea 控件的基本语法之后，下面通过一个具体的案例学习它的用法和效果，如例 7-10 所示。

课堂体验　例 7-10

```
1    <! DOCTYPE html>
2    <html lang="en">
```

```
3   <head>
4       <meta charset="utf-8">
5       <meta name="viewport" content="width=device-width, initial-scale=1.0">
6       <title>控件</title>
7   </head>
8   <body>
9       <form action="#" method="post">
10          评论:<br>
11          <textarea cols="60" rows="8">
12  评论的时候,请遵纪守法并注意语言文明,多给文档分享人一些支持。
13          </textarea><br><br>
14          <input type="submit" value="提交">
15      </form>
16  </body>
17  </html>
```

在例7-10中,通过对<textarea></textarea>标签定义了一个多行文本输入框,并对其应用cols和rows属性来设置多行文本输入框每行中的字符数和显示的行数。在多行文本输入框之后,通过将input控件的type属性值设置为submit,定义了一个提交按钮。同时,为了是网页的格式更加清晰,在代码中的某些部分应用了换行标签
。

运行例7-10,效果如图7-23所示。

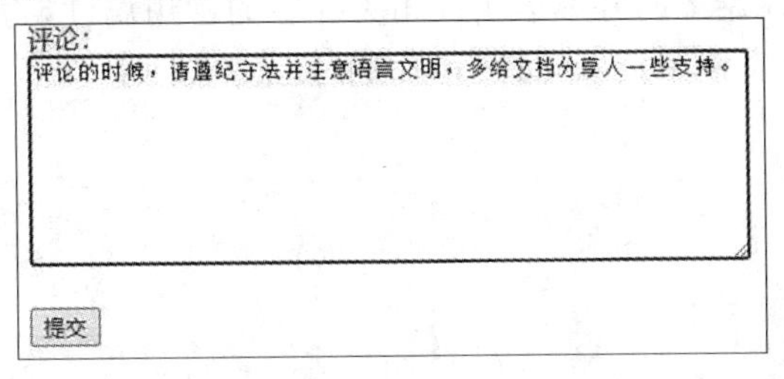

图7-23 textarea控件

在图7-23中,出现了一个多行文本输入框,用户可以对其中内容进行编译和修改。

值得一提的是,除了cols和rows属性外,<textarea>标签还拥有几个可选属性,分别为disabled、name和readonly,它们的含义和用法与<input>标签中相应的属性相同。

各浏览器对cols和rows属性的理解不同,当对textarea控件应用cols和rows属性时,多行文本输入框在各浏览器中的显示效果可能会有差异。所以,在实际工作中,更常用的方法是使用CSS的width和height属性来定义多行文本输入框的宽和高。

3.2.3 select控件

浏览网页时,经常会看到包含多个选项的下拉菜单,例如选择所在的班级、出生年月、兴趣爱好等。在HTML中,想要制作下拉菜单,就需要使用select控件。

```
<select>
    <option>请选择</option>
    <option>计算机 2001 班</option>
    <option>云计算 2001 班</option>
    <option>网络 2001 班</option>
    <option>智控 2001 班</option>
    <option>物联 2001 班</option>
</select>
```

使用 select 控件定义下拉菜单的基本语法格式如下：

在上面的语法中，<select></select>标签用于在表单中添加一个下拉菜单，<option></option>标签嵌套在<select></select>标签中，用于定义下拉菜单中的具体选项，每对<select></select>中至少应包含一对<option></option>。

值得一提的是，在 HTML 中，可以为<select></select>和<option></option>标签定义属性，以改变下拉菜单的外观显示效果，见表 7-6。

表 7-6　　<select>和<option>标签常用属性

标签名	常用属性	描述
select	size	指定下拉菜单的可见选项(取值为正整数)
	multiple	定义 multiple="multiple"时，下拉菜单将具有多项选择的功能，方法为按住 Ctrl 键的同时选择多项
option	selected	定义 selected="selected"时，当前项即为默认选中项

上面了解了定义下拉菜单的基本语法及相关标签的常用属性，为了使初学者更好地认识下拉菜单，下面通过一个案例来演示几种不同的下拉菜单效果。

课堂体验　例 7-11

```
1   <! DOCTYPE html>
2   <html lang="en">
3   <head>
5       <meta charset="utf-8">
5       <meta name="viewport" content="width=device-width, initial-scale=1.0">
6       <title>Document</title>
7   </head>
8   <body>
9       所在班级:<br>
10      <select>
11          <option>请选择</option>
12          <option>计算机 2001 班</option>
13          <option>云计算 2001 班</option>
14          <option>网络 2001 班</option>
15          <option>智控 2001 班</option>
16          <option>物联 2001 班</option>
17      </select> <br><br> 特长(单选): <br>
18      <select>
19          <option>唱歌</option>
20          <option selected="selected">画画</option><! --设置为默认选中项-->
```

```
21              <option>跳舞</option>
22          </select><br><br> 爱好(多选):
23          <br>
24          <select multiple="multiple" size="4">
25              <option>读书</option>
26              <option selected="selected">写代码</option><!--设置为默认选中项-->
27              <option>旅行</option>
28              <option selected="selected">打篮球</option><!--设置为默认选中项-->
29              <option>听歌</option>
30      </select>
31  </body>
32  </html>
```

在例 7-11 中,通过<select><option>标签及相关属性创建了 3 个不同的下拉菜单,其中第 1 个为最基本的下拉菜单,第 2 个为设置了默认选项的单选下拉菜单,第 3 个为设置了两个默认选项的下拉菜单。在下拉菜单之后,通过 input 控件定义了一个提交按钮。同时为了使网页的格式更加清晰,在代码中的某些部分应用了换行标签
。

运行例 7-11,效果如图 7-24 所示。

在图 7-24 中,第 1 个下拉菜单中的默认选项为其所有选项中的第一项,即不对<option>标签应用 selected 属性时,下拉菜单中的默认选项为第一项,第 2 个下拉菜单中的默认选项为设置了 selected 属性的选项,第 3 个下拉菜单将显示为列表的形式,其中有 2 个默认选项,按住 Ctrl 键时可同时选择多项。

上面实现了不同的下拉菜单效果,但是,在实际网页制作过程中,有时候需要对下拉菜单中的选项进行分组,这样当存在很多选项时,要想找到相应的选项就会更加容易。

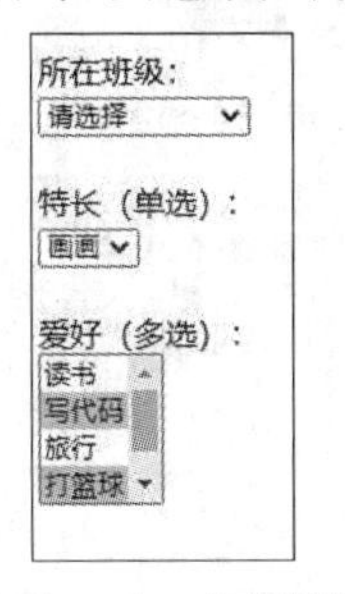

图 7-24 select 常用属性 1

任务 4 CSS 控制表单样式

使用表单的最终目的是提供更好的用户体验,因此在设计网页时,不仅需要表单具有相应的功能,同时还希望各种表单控件的样式更加美观。使用 CSS 轻松地控制表单控件的样式,主要体现在控制表单控件的字体、边框、背景和内边距等。本节将通过一个具体的案例来讲解 CSS 对表单样式的控制,其效果如图 7-25 所示。

如图 7-26 所示的表单界面可以分为左右两部分,其中左边为表单中的提示信息,右边为具体的表单控件。对于这种排列整齐的界面,可以使用表格进行布局,如例 7-12 所示。

图 7-25　表格设置 border-collapse 属性

课堂体验　例 7-12

```
<!DOCTYPE html>
<html lang="en">
<head>
    <meta charset="utf-8">
<meta name="viewport" content="width=device-width, initial-scale=1.0">
    <title>控制表单样式</title>
</head>
<body>
    <form action="#" method="post">
        <table class="contont">
          <tr>
              <td class="left">账号/号码</td>
              <td><input type="text" value="itcast" class="num"></td>
          </tr>
          <tr>
              <td class="left">密码:</td>
              <td><input type="password" class="pas"></td>
          </tr>
          <tr>
              <td> </td>
              <td class="btn"><input type="button"></td>
          </tr>
      </table>
  </form>
</body>
</html>
```

在例 7-12 中，使用表格对页面进行布局，然后在单元格中添加相应的表单控件，分别用于定义单行文本输入框、密码输入框和普通按钮。

运行例 7-12，效果如图 7-26 所示。

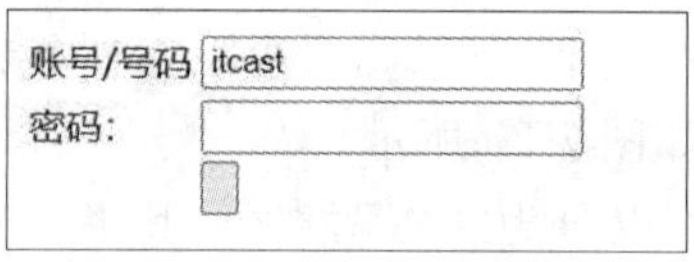

图 7-26　表格布局表单控件

在图 7-27 中，出现了具有相应功能的表单控件。为了使表单界面更加美观，下面使用 CSS 样式表，具体代码如下。

```
1   <style type="text/css">
2       body {
3           font-size: 12px;
4           font-family: "宋体";
5       } /* 全局控制 */
6       body, table, form, input {
7           padding: 0;
8           margin: 0;
9       border: 0;
10      } /* 重置浏览器的默认样式 */
11      .contont {
12          width: 300px;
13          height: 150px;
14          padding-top: 20px;
15        margin: 50px auto;
16          background: #DCF5FA;
17      }
18      .contont td {
19          padding-bottom: 10px;
20      }   /* 拉开单元格的垂直距离 */
21  .left {
22      width: 90px;
23          text-align: right;
24  }   /* 使左侧单元格中的文本居右对齐 */
25  .num,
26  .pas {
27      /* 对前两个 input 控件设置共同的宽、高、边框、内边距 */
28      width: 152px;
29      height: 18px;
30      border: 1px solid #38a1bf;
31      padding: 2px 2px 2px 2px;
32    }
33    .num {    /* 定义第一个 input 控件的背景、文本颜色 */
34        background: url(name.png) no-repeat 5px center #FFF;
35        color: #999;
36    }
37    .pas {    /* 定义第二个 input 控件的背景 */
38      background: url(password.png) no-repeat 5px center #FFF;
39    }
40    .btn {
41      padding-top: 10px;
42    }    /* 使按钮和上面的内容拉开距离 */
```

```
43      .btn input {    /* 定义按钮的样式 */
44          width: 87px;
45          height: 24px;
46          background: url(5.png) no-repeat;
47      }
48  </style>
```

这时，保存 HTML 文件，刷新页面，效果如图 7-27 所示。

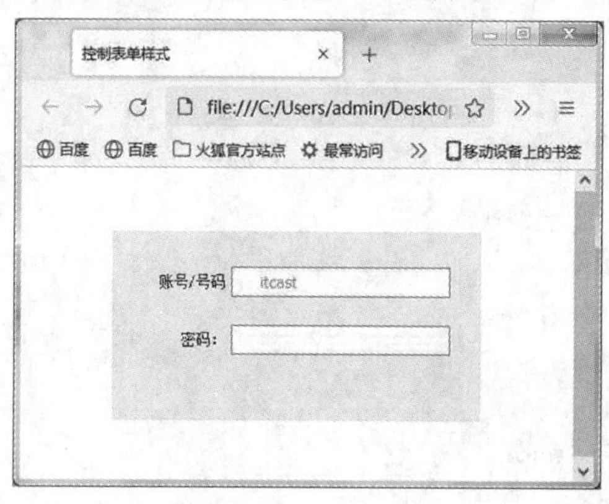

图 7-27　控制表单样式效果

上面使用 CSS，轻松实现了对表单控件的字体、边框、背景和内边距的控制。在使用 CSS 控制表单样式时，初学者还需注意以下几个问题：

• 由于 form 是块级元素，重置浏览的默认样式时，需要清除内边距 padding 和外边距 margin，如上面 CSS 样式代码中的第 7、8 行代码所示。

• input 控件默认有边框效果，当时用<input>标签定义各种按钮时，通常需要清除其边框，如上面 CSS 样式代码中的第 9 行代码所示。

• 通常情况下需要对文本框和密码框设置 2～3 像素的内边距，以使用户输入的内容不会紧贴输入框，如上面 CSS 样式代码中的第 31 行代码所示。

任务 5　HTML5 表单新属性

HTML5 中增加了许多新的表单功能。例如，form 属性、表单控件、input 控件类型、input 属性等，这些新增内容可以帮助设计人员更加高效和省力地制作出标准的 Web 表单。

表单验证是一套系统，它为终端用户检测无效的数据并标记这些错误，让 Web 应用更快地抛出错误，优化了用户体验。为了更方便地进行表单页面的开发，HTML5 还提供了强大的内置相关正则表达式，当 type 为 email 或 URL 等类型的<input>标签时，如果 value 的值不符合其正则表达式，那表单将不通过验证，无法提交。下面我们通过一个案例来演示 HTML5 表单验证，如例 7-13 所示。

课堂体验　例 7-13

```
1   <!DOCTYPE html>
2   <html lang="en">
3   <head>
```

```
4       <meta charset="utf-8">
5     <meta name="viewport" content="width=device-width, initial-scale=1.0">
6       <title>表单验证</title>
7     </head>
8     <body>
9       <form action="#" method="post">
10            请输入您的邮箱:<input type="email" name="formmail" required/> <br/>
11            请输入个人网址:<input type="url" name="user_url" required/> <br/>
12            <input type= "submit" value="提交"/>
13      </form>
14    </body>
15    </html>
```

在例7-13中,当type的值为email时,表单验证邮箱;type的值为url时,表单验证url地址。

当输入错误的邮箱地址,运行结果如图7-28所示。

当输入正确的邮箱地址和网址,运行结果如图7-29所示。

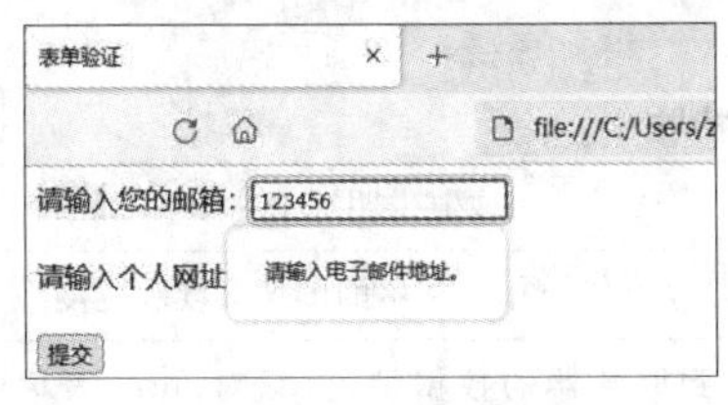

图7-28 邮箱书写格式错误

图7-29 输入格式正确

从上图的校验过程中可以看出,由于邮箱和网址都是HTML5内置的正则校验,所以会进行比较详细的提示。

通过required属性校验输入框,输入框填写内容不能为空,如果为空,将弹出提示框,并阻止表单提交。

5.1 <form>新特性

在HTML5中新增了两个form属性,分别为autocomplete属性和novalidate属性,下面我们就对这两种属性做详细讲解。

5.1.1 autocomplete属性

autocomplete属性用于指定表单是否有自动完成功能,所谓“自动完成”是指将表单控件输入的内容记录下来,当再次输入时,会将输入的历史记录显示在下拉列表里,以实现自动完成输入。autocomplete属性有两个值,对它们的解释如下。

- on:表单有自动完成功能。
- off:表单无自动完成功能

autocomplete 属性示例代码如下：

```
<form id="formBox" autocomplete="on">
```

值得一提的是，autocomplete 属性不仅可以用于<form>标签，还可以用于所有输入类型的 <input/>标签。

5.1.2 novalidate 属性

novalidate 属性指定在提交表单时取消对表单进行有效的检查。为表单设置该属性时，可以关闭整个表单的验证，这样可以使 <form>标签内的所有表单控件不被验证。novalidate 属性的取值为它自身，示例代码如下。

```
<form action="form_action.asp" method="get" novalidate="novalidate">
```

上述示例代码对 form 标签应用 novalidate="novalidate"属性，来取消表单验证。

5.2 <input>新特性

在学习<form>的新增属性之后，下面主要讲解 HTML5 中<input>的新增属性，见表 7-7。

表 7-7 <input>新特性

属　性	允许取值	取值说明
height 与 width	number	规定用于 image 类型的<input>标签的图像高度和宽度
formenctype	multipart/form-data	描述了表单提交到服务器的数据编码(只对 form 表单中 method ="post"方式适用)，会覆盖 form 标签的 enctype 属性
formaction	url	用于描述表单提交的 URL 地址，会覆盖<form>标签的 action 属性
formmethod	post/get	定义了表单的提交方式，会覆盖<form>标签的 method 属性
formnovalidate	formnovalidate	描述了<input>标签在表单提交时无须被验证，是一个 boolean 属性，会覆盖<form>标签的 novalidate 属性
formtarget	_blank/_self/_parent/_top	指定一个名称或一个关键字来指明表单提交数据接收后的展示页面，会覆盖<form>标签的 target 属性
autocomplete	on/off	设定是否自动完成表单字段内容
autofocus	autofocus	指定页面添加后是否自动获取焦点，是一个 boolean 属性
form	<form>标签的 id	规定表单输入域所属的一个或多个表单结构
list	<datalist>标签的 id	规定表单输入域的选项列表
multiple	multiple	指定表单输入框是否可以选择多个文件，是一个 boolean 属性
min	Number	规定输入框所允许的最小值，如数字
max	Number	规定输入框所允许的最大值，如数字
step	Number	输入域规定合法的数字间隔
pattern(regexp)	string	验证输入的内容是否与定义的正则表达式匹配，适用于 text、search、url、tel、email 和 password 类型的<input>标签
placeholder	string	为 input 类型的输入框提示一种提示
required	required	规定输入框填写的内容不能为空，是一个 boolean 属性

表 7-7 中分别展示了<input>标签的新增属性、属性取值和取值说明。读者在使用时，可以根据需要选择使用。

下面我们通过<input>新增属性实现表单验证的功能，如例 7-14 所示。

课堂体验 例 7-14

```
1   <! DOCTYPE html>
2   <html lang="en">
3   <head>
4       <meta charset="utf-8">
5       <meta name="viewport" content="width=device-width, initial-scale=1.0">
6       <title>HTML5 表单验证</title>
7   </head>
8   <body>
9       <form action="#" method="post">
10          <input name="user_name" required placeholder="请输入您的用户名" pattern="^[a-
            zA-Z0-9_-]{6,16}$"/><br/><br/>
11          <input name="user_phone" required placeholder="请输入您的手机号" pattern="^(13
            [0-9]|15[0|1|2|3|4|5|6|7|8|9])\d{8}$"/><br/><br/>
12          <input type="text" pattern="[1-9]\d{5}(>? \d)" name="postcode" required place-
            holder="请输入中国邮编"/><br/><br/>
13      <input type="submit" value="提交"/>
14  </form>
15  </body>
16  </html>
```

上述代码中，第 10 行代码实现用户名的验证；第 11 行代码实现用户手机号码的验证；第 12 行代码实现中国邮编的验证。其中，required 表示填写的内容不能为空。当 pattern 的值为"[1−9]\d{5}(>? \d)"时，表示用正则表达式匹配中国邮编；以此类推，实现用户名和手机号码的验证。

用浏览器打开实例 7-14，单击“提交”按钮，页面效果如图 7-30 所示。

图 7-30 出现了不能为空的提示，在用户名输入框中填写 admin123，单击“提交”按钮，页面效果如图 7-31 所示。

图 7-30 用户名不能为空

图 7-31 用户名填写正确

填写正确的用户名后，输入错误的手机号码，单击“提交”按钮，页面效果如图 7-32 所示。

填写正确的手机号码后，输入正确的邮编，单击“提交”按钮，页面效果如图 7-33 所示。

图 7-32　手机号码格式不正确

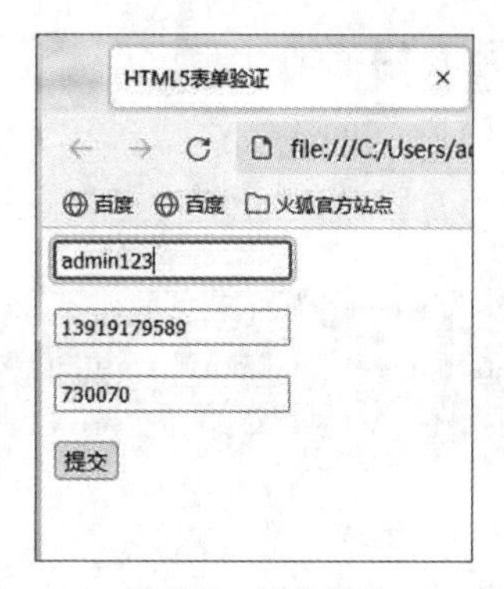

图 7-33　正确格式

通过 pattern 属性规定用于验证 input 域的模式(pattern),它接受一个正则表达式。表单提交时这个正则表达式会被用于验证表单内非空的值,如果控件的值不匹配这个正则表达式就会弹出提示框,并阻止表单提交。

任务 6　项目实施

学习完上面的理论知识,我们开始制作“文创联盟”主题网站登录页面。

6.1 准备工作

1. 创建网页根目录

在计算机本地磁盘任意盘符下创建网站根目录,新建一个文件夹命名为 Cultural and creative。

2. 在根目录下新建文件

打开网站根目录 Cultural and creative,在根目录下新建 images 和 css 文件夹,分别用于存放网站所需的图像和 CSS 样式文件。

3. 新建站点

打开 Adobe Dreamweaver 开发工具,新建站点。在弹出的窗口中输入站点名称“Cultural and creative”,然后浏览并选择站点根目录的储存位置,单击“保存”按钮,站点创建成功。

4. 素材准备

主要把“文创联盟”登录页面中要用的素材图片,存储在站点中的 images 文件夹中。

6.2 效果分析

6.2.1 HTML 结构分析

“文创联盟”登录页面从上到下可以分为三个模块,如图 7-34 所示。

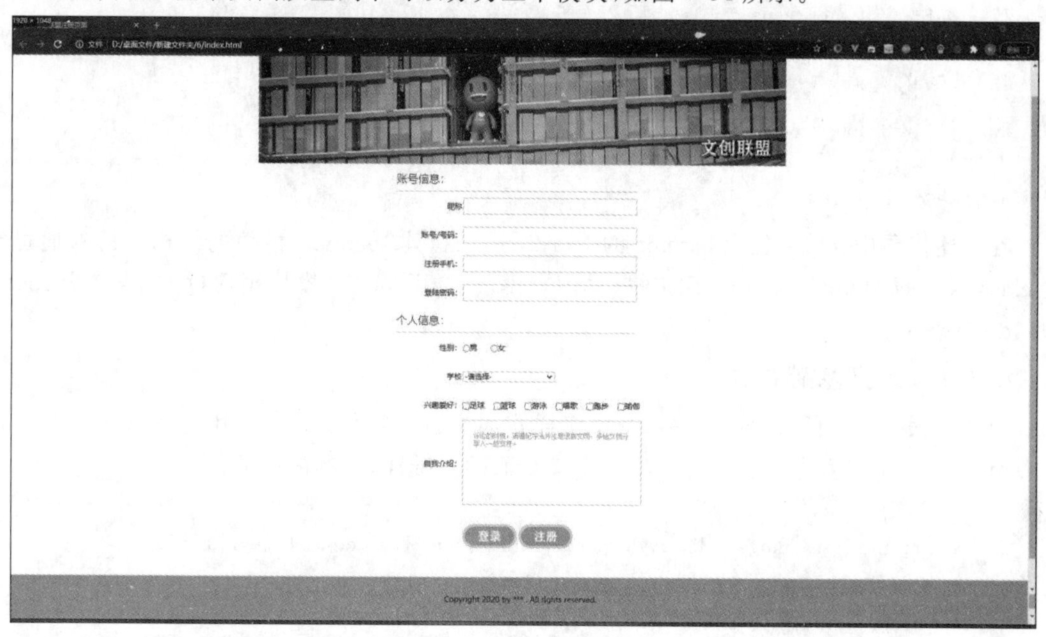

图 7-34 “文创联盟”效果

6.2.2 CSS 样式分析

页面的各个模块居中显示,宽度为 980 px,因此,页面的版心为 980 px。另外,页面的所有字体均为微软雅黑,这些可以通过 CSS 公共样式定义。

6.3 定义基础样式

6.3.1 页面布局

下面对“文创联盟”登录进行整体布局,在站点根目录下新建一个 HTML 文件,命名为 index. html,然后使用<div>标签对页面进行布局,代码如下:

```
1    <! DOCTYPE html>
2    <html lang="en">
3    <head>
4    <meta http-equiv="Content-Type" content="text/html;charset=utf-8">
5    <title>文创联盟</title>
6    <link href="css/style07. css" type="text/css" rel="stylesheet" />
7    </head>
8    <body>
9    <! --banner begin-->
10   <div id="banner">
11   </div>
```

```
12  <! --banner end-->
13  <! --content begin-->
14  <div id="content">
15  </div>
16  <! -- content end-->
17  <! --footer begin-->
18  <div class="footer">
19  </div>
20  <! --footer end-->
21  </body>
22  </html>
```

在上述代码中，class 名为 banner 的<div>用来搭建“banner”模块的结构。另外通过定义 class 名为 content 的<div>用来搭建“内容模块，最后“页脚”模块则通过 class 名为 footer 的<div>搭建。

6.3.2 定义基础样式

在站点根目录下的 CSS 文件夹内新建样式表文件 style06. css，使用链入式 CSS 在 index. html 文件中引入样式表文件。然后定义页面的基础样式，具体如下：

```
1  /* 重置浏览器的默认样式 */
2  *{margin:0; padding:0; list-style:none; outline:none; border:0; background:none;}
3  /* 全局控制 */
4  body{font-family: "微软雅黑";font-size:14px;}
5  a:link,a:visited{text-decoration:none;color: #fff;font-size:16px;}
```

上述第 2 行代码用于清除浏览器的默认样式，第 4～5 行代码为公共样式。

6.4 制作“banner”及“内容”模块

6.4.1 结构分析

“banner”及“内容”模块分别由<div>标签定义，其中内容嵌套在<form>表单内，除标题外的主题结构由表格搭建，并且根据页面需求嵌套部分表单元素。

6.4.2 样式分析

首先，需要定义“banner”模块的宽度，并使其在页面中居中显示。其次，设置“内容”模块的宽高，且在页面中居中显示，设置标题部分的文字样式及背景。最后，定义下拉列表、文本输入框和按钮等样式。

6.4.3 搭建结构

在 index. html 文件中书写“banner”及“内容”模块的 HTML 结构代码，具体如下。

```
1  <! -- banner 开始 -->
2  <div id="banner">
3      <img src="images/banner. png" />
4  </div>
5  <! -- banner 结束 -->
6  <! -- content 开始-->
```

```
7   <div id="content">
8         <form action="#" method="post" class="one">
9               <h3>账号信息:</h3>
10              <table class="content">
11                    <tr>
12                          <td class="left">昵称</td>
13                          <td><input type="text" class="right" /></td>
14              </tr>
15                       <tr>
16                             <td class="left">账号/号码:</td>
17                             <td><input type="text" class="right" /></td>
18                       </tr>
19                       <tr>
20                             <td class="left">注册手机:</td>
21                             <td><input type="text" class="right" /></td>
22                       </tr>
23                       <tr>
24                             <td class="left">登录密码:</td>
25                             <td><input type="password" maxlength="8" class="right" </td>
26                       </tr>
27  </table>
28              <h3>个人信息:</h3>
29              <table class="content">
30                    <tr>
31                       <td class="left">性别:</td>
32                       <td>
33                       <label for="boy"><input type="radio" name="sex" id="boy" />男
34                       </label>    
35                       <label for="girl"><input type="radio" name="sex" id="girl" />女</label>
36                       </td>
37                    </tr>
38                    <tr>
39                          <td class="left">学校</td>
40                          <td>
41                          <select>
43                                <option>-请选择-</option>
44                                <option>兰州资源环境职业技术学院</option>
45                                <option>甘肃交通职业技术学院</option>
46                                <option>甘肃建筑职业技术学院</option>
47                                <option>兰州职业技术学院</option>
48                          </select>
49                          </td>
50                 </tr>
51                    <tr>
```

```
52                  <td class="left">兴趣爱好:</td>
53                  <td>
54                      <input type="checkbox" />足球    
55                      <input type="checkbox" />篮球    
56                      <input type="checkbox" />唱歌    
57                      <input type="checkbox" />跑步    
58                      <input type="checkbox" />瑜伽
59                  </td>
60              </tr>
61              <tr>
62                  <td class="left">自我介绍:</td>
63                  <td>
64                  <textarea cols="60" rows="8">评论的时候,请遵纪守法并注意语言文明,
                    多给文档分享人一些支持。</textarea>
65                  </td>
66              </tr>
67              <tr>
68                  <td colspan="2"><input type="button" class="btn" />登录</td>
69                  <td colspan="2"><inpnt type="button"class="btn"/>注册</td>
70              </tr>
71          </table>
72      </form>
73  </div>
74  <! -- content 结束-->
```

上述代码中,定义了 class 为 banner 和 content 的 2 个<div>,分别用于定义网页的"banner"及"内容"模块。另外,定义了 2 个类名为 content-top 和 content-bottom 的<table>标签来搭建"账号信息"和"个人信息"部分。表格内部嵌套<input>控件用于定义单行文本输入框、单选按钮、复选框等,<select>控件用于定义下拉菜单,<trxtarea>控件用于定义多行文本输入框。

6.4.4 控制样式

在样式表中 style07.css 中书写"banner"和"内容"模块对应的 css 代码,具体如下:

```
1   /* banner */
2   banner {
3       width: 980px;
4       margin: 0 auto;
5   }
6   /* content */
7   .content {
8       width: 616px;
9       height: 745px;
10      margin: 0 auto;
11  }
12  .step {
```

```
13          width: 454px;
14          height: 80px;
15          font-size: 20px;
16          font-weight: 100;
17          line-height: 80px;
18      }
19      h3 {
20          width: 444px;
21          height: 45px;
22          font-size: 20px;
23          font-weight: 100;
24          line-height: 45px;
25          border-bottom: 1px solid #cccccc;
26      }
27      td {
28          height: 50px;
29      }
30      .left {
31          width: 120px;
32          text-align: right;
33      }
34      .right {
35          width: 320px;
36          height: 28px;
37          border: 1px solid #cccccc;
38      }
39      input {
40          vertical-align: middle;
41      }
42      select {
43          width: 171px;
44          border: 1px solid #cccccc;
45      }
46      textarea {
47          width: 380px;
48          border: 1px solid #cccccc;
49          resize: none;
50          font-size: 12px;
51          color: #aaa;
52          padding: 20px;
53      }
54      .btn {
55        width: 100px;
56        height: 50px;
```

```
57        position: relative;
58        top: 50%;
59        left: 50%;
60        margin: auto;
61        float: left;
62        background: url(../images/btn1.png) center no-repeat;
63    }
64    .btn1 {
65        width: 100px;
66        height: 50px;
67        position: relative;
68        top: 50%;
69        left: 5%;
70        background: url(../images/btn.png) center no-repeat;
71    }
```

在上面的 CSS 代码中，第 4 行和第 10 行代码分别用于设置“banner”模块和“内容”模块在页面中水平居中显示，第 40 行代码将＜input＞控件内的元素设置为垂直居中显示；第 49 行代码用于固定多行文本输入框的代码，使其不被调节。

保存 index.html 与 style07.css 文件，刷新页面效果如图 7-35 所示。

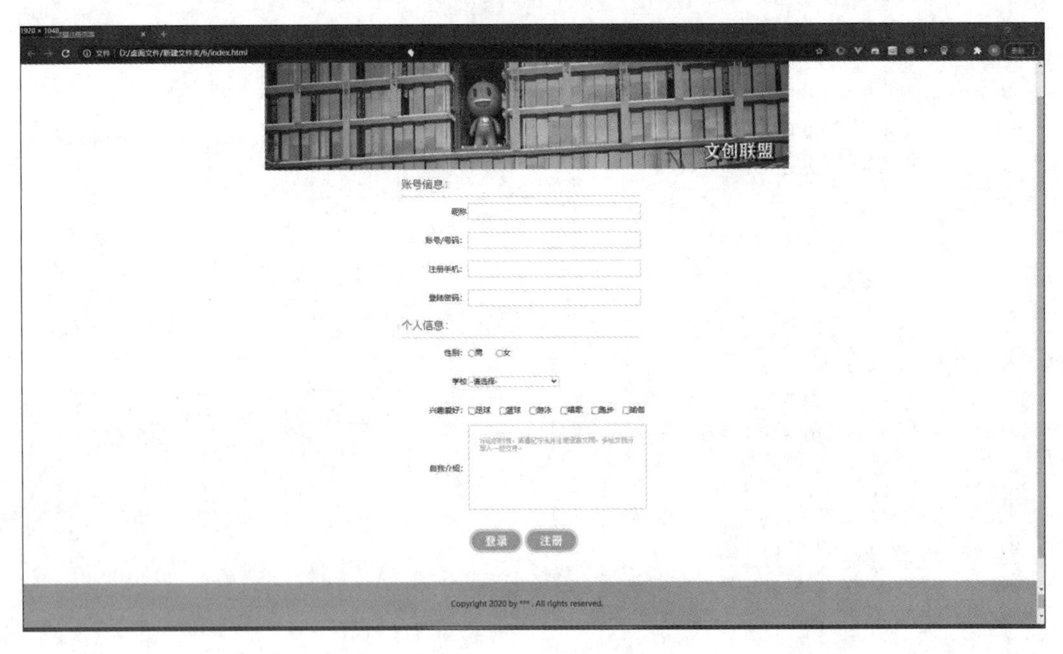

图 7-35 “banner”及“内容”的模块效果

6.5 制作“页脚”模块

“页脚”模块的页面结构相对较为简单，只需通过＜div＞标签嵌套＜p＞标签完成。

6.5.1 样式分析

“页脚”模块背景的背景颜色通栏显示，所以需要设置<div>的宽高，且宽度的值为100%，最后，还需要设置文字的相关样式等。

6.5.2 模块制作

1. 搭建结构

在 index. html 文件中输入“页脚”模块的 html 的代码，具体如下。

```
<div class="footer">Copyright 2020 by * * * . All rights reserved. </div>
```

2. 控制样式

在样式表文件 style07. css 中书写 CSS 样式代码，用于控制“页脚”模块，具体如下。

```
1  .footer{
2        width:100%;
3        height:80px;
4        color:#aaa;
5        text-align:center;
6        line-height:80px;
7  }
```

保存 index. html 与 style07. css 文件，效果如图 7-36 所示。

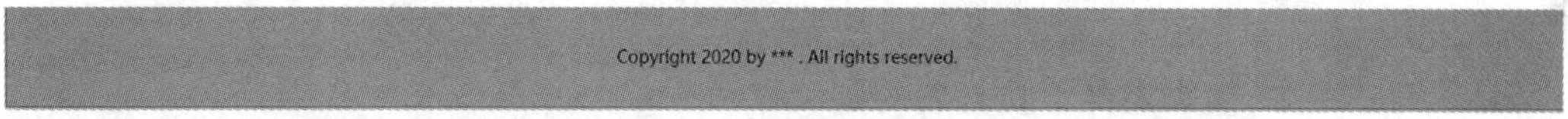

Copyright 2020 by *** . All rights reserved.

图 7-36 “页脚”模块效果

课后习题

一、判断题

1. 在表格标签中，<table>标签用来创建一个表格。（ ）

2. 代码“<td rowspan="3">海淀区</td>”表示的意思是将三行合并为一行。（ ）

3. 在<textarea>表单控件中，rows 用来定义多行文本输入框每行中的字符数。（ ）

4. 在表单控件中，对复选框应用 checked 属性，指定默认选中项。（ ）

5. 当对 textarea 控件应用 cols 和 rows 属性时，多行文本输入框在各浏览器中的显示效果可能会有差异。（ ）

6. 在表格中，<td>标签用于定义单元格，且必须嵌套在<tr></tr>标签中。（ ）

7. 在表格中，cellpadding 属性用来控制单元格内容与边框之间的距离。（ ）

8. 在表单提交方式中，get 方式的保密性好，并且无数据量的限制。（ ）

9. 在表单控件中，input 控件默认有边框效果。（ ）

10. 在定义下拉列表时，<optgroup></optgroup>标签用于定义选项组，必须嵌套在<select></select>标签中。（ ）

二、选择题

1. 下列选项中，属于创建表格的基本标签的是（ ）。

A. <table></table>　　B. <tr></tr>

C. <td></td>　　D. <title></title>

2. 下列选项中，属于<table>标签属性的是(　　)。

A. border　　B. cellspacing　　C. cellpadding　　D. background

3. <form>与</form>之间的表单控件是由用户自定义的。下列选项中，不属于表单标签<form>的常用属性的是(　　)。

A. action　　B. size　　C. method　　D. name

4. 在表格中，用于设置表格背景颜色的属性是(　　)。

A. border　　B. cellspacing　　C. cellpadding　　D. background

5. 下列选项中，属于<td>标签属性的是(　　)。

A. width　　B. height　　C. colspan　　D. rowspan

6. 下列选项中，属于 input 控件的是(　　)。

A. 单行文本输入框　　B. 单选按钮

C. 复选框　　D. 提交按钮

7. 下列选项中，属于 input 控件的常用属性的是(　　)。

A. type　　B. name　　C. value　　D. size

8. 下列选项中，属于单行文本框属性的是(　　)。

A. maxlength　　B. name　　C. value　　D. size

9. 下列选项中，属于<textarea>标签的必须属性的是(　　)。

A. cols　　B. rows　　C. value　　D. size

10. 下列选项中，用来定义下拉列表的是(　　)。

A. <input />　　B. <textarea></textarea>

C. <select></select>　　D. <form>

项目8

春节主题网站首页——CSS3进阶

学习目标

- 了解 CSS3 中新增属性选择器
- 理解关系选择器的用法
- 熟悉常用的结构化伪类选择器
- 掌握伪元素选择器的用法
- 理解过渡、变形属性的运用
- 掌握动画设置的方法,并熟练制作网页中常见的动画效果

学习路线

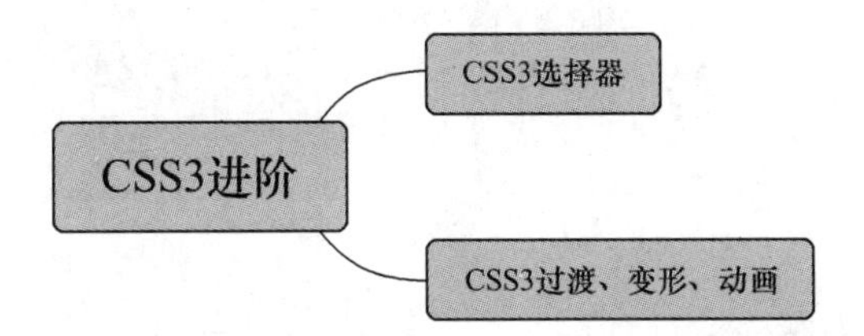

项目描述

春节是中国民间最隆重盛大的传统节日,是集祈福攘灾、欢庆娱乐和饮食文化为一体的民俗大节。春节历史悠久,由上古时代岁首祈岁祭祀演变而来,在传承发展中承载了丰厚的历史文化底蕴。文化公司李经理与公司项目负责人洽谈计划定制一个"春节"为主题网站。

学习并掌握本项目两个任务的相关基础知识,然后再动手制作该主题网站。

完成后网页效果如图 8-1 所示。

图 8-1　春节主题网页效果

知识储备

任务 1　CSS3 选择器

使用 CSS3 选择器可以大幅度提高设计者书写和修改样式表的效率。

1.1　属性选择器

属性选择器可以根据元素的属性及属性值来选择元素。CSS3 中新增了 3 种属性选择器：E[att^=value]、E[att$=value] 和 E[att*=value]。

1.1.1　E[att^=value] 属性选择器

E[att^=value]属性选择器是指选择名称为 E 的标签，且该标签定义了 att 属性，att 属性值包含前缀为 value 的子字符串。需要注意的是，E 是可以省略的，如果省略则表示可以匹配满足条件的任意标签。例如，div[id^=section]表示匹配包含 id 属性，且 id 属性值是以"section"字符串开头的 div 元素。

代码演示，如例 8-1 所示。

课堂体验　例 8-1

```
1    <! DOCTYPE html>
2    <html lang="en">
3    <head>
4    <meta charset="utf-8">
5    <title>E[att^=value] 属性选择器的应用</title>
6    <style type="text/css">
7    p[id^="one"]{
8        color:pink;
9        font-family:"微软雅黑";
10       font-size:20px;
11   }
12   </style>
13   </head>
14   <body>
15   <p id="one">不论平地与山尖,</p>
16   <p id="two">无限风光尽被占。</p>
17   <p id="one1">采得百花成蜜后,</p>
18   <p id="two1">为谁辛苦为谁甜。</p>
19   </body>
20   </html>
```

在例 8-1 中，使用了 E[att^=value]属性选择器 p[id^="one"]。只要 p 元素中的 id 属性值是以“one”开头就会被选中，从而呈现特殊的文本效果。

运行例 8-1，效果如图 8-2 所示。

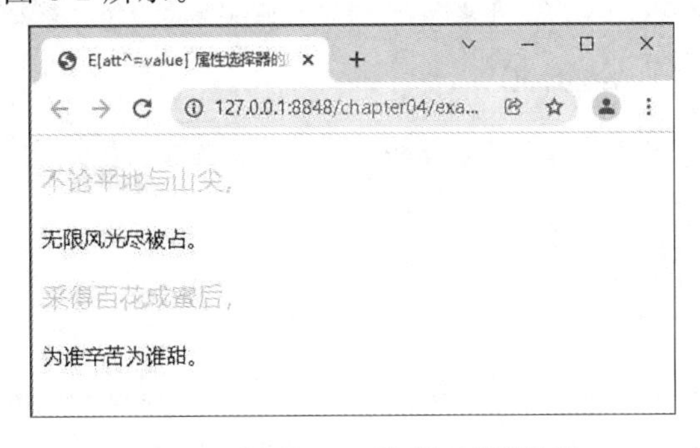

图 8-2　E[att^=value]属性选择器效果

1.1.2　E[att $ =value] 属性选择器

E[att $ =value]属性选择器是指选择名称为 E 的标签，且该标签定义了 att 属性，att 属性值包含后缀为 value 的子字符串。与 E[att^=value]选择器一样，E 元素可以省略，如果省略则表示可以匹配满足条件的任意元素。例如，div[id $ =section] 表示匹配包含 id 属性，且 id 属性值是以“section”字符串结尾的 div 元素。

下面我们通过一个案例对 E[att $ =value]属性选择器的用法进行演示，如例 8-2 所示。

课堂体验　例 8-2

```
1  <! DOCTYPE html>
2  <html lang="en">
3  <head>
4  <meta charset="utf-8">
5  <title>E[att $ =value] 属性选择器的应用</title>
6  <style type="text/css">
7   p[id $ ="main"]{
8       color:#66F;
9       font-family:"微软雅黑";
10      font-size:20px;
11  }
12  </style>
13  </head>
14  <body>
15     <p id="one">大江来从万山中,</p>
16     <p id="two">山势尽与江流东。</p>
17     <p id="onemain">钟山如龙独西上,</p>
18     <p id="twomain">欲破巨浪乘长风。</p>
19  </body>
20  </html>
```

在例 8-2 中，使用了 E[att $ =value]选择器 p[id $ ="main"]，只要 p 标签中的 id 属性值是以“main”结尾就会被选中，从而呈现特殊的文本效果。

运行例 8-2，效果如图 8-3 所示。

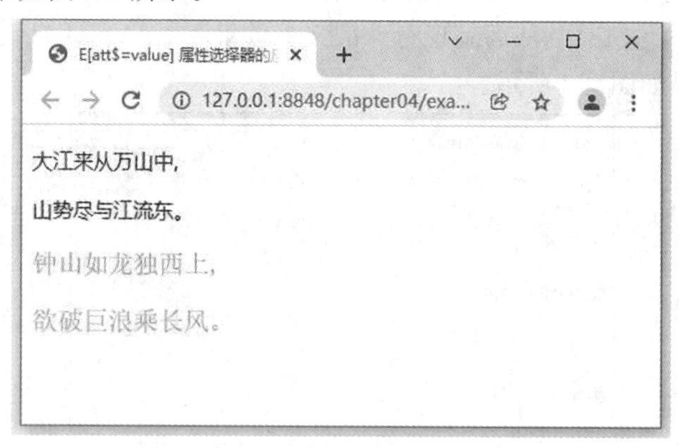

图 8-3　E[att $ =value] 属性选择器效果

1.1.3　E[att * =value] 属性选择器

E[att * =value]选择器用于选择名称为 E 的标签，且该标签定义了 att 属性，att 属性值包含 value 子字符串。该选择器与前两个选择器一样，E 元素也可以省略，如果省略则表示可以匹配满足条件的任意元素。例如，div[id * =section]表示匹配包含 id 属性，且 id 属性值包含“section”字符串的 div 元素。

代码演示，如例 8-3 所示。

课堂体验　例 8-3

```
1	<! DOCTYPE html>
2	<html lang="en">
3	<head>
4	 <meta charset="utf-8">
5	 <title>E[att * =value]属性选择器的使用</title>
6	<style type="text/css">
7	p[id * ="demo"]{
8	      color:#0ca;
9	      font-family:"宋体";
10	      font-size:20px;
11	}
12	</style>
13	</head>
14	<body>
15	<p id="demo1">江山相雄不相让,</p>
16	<p id="main1">形胜争夸天下壮。</p>
17	<p id="newdemo">秦皇空此瘗黄金,</p>
18	<p id="olddemo">佳气葱葱至今王。</p>
19	</body>
20	</html>
```

运行例 8-3，效果如图 8-4 所示。

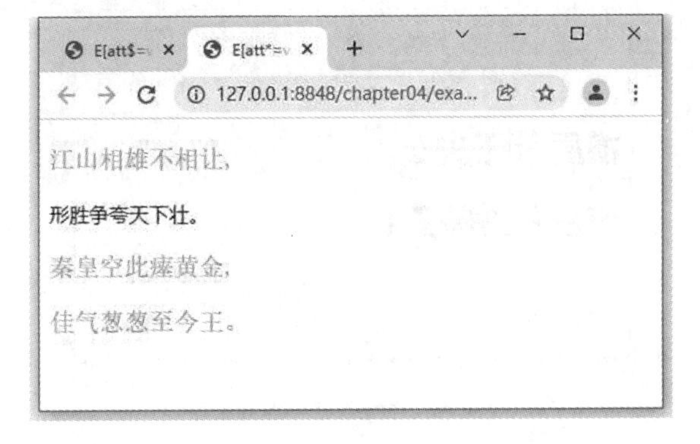

图 8-4　E[att * =value] 属性选择器效果

1.2 关系选择器

关系选择器和复合选择器类似，但关系选择器可以更精确地控制元素样式。CSS3 中的关系选择器主要包括子元素选择器和兄弟选择器，其中子元素选择器由符号“>”连接，兄弟选择器由符号“+”和“~”连接。

1.2.1　子元素选择器

子元素选择器主要用来选择某个元素的第一级子元素。例如希望选择只做<ul>标签子元素的<li>标签，可以这样写：ul>li。代码演示如例 8-4 所示。

课堂体验　例 8-4

```
1    <! DOCTYPE html>
2    <html lang="en">
3    <head>
4    <meta charset="utf-8">
5    <title>子元素选择器的应用</title>
6    <style type="text/css">
7    <h1>strong{
8        color:red;
9        font-size:20px;
10       font-family:"微软雅黑";
11   }
12   </style>
13   </head>
14   <body>
15   <h1>横眉<strong>冷对</strong>千夫<strong>指,</strong></h1>
16    <h1>俯首<em><strong>甘为</strong></em>孺子牛。</h1>
17   </body>
18   </html>
```

在上述代码中,第 15 行代码中的 strong 标签为 h1 标签的第一级子元素,第 16 行代码中的 strong 标签为 h1 标签的第二级子元素(按照后代关系排列,也可以分为第一块级元素,第二块级元素),设置的样式只对第 15 行代码有效。

运行例 8-4,效果如图 8-5 所示。

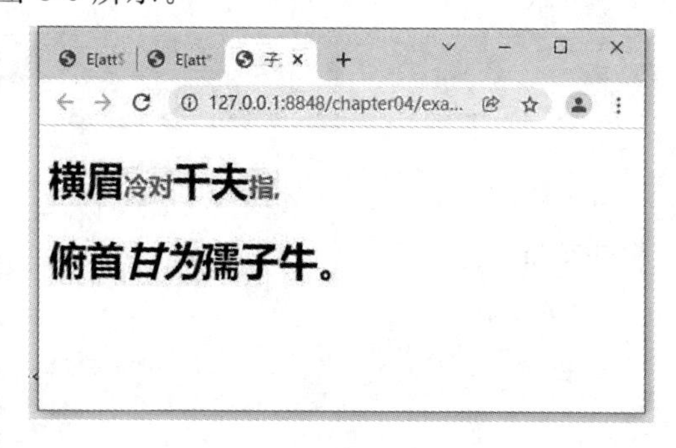

图 8-5　子元素选择器效果

1.2.2　兄弟选择器(+、~)

兄弟选择器用来选择与某元素位于同一个父元素之中,且位于该元素之后的兄弟元素。兄弟选择器分为临近兄弟选择器和普通兄弟选择器两种。

1. 临近兄弟选择器

该选择器使用加号"+"来连接前后两个选择器。选择器中的两个元素有同一个父元素而且第 2 个元素必须紧跟第 1 个元素。代码演示如例 8-5 所示。

课堂体验　例 8-5

```
1    <! DOCTYPE html>
2    <html lang="en">
```

```
3    <head>
4    <meta charset="utf-8">
5    <title>临近兄弟选择器的应用</title>
6    <style type="text/css">
7        p+h2{
8        color:green;
9        font-family:"宋体";
10       font-size:20px;
11     }
12   </style>
13   </head>
14   <body>
15   <h2>《赠汪伦》</h2>
16   <p>李白乘舟将欲行,</p>
17   <h2>忽闻岸上踏歌声。</h2>
18   <h2>桃花潭水深千尺,</h2>
19   <h2>不及汪伦送我情。</h2>
20   </body>
21   </html>
```

运行例 8-5,效果如图 8-6 所示。

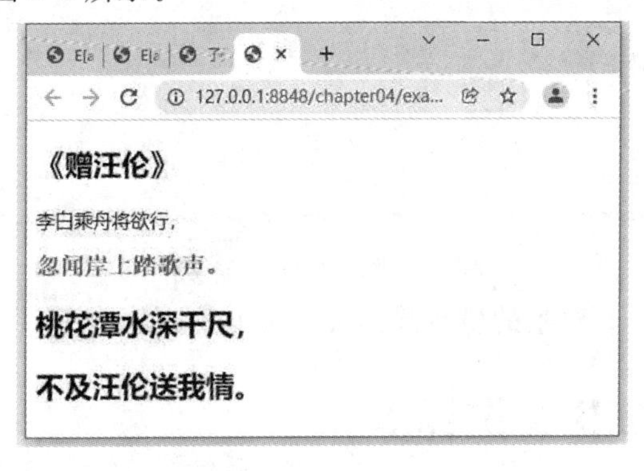

图 8-6　临近兄弟选择器效果

从图 8-6 中可以看出,只有紧跟 p 元素的 h2 元素应用了代码中设定的样式。

2. 普通兄弟选择器

普通兄弟选择器使用“～”来链接前后两个选择器。选择器中的两个元素有同一个父亲,但第 2 个元素不必紧跟第 1 个元素。代码演示如例 8-6 所示。

课堂体验　例 8-6

```
1    <! DOCTYPE html>
2    <html lang="en">
3    <head>
4    <meta charset="utf-8">
5    <title>普通兄弟选择器</title>
6    <style type="text/css">
7    p~h2{
```

```
8        color:pink;
9        font-family:"微软雅黑";
10       font-size:20px;
11   }
12   </style>
13   </head>
14   <body>
15   <p>功盖三分国,</p>
16   <h2>名成八阵图。</h2>
17   <h2>江流石不转,</h2>
18   <h2>遗恨失吞吴。</h2>
19   </body>
20   </html>
```

运行例 8-6,效果如图 8-7 所示。

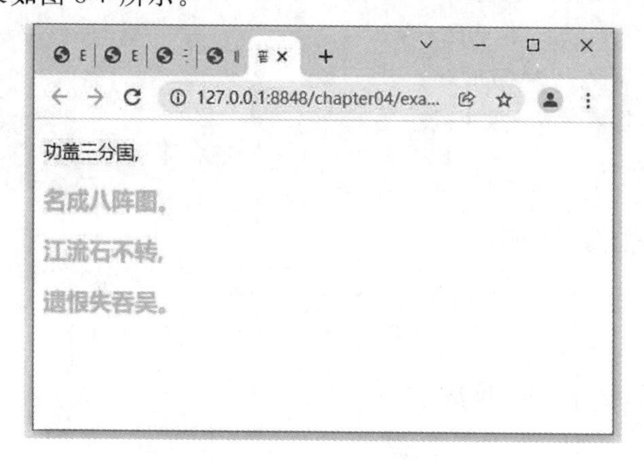

图 8-7　普通兄弟选择器效果

从图 8-7 中可以看出,p 标签的所有兄弟元素 h2 都应用了代码中所设定的样式。

1.3　结构化伪类选择器

结构化伪类选择器允许开发者根据文档结构来指定元素的样式。在 CSS3 中增加了许多新的结构化伪类选择器,方便网页设计师精准地控制元素样式。常用的结构化伪类选择器有":root 选择器"、":not 选择器"、":only-child 选择器"、":first-child 选择器"和":last-child 选择器"等。

1.3.1　:root 选择器

:root 选择器用于匹配文档根标签,在 HTML 中,根标签始终是 html 也就是说使用":root选择器"定义的样式对所有页面标签都生效。对于不需要该样式的标签,可以单独设置样式进行覆盖。

代码演示如例 8-7 所示。

课堂体验　例 8-7

```
1    <! DOCTYPE html>
2    <html lang="en">
```

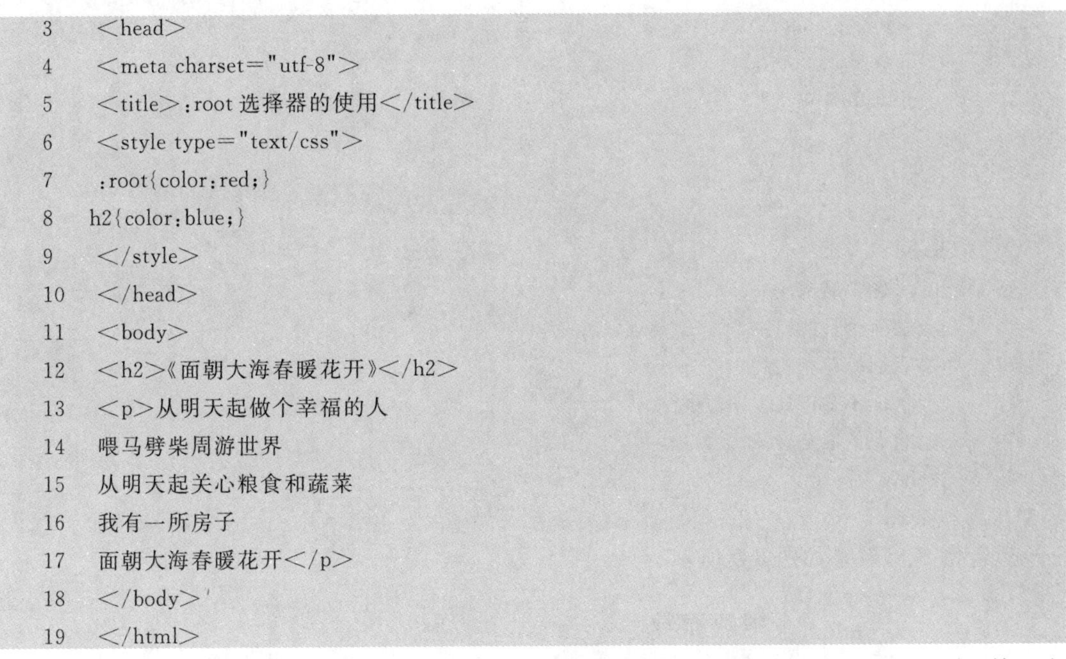

```
3    <head>
4    <meta charset="utf-8">
5    <title>:root 选择器的使用</title>
6    <style type="text/css">
7    :root{color:red;}
8    h2{color:blue;}
9    </style>
10   </head>
11   <body>
12   <h2>《面朝大海春暖花开》</h2>
13   <p>从明天起做个幸福的人
14   喂马劈柴周游世界
15   从明天起关心粮食和蔬菜
16   我有一所房子
17   面朝大海春暖花开</p>
18   </body>
19   </html>
```

在上述代码中，第 7 行代码使用“:root 选择器”将页面中所有的文本设置为红色；第 8 行代码用于为 h2 标签设置蓝色文本，以覆盖第 7 行代码中设置的红色文本样式。

运行例 8-7，效果如图 8-8 所示。

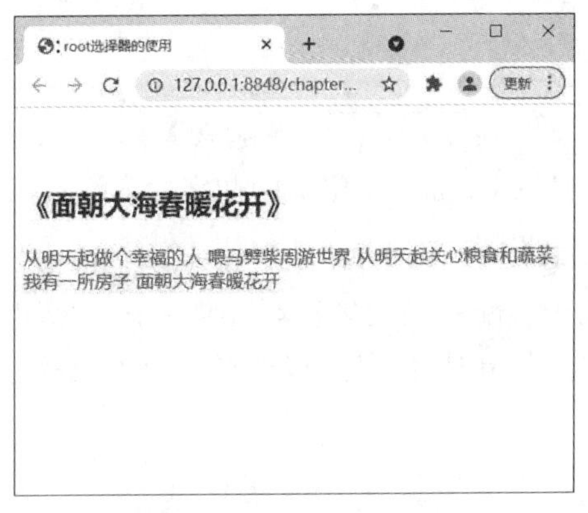

图 8-8　:root 选择器效果

1.3.2　:not 选择器

如果对某个结构标签使用样式，但是想排除这个结构元素下面的子结构元素，让子结构元素不使用这个样式，可以使用“:not 选择器”。代码演示如例 8-8 所示。

课堂体验　例 8-8

```
1    <!DOCTYPE html>
2    <html lang="en">
3    <head>
4     <meta charset="utf-8">
5          <title>:not 选择器的使用</title>
6     <style type="text/css">
7     body *:not(h3){
```

```
8          color: orange;
9          font-size: 20px;
10         font-family: "宋体";
11    }
12    </style>
13    </head>
14    <body>
15    <h3>《题都城南庄》</h3>
16    <p>去年今日此门中,</p>
17    <p>人面桃花相映红。</p>
18    <p>人面不知何处去,</p>
19    <p>桃花依旧笑春风。</p>
20     </body>
21     </html>
```

运行例 8-8,效果如图 8-9 所示。

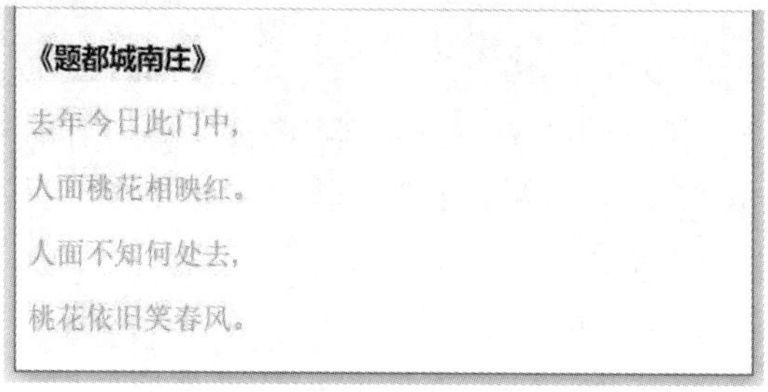

《题都城南庄》

去年今日此门中,

人面桃花相映红。

人面不知何处去,

桃花依旧笑春风。

图 8-9 :not 选择器使用效果展示

从图 8-10 中可以看出,只有 h3 标签所定义的文字内容没有添加新的样式。

1.3.3 :only-child 选择器

“:only-child 选择器”用于匹配属于某父元素的唯一子元素,也就是说,如果某个父元素仅有一个子元素,则使用“:only-child 选择器”可以选择这个子元素。代码演示如例 8-9 所示。

课堂体验 例 8-9

```
1    <! DOCTYPE html>
2    <html lang="en">
3    <head>
4     <meta charset="utf-8">
5         <title>:only-child 选择器的使用</title>
6         <style type="text/css">
7         strong:only-child{color:red;}
8         </style>
9         </head>
10        <body>
11            <p>
12               <strong>青青园中葵</strong>
13               <strong>朝露待日晞</strong>
```

```
14            </p>
15            <p>
16                <strong>阳春布德泽</strong>
17            </p>
18            <p>
19                <strong>万物生光辉</strong>
20                <strong>常恐秋节至</strong>
21                <strong>焜黄华叶衰</strong>
22            </p>
23        </body>
24        </html>
```

运行例 8-9，效果如图 8-10 所示。

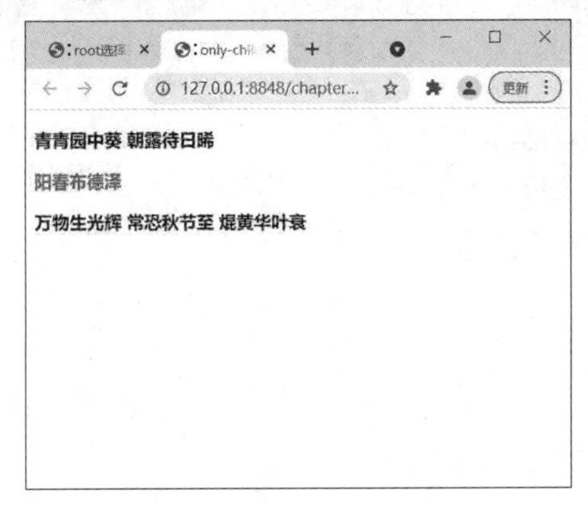

图 8-10　:only-child 选择器效果

1.3.4　:first-child 和:last-child 选择器

“:first-child 选择器”和“:fast-child 选择器”分别用于选择父元素的第一个和最后一个子元素。代码演示如例 8-10 所示。

课堂体验　例 8-10

```
1     <! DOCTYPE html>
2     <html lang="en">
3     <head>
4     <meta charset="utf-8">
5         <title>:first-child 和:last-child 选择器的使用</title>
6         <style type="text/css">
7         p:first-child{
8                color:pink;
9                font-size:16px;
10                 font-family:"宋体";
11        }
12        p:last-child{
13               color:blue;
14               font-size: 16px;
15               font-family: "微软雅黑";
```

```
16        }
17        </style>
18        </head>
19        <body>
20        <p>百川东到海</p>
21        <p>何时复西归</p>
22        <p>少壮不努力</p>
23        <p>老大徒伤悲</p>
24    </body>
25    </html>
```

运行例 8-10，效果如图 8-11 所示。

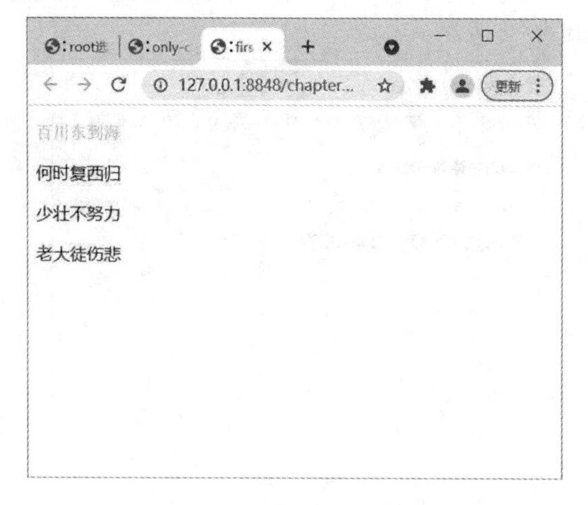

图 8-11 :first-child 和:last-child 选择器效果

1.3.5 :nth-child(n) 和:nth-last-child(n)选择器

使用:first-child 选择器和:last-child 选择器可以选择某个父元素中第一个或最后一个子元素，但是如果用户想要选择第 2 个或倒数第 2 个子元素，这两个选择器就不起作用了。为此，CSS3 引入了:nth-child(n)和:nth-last-child(n)选择器，它们是:first-child 选择器和:last-child 选择器的扩展。代码演示如例 8-11 所示。

课堂体验　例 8-11

```
1    <! DOCTYPE html>
2    <html lang="en">
3    <head>
4     <meta charset="utf-8">
5        <title>:nth-child(n)和:nth-last-child(n)选择器的使用</title>
6        <style type="text/css">
7        p:nth-child(2){
8              color:pink;
9              font-size:16px;
10             font-family:"宋体";
11       }
12       p:nth-last-child(2){
13           color:blue;
```

```
14            font-size: 16px;
15            font-family: "微软雅黑";
16        }
17        </style>
18        </head>
19        <body>
20        <p>金樽清酒斗十千</p>
21        <p>玉盘珍羞直万钱</p>
22        <p>停杯投箸不能食</p>
23        <p>拔剑四顾心茫然</p>
24        <p>欲渡黄河冰塞川</p>
25    </body>
26    </html>
```

运行例 8-11，效果如图 8-12 所示。

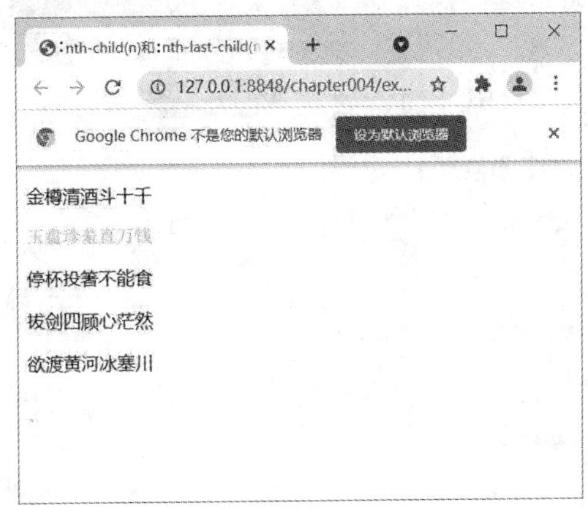

图 8-12　:nth-child(n)和:nth-last-child(n)选择器使用效果展示

1.3.6　:nth-of-type(n)和:nth-last-of-type(n)选择器

:nth-of-type(n)和:nth-last-of-type(n)选择器用于匹配属于父元素的特定类型的第 n 个子元素和倒数第 n 个子元素，而:nth-child(n)和:nth-last-child(n)选择器用于匹配属于父元素的第 n 个子元素，与元素类型无关。代码演示如例 8-12 所示。

课堂体验　例 8-12

```
1    <! DOCTYPE html>
2    <html lang="en">
3    <head>
4     <meta charset="utf-8">
5        <title>:nth-of-type(n)和:nth-last-of-type(n)选择器的使用</title>
6        <style type="text/css">
7        h2:nth-of-type(odd){color:#f09;}
8        h2:nth-of-type(even){color:#12ff65;}
9        p:nth-last-of-type(2){font-weight:bold;}
10       </style>
11   </head>
```

```
12  <body>
13  <h2>四时田园杂兴</h2>
14  <p>梅子金黄杏子</p>
15  <h2>肥</h2>
16  <p>麦花雪白菜花</p>
17  <h2>稀</h2>
18  <p>日长篱落无人</p>
19  <h2>过</h2>
20  <p>唯有蜻蜓蛱蝶飞</p>
21  </body>
22  </html>
```

运行例 8-12,效果如图 8-13 所示。

图 8-13　:nth-of-type(n)和:nth-last-of-type(n)选择器使用效果

1.3.7　:empty 选择器

:empty 选择器用来选择没有子元素或文本内容为空的所有元素。代码演示如例 8-13 所示。

课堂体验　例 8-13

```
1   <! DOCTYPE html>
2   <html lang="en">
3   <head>
4    <meta charset="utf-8">
5       <title>:empty 选择器的使用</title>
6       <style type="text/css">
7       p{
8       width:150px;
9           height:30px;
```

```
10  }
11  :empty{background-color: #999;}
12  </style>
13  </head>
14  <body>
15  <p>草树知春不久归</p>
16  <p>百般红紫斗芳菲</p>
17  <p>杨花榆荚无才思</p>
18  <p></p>
19  <p>惟解漫天作雪飞</p>
20  </body>
21  </html>
```

运行例 8-13，效果如图 8-14 所示。

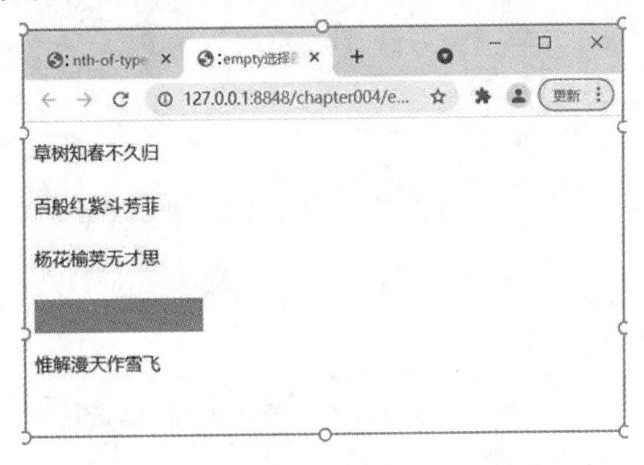

图 8-14　:empty 选择器使用效果

从图 8-14 中可以看出，没有内容的 p 元素被添加了灰色背景。

1.4　伪元素选择器

所谓伪元素选择器，是针对 CSS 中已经定义好的伪元素使用的选择器。CSS 中常用的伪元素选择器有:before 伪元素选择器和:after 伪元素选择器。

1.4.1　:before 伪元素选择器

:before 伪元素选择器用于在被选元素的内容前面插入内容，必须配合 content 属性来指定要插入的具体内容，其基本语法格式如下：

```
1  <元素> :before
2  {
3    content:文字/url( );
4  }
2   <html lang="en">
3   <head>
```

在上述语法中，被选元素位于":before" 之前，"{ }"中的 content 属性用来指定要插入的具体内容，该内容既可以为文本也可以为图片。需要注意的是，":before" 也可以写为"::before"(伪元素的标准写法)，这两种写法的作用是一样的。代码演示如例 8-14 所示。

课堂体验　例 8-14

```
1   <! DOCTYPE html>
2   <html lang="en">
3   <head>
4   <meta charset="utf-8">
5   <title>:before 选择器的使用</title>
6   <style type="text/css">
7   p:before{
8       content:"晚春";
9       color:#c06;
10      font-size: 20px;
11      font-family: "微软雅黑";
12      font-weight: bold;
13  }
14  </style>
15  </head>
16  <body>
17  <p>草树知春不久归,百般红紫斗芳菲。杨花榆荚无才思,惟解漫天作雪飞。</p>
18  </body>
19  </html>
```

运行例 8-14,效果如图 8-15 所示。

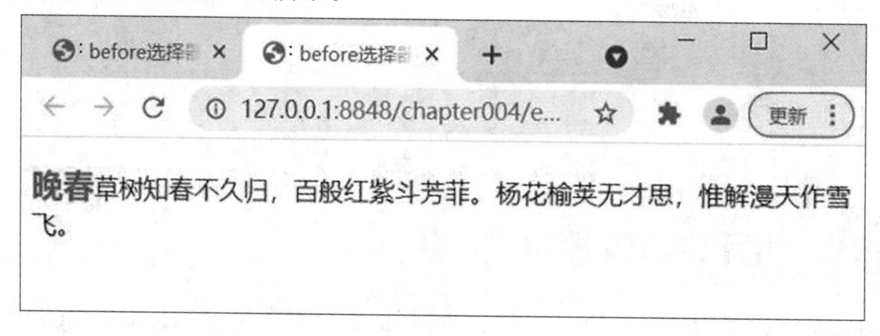

图 8-15　:before 选择器使用效果

1.4.2　:after 伪元素选择器

:after 伪元素选择器用于在某个元素之后插入一些内容，使用方法与:before 选择器相同。代码演示如例 8-15 所示。

课堂体验　例 8-15

```
1   <! DOCTYPE html>
2   <html lang="en">
3   <head>
4   <meta charset="utf-8">
5   <title>:after 选择器的使用</title>
6   <style type="text/css">
7   p:after{content:url(zhongqiu. png);}
8   </style>
```

```
9   </head>
10  <body>
11  <p>风雨送春归，飞雪迎春到。<br></p>
12  </body>
13  </html>
```

运行例 8-15，效果如图 8-16 所示。

图 8-16　:after 选择器使用效果

任务 2　CSS3 过渡、变形、动画

2.1　过　渡

CSS3 提供了强大的过渡属性，使用此属性可以在不使用 Flash 动画或者 Javascript 脚本的情况下，为元素从一种样式转变为另一种样式时添加效果。

2.1.1　transition-property 属性

transition-property 属性设置应用过渡的 CSS 属性，例如，想要改变宽度属性。其基本语法格式如下：

```
transition-property:none | all | property;
```

transition-property 属性值，见表 8-1。

表 8-1　transition-property 属性值

属性值	描述
none	没有属性会获得过渡效果
all	所有属性都将获得过渡效果
property	定义应用过渡效果的 CSS 属性名称，多个名称之间以逗号分隔

2.1.2　transition-duration 属性

transition-duration 属性用于定义过渡效果持续的时间，其基本语法格式如下：

```
transition-duration:time;
```

代码演示如例 8-16 所示。

课堂体验　例 8-16

```
1  <! DOCTYPE html>
2  <html lang="en">
3  <head>
4  <meta charset="utf-8">
5  <title>transition-property 属性</title>
6  <style type="text/css">
7  div{
8       width:300px;
9       height:100px;
10      background-color:red;
11      font-weight:bold;
12      color:#FFF;
13  }
14  div:hover{
15      background-color:green;    /* 指定动画过渡的 CSS 属性 */
16      transition-property:background-color;    /* 指定动画过渡的 CSS 属性 */
17      transition-duration:3s;
18  }
19  </style>
20  </head>
21  <body>
22  <div>使用 transition-property 属性改变元素背景色</div>
23  </body>
24  </html>
```

运行例 8-16,效果如图 8-17 所示。

图 8-17　使用 transition-property 属性设置默认红色背景色

当鼠标指针悬浮到图 8-17 所示的网页 div 区域时,背景色由红色变成绿色,如图 8-18 所示。注意,必须使用 transition-duration 属性设置过渡时间,否则不会产生过渡效果。

2.1.3　transition-timing-function 属性

transition-timing-function 属性规定过渡效果的速度曲线,其基本语法格式如下:

```
transition-timing-function:linear|ease|ease-in|rase-out|ease-in-out|cubic-bezier(n,n,n,n)
```

常见属性及说明见表 8-2。

图 8-18　使用 transition-property 属性设置默认红色背景色逐渐变成绿色

表 8-2　　transition-timing-function 属性值

属性值	描述
linear	指定以相同速度开始至结束的过渡效果，等同于 cubic-bezier(0,0,1,1))
ease	指定以相同速度开始至结束的过渡效果，等同于 cubic-bezier(0.25,0.1,0.25,0.1)
ease-in	指定以慢速开始，然后逐渐加快的过渡效果，等同于 cubic-bezier(0.42,0,1,1)
ease-out	指定以慢速结束的过渡效果，等同于 cubic-bezier(0,0,0.58,1)
ease-in-out	指定以慢速开始和结束的过渡效果，等同于 cubic-bezier(0.42,0,0.58,1)
cubic-bezier(n,n,n,n)	定义用于加速或者减速的贝塞尔曲线的形状，它们的值在 0～1

2.1.4　transition-delay 属性

transition-delay 属性规定过渡效果的开始时间，其基本语法格式如下：

```
transition-delay:time;
```

代码演示如例 8-17 所示。

课堂体验　例 8-17

```
1   <! DOCTYPE html>
2   <html>
3   <head>
4   <meta charset="utf-8">
5   <title>transition-timing-function 属性</title>
6   <style type="text/css">
7   div{
8       width:450px;
9       height:420px;
10      margin:0 auto;
11      background:url(5.png) center center no-repeat;
12      border:5px solid #333;
13      border-radius:0px;
14      }
15  div:hover{
16      border-radius:50%;
17      transition-property:border-radius;    /*指定动画过渡的 CSS 属性*/
18      transition-duration:2s;    /*指定动画过渡的时间*/
19      transition-timing-function:ease-in-out;    /*指定动画过以慢速开始和结束的过渡效果*/
20      }
21  </style>
22  </head>
23  <body>
```

```
24  <div></div>
25  </body>
26  </html>
```

运行例 8-17,当鼠标指针悬浮到网页中的 div 区域时,过渡的动作将会被触发,方形将逐渐变化,最后变为圆形,效果如图 8-19 所示。

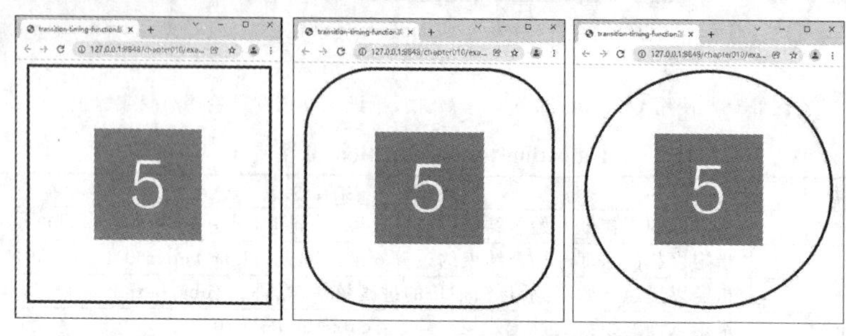

图 8-19 使用 transition-timing-function 属性方形逐渐过渡变成圆形

2.1.5 transition 属性

transition 属性是一个复合属性,用于在一个属性中设置 transition-property、transition-duration、transition-timing-function、transition-delay 4 个过渡属性,其基本语法格式如下:

```
transition:property duration timing-function delay;
```

在使用 transition 属性设置多个过渡效果时,它的各个参数必须按照顺序进行定义,不能颠倒。

2.2 变 形

在 CSS3 中,通过变形可以对元素进行平移、缩放、倾斜和旋转等操作。同时变形可以和过渡属性结合,实现一些网页绚丽动画效果。变形通过 transform 属性实现,主要包括 2d 变形和 3d 变形两种。

2.2.1 认识 transform 属性

CSS3 变形效果是一系列效果的集合,如平移、缩放、倾斜和旋转等。使用 transform 属性实现的变形效果,无须加载额外文件,可以极大提高网页开发者的工作效率和页面的执行速度。其基本语法如下:

```
transform:none|transform-functions;
```

常见属性及说明见表 8-3。

表 8-3 transform 方法

方法	描述
none	适用于行内元素和块级元素,表示元素不进行变形
translate()	移动元素对象,基于 x 坐标和 y 坐标重新定位元素
scale()	缩放元素对象,可以使任意元素对象尺寸发生变化,取值正数、负数和小数
skew()	倾斜元素对象,取值为一个度数值
rotate()	旋转元素对象,取值为一个度数值

2.2.2 2d 变形

在 CSS3 中,2d 变形主要包括 4 种变形效果,分别是平移、缩放、倾斜和旋转。

1. 平移

平移是指元素位置的变化，包括水平移动和垂直移动，在 CSS3 中，使用 translate()可以实现元素的平移效果，其基本语法格式如下：

```
transform:translate(x-value,y-value);
```

2. 缩放

在 CSS3 中，使用 scale()可以实现元素缩放效果，其基本语法格式如下：

```
transform:scale(x-value,y-value);
```

3. 倾斜

在 CSS3 中，使用 skew()可以实现元素的倾斜效果，其基本语法格式如下：

```
transform:skew(x-value,y-value);
```

下面我们通过一个案例来演示 skew()方法的使用，如例 8-18 所示。

课堂体验　例 8-18

```
1   <! DOCTYPE html>
2   <html>
3   <head>
4   <meta charset="utf-8">
5   <title>skew()方法</title>
6   <style type="text/css">
7   div{
8         width:100px;
9         height:50px;
10        margin:0 auto;
11       background-color:#0CC;
12       border:1px solid black;
13  }
14  #div2{transform:skew(-30deg,-10deg);}
15  </style>
16  </head>
17  <body>
18  <div>原来的元素</div>
19  <div id="div2">倾斜后的元素</div>
20  </body>
21  </html>
```

运行例 8-18，效果如图 8-20 所示。

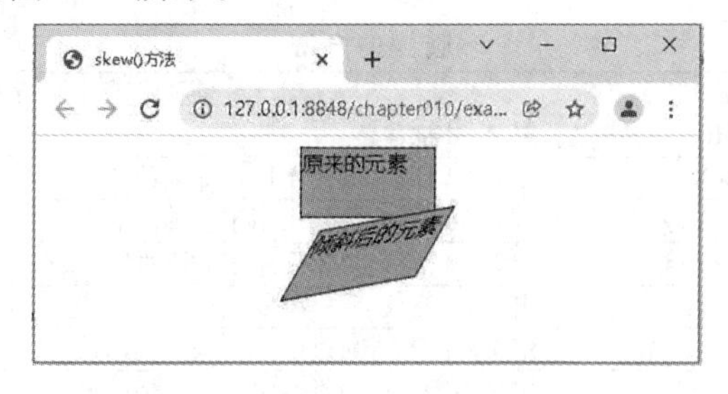

图 8-20　使用 skew()方法实现倾斜效果

4. 旋转

在 CSS3 中，使用 rotate()可以旋转指定的元素对象，其基本语法格式如下。

```
transform:rotate(angle);
```

5. 更改变换的中心点

通过 transform 属性可以实现元素的平移、缩放、倾斜和旋转效果，这些变形操作都是以元素的中心点为参照。默认情况下，元素的中心点在 x 轴和 y 轴的 50%位置。如果需要改变这个中心点，可以使用 transform-origin 属性，其基本语法格式如下。

```
transform:x-axis y-axis z-axis;
```

2.2.3 3d 变形

3d 变形是元素围绕 x 轴、y 轴、z 轴的变化，3d 变形更注重于空间位置的变化。

1. rotateX()

在 CSS3 中，使用 rotateX()可以让指定元素围绕 x 轴旋转，其基本语法格式如下。

```
transform:rotateX(a);
```

在上述语法格式中，参数 a 用于定义旋转的角度值，单位为 deg，取值可以是正数也可以是负数。若值为正，元素将围绕 x 轴沿顺时针方向旋转，若值为负，元素将围绕 x 轴沿逆时针方向旋转。

2. rotateY()

在 CSS3 中，使用 rotateY()可以让指定元素围绕 y 轴旋转，其基本语法格式如下：

```
transform:rotateY(a);
```

上述语法格式中，参数 a 用于定义旋转的角度值，单位为 deg，取值可以是正数也可以是负数。若值为正，元素将围绕 y 轴沿顺时针方向旋转，若值为负，元素将围绕 y 轴沿逆时针方向旋转。

3. rotated3d()

rotated3d()是通过 rotateX()、rotateY()和 rotateZ()演变的综合属性，用于设置多个轴的 3d 旋转。其基本语法格式如下：

```
rotated3d:(x,y,z,angle);
```

4. perspective 属性

perspective 属性可以简单地理解为视距，主要用于呈现良好的 3d 透视效果。例如我们前面设置的 3d 旋转果并不明显，就是没有设置 perspective 的原因。perspective 属性的基本语法格式如下：

```
perspective:参数值;
```

3d 变形还包括移动和缩放，运用这些方法可以实现不同的转换效果。具体方法见表 8-4。

表 8-4　　转换的方法

方法	描述
translate3d(x,y,z)	定义 3d 位移
translateX(x)	定义 3d 位移，仅使用用于 x 轴的值
translateY(y)	定义 3d 位移，仅使用用于 y 轴的值
translateZ(z)	定义 3d 位移，仅使用用于 z 轴的值
scale3d(x,y,x)	定义 3d 缩放
scaleX(x)	定义 3d 缩放，通过给定一个 x 轴的值
scaleY(y)	定义 3d 缩放，通过给定一个 y 轴的值
scaleZ(z)	定义 3d 缩放，通过给定一个 z 轴的值

下面我们通过一个综合案例演示 3d 变形属性和方法的使用，如例 8-19 所示。

课堂体验　例 8-19

```
1   <! DOCTYPE html>
2   <html>
3   <head>
4   <meta charset="utf-8">
5   <title>translate3d()方法</title>
6   <style type="text/css">
7   div{
8         width:200px;
9         height:200px;
10        border:2px solid #000;
11        position:relative;
12        transition:all 1s ease 0s;          /* 设置过渡效果 */
13       transform-style:preserve-3d;        /* 保存嵌套元素的 3d 空间 */
14  }
15  img{
16        position:absolute;
17        top:0;
18        left:0;
19        transform:translateZ(100px);
20  }
21  .no2{
22        transform:rotateX(90deg) translateZ(100px);
23  }
24  div:hover{
25         transform:rotateX(-90deg);        /* 设置旋转角度 */
26  }
27  </style>
28  </head>
29  <body>
30  <div>
31  <img class="no1" src="1.png">
32  <img class="no2" src="2.png">
33  </div>
34  </body>
35  </html>
```

运行例 8-19，效果如图 8-21 所示。

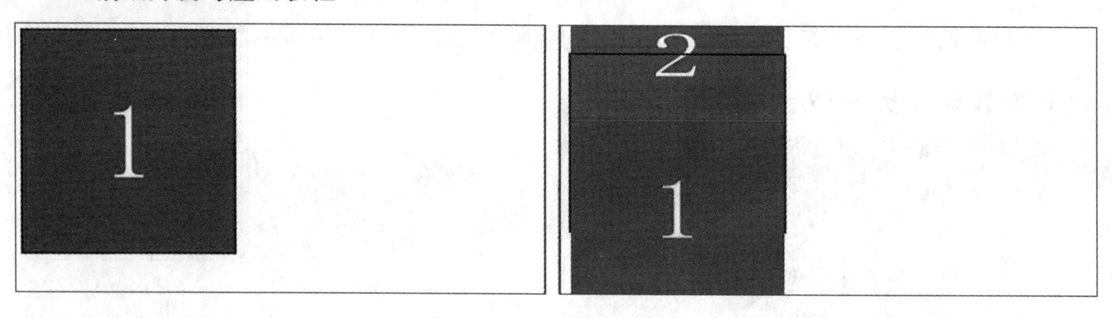

图 8-21　3d 变形效果

2.3　动　画

在 CSS3 中，过渡和变形只能设置元素的变换过程，并不能对过程中的某一环节进行精确控制，例如过渡和变形实现的动态效果不能够重复播放，为了实现更加丰富的动画效果，CSS3 提供了 animation 属性，使用 animation 属性可以定义复杂的动画效果。

2.3.1　@keyframes 规则

@keyframes 规则用于创建动画，animation 属性只有配合@keyframes 规则才能实现动画效果。@keyframes 规则的语法格式如下：

```
@keyframes animationname{
    Keyframes-selector{css-styles;}
}
```

@keyframes 属性包含的参数具体见表 8-5。

表 8-5　　@keyframes 属性的参数

参数	描述
animationname	当前动画的名称，引用时的唯一标识，不能为空
Keyframes-selector	关键帧选择器，指定当前关键帧要应用到整个动画过程中的位置，值可以是一个百分比、form 或者 to
css-styles	定义执行到当前关键帧时对应的动画状态，由 CSS 样式属性定义，多个属性之间用分号分隔，不能为空

2.3.2　animation-name 属性

animation-name 属性用于定义要应用的动画名称，该动画名称会被@keyframes 规则引用，其基本语法格式如下：

```
animation-name:keyframename | none;
```

2.3.3　animation-duration 属性

animation-duration 属性用于定义整个动画效果完成所需的时间，其基本语法格式如下：

```
animation-duration:time;
```

2.3.4　animation-timing-function 属性

animation-timing-function 属性用来规定动画的速度曲线，可以定义使用哪种方式来执行动画速率。其语法格式如下：

```
animation-timing-function:value;
```

2.3.5　animation-delay 属性

animation-delay 属性用于定义执行动画效果延迟的时间，也是规定动画什么时候开始，其基本语法格式如下：

```
animation-delay:time;
```

2.3.6　animation-iteration-count 属性

animation-iteration-count 属性用于定义动画的播放次数。其基本语法格式如下：

```
animation-iteration-count:number|infinite;
```

2.3.7　animation-direction 属性

animation-direction 属性定义当前动画播放的方向，即动画播放完成后是否逆向交替循环。其基本语法格式如下：

```
animation-direction:normal|alternate;
```

2.3.8　animation 属性

animation 属性是一个简写属性，用于在一个属性中设置 animation-name、animation-duration、animation-timing-function、animation-delay、animation-iteration-count、animation-direction 动画属性。其语法格式如下：

```
animation: animation-name animation-duration animation-timing-function animation-delay animation-iteration-count animation-direction;
```

在上述语法中，使用 animation 属性时必须指定 animation-name 和 animation-duration 属性，否则动画效果将不会播放。代码演示如例 8-20 所示。

课堂体验　例 8-20

```
1   <! DOCTYPE html>
2   <html>
3   <head>
4   <meta charset="utf-8">
5   <title>animation-duration 属性</title>
6   <style type="text/css">
7   div{
8       width:200px;
9       height:150px;
10      border-radius:50%;
11      background:#F60;
12      animation-name:mymove;          /*定义动画名称*/
13      animation-duration:8s;       /*定义动画时间*/
14      animation-iteration-count:2;    /*定义动画播放次数*/
15      animation-direction:alternate;     /*动画逆向播放*/
16  }
17  @keyframes mymove{
18  from {transform:translate(0) rotateZ(0deg);}
19  to {transform:translate(1000px) rotateZ(1080deg);}
20  </style>
```

```
21    </head>
22    <body>
23    <div></div>
24    </body>
25    </html>
```

运行例 8-20,可以看到动画效果。

任务 3 项目实施

学习完上面的理论知识,我们开始制作“春节”主题网站首页。

3.1 准备工作

1. 创建网页根目录

在计算机本地磁盘任意盘符下创建网站根目录,新建一个文件夹命名为 Spring Festival。

2. 在根目录下新建文件

打开网站根目录 Spring Festival,新建 images 和 css 文件夹,分别用于存放需要的图片和 css 文件。

3. 新建站点

打开 Adobe Dreamweaver 开发工具,新建站点。在弹出的窗口中输入站点名称“Spring Festival”,然后浏览并选择站点根目录的存储位置,单击“保存”按钮,站点创建成功。若使用其他开发工具,则直接在桌面创建项目 Spring Festival 文件夹,其文件夹中包含 images、css 文件夹和 index. html 文件。将项目拖动到开发工具图标上即可。

3.2 效果分析

3.2.1 HTML 结构分析

“春节”主题网站首页从上到下可以分为 3 个模块,如图 8-22 所示。

图 8-22 “春节”主题网站首页效果

3.2.2　CSS 样式分析

页面的各个模块居中显示，宽度为 1200 px，因此，页面的版心为 1200 px。另外，页面的所有字体均为“微软雅黑”，可以通过 css 公共样式定义。

3.3　定义基础样式

3.3.1　页面布局

下面对“春节”主题网站首页进行整体布局，在站点根目录下新建一个 html 文件，命名为 index. html，然后使用<div>标签对页面进行布局，代码如下。

```
1	<! DOCTYPE html>
2	<html>
3	 <head>
4	     <meta charset="utf-8" />
5	     <title>春节</title>
6	     <link rel="stylesheet" type="text/css" href="css/style. css" />
7	 </head>
8	 <body>
9	     <div class="b1">
10	         <img src="img/2. png">
11	     </div>
12	     <div class="menu">
13	         <ul>
14	             <li><a href="index. html">首页</a></li>
15	             <li><a href="#">起源</a></li>
16	             <li><a href="#">文化</a></li>
17	             <li><a href="#">习俗</a></li>
18	             <li><a href="#">我们</a></li>
19	         </ul>
20	     </div>
21	     <div class="banner">
22	         <img src="img/1. png" width="1200" height="700">
23	     </div>
24	     <div class="content">
25	         <div class="box">
26	         <h1>春节的起源</h1>
27	         <p>春节即农历新年，一年之岁首，春节历史悠久，由岁首祈年祭祀演变而来。</
	         p>
28	         <p>上古时代人们结束一年农事后，新年岁首举行祭祀活动报祭天地众神、祖先的恩
	         德。</p>
29	         <p>古代祭仪情形虽渺茫难晓，但还是可以从后世节仪中找到蛛丝马迹、潜移默化完
	         善的过程。</p>
```

```
30                <p>年夜饭，又称年晚饭、团年饭、团圆饭等，特指年尾除夕（大年三十）的阖家聚餐。
                  </p>
31                <p>节期间的庆祝活动极为丰富多样，有舞狮、飘色、舞龙、游神、庙会、逛花街、扭秧
                  歌等</p>
32                <p>古代的祭仪情形虽渺茫难晓，但还是可以从后世的节仪中寻找到一些古俗遗迹。
                  </p>
33                <p>春节文化作为中华传统文化的重要组成部分，承载着博大精深的中华文化底蕴，
                  </p>
34                    </div>
35                    <div class="box2">
36                        <img class="c1" src="img/199069562_1406136700.png" />
37                    </div>
38                </div>
39                </div>
40                <div class="footer">
41                    <h3>Copyright 2021—2022 CHUNJIE.  All Rights Reserved.</h3>
42                </div>
43        </body>
44    </html>
```

在上述代码中，menu 用来搭建菜单栏部分；定义类名为 content 用来搭建“内容”部分；定义类名为 footer 来搭建“页脚”部分。

3.3.2 定义基础样式

在站点根目录下的 CSS 文件夹内新建样式表文件 style.css，使用链入式 CSS 在 index.html 文件中引入样式表文件。然后定义页面的基础样式，背景部分为一张大的图片，具体如下。

```
1    * {
2        margin: 0;
3        padding: 0;
4    }
5    :root {
6        font-family: "微软雅黑";
7    }
8    a {
9        text-decoration: none;
10   }
11   body {
12       background-image: url(../img/1.jpg);
13       background-size: 100% 100%;
14   }
```

3.4 制作菜单栏模块

3.4.1 结构分析

菜单栏模块可通过<div>嵌套<ul>来搭建实现。

3.4.2 样式分析

菜单栏和 banner 都需要在页面中水平居中显示。

3.4.3 搭建结构

在 index.html 文件中书写"菜单栏"和"banner"模块的 HTML 结构代码，具体如下：

```
1   <div class="b1">
2             <img src="img/2.png">
3         </div>
4         <div class="menu">
5             <ul>
6                 <li><a href="index.html">首页</a></li>
7                 <li><a href="#">起源</a></li>
8                 <li><a href="#">文化</a></li>
9                 <li><a href="#">习俗</a></li>
10               <li><a href="#">我们</a></li>
11            </ul>
12        </div>
13  <div class="banner">
14            <img src="img/1.png" width="1200" height="700">
15  </div>
```

3.4.4 控制样式

在样式表 style.css 中书写"菜单栏"和"banner"模块对应的 css 代码，具体如下。

```
1   .menu {
2         width: 1200px;
3         height: 45px;
4         margin: 0 auto;
5         margin-top: 30px;
6   }
7   .b1{
8         margin-top: 400px;
9   }
10  .b1>img {
11        display: block;
12        margin: 0 auto;
13  }
14  .menu ul li {
15        list-style: none;
16        float: left;
```

```
17          width: 240px;
18          text-align: center;
19          line-height: 45px;
20     }
21     .menu a {
22          color: #aa0000;
23          font-size: 30px;
24     }
```

保存 index.html 与 style.css 文件，刷新页面效果如图 8-23 所示。

图 8-23　菜单栏及"banner"的模块效果

3.5 制作内容模块

内容模块由最外层 class 为 content 的大盒子整体控制，可通过在<div>中嵌套标签来定义。

3.5.1　样式分析

对于模块中文字部分需要使用<p>标签，并设置其颜色与背景样式等样式。然后再设置其边距和文本等样式。

3.5.2　模块制作

1. 搭建结构

在 index.html 文件内书写"内容"模块的 html 结构代码，具体如下。

```
1   <div class="content">
2     <div class="box">
3     <h1>春节的起源</h1>
4     <p>春节即农历新年，一年之岁首，春节历史悠久，由岁首祈年祭祀演变而来。</p>
5     <p>上古时代人们结束一年农事后，新年岁首举行祭祀活动报祭天地众神、祖先的恩德。</p>
6     <p>古代祭仪情形虽渺茫难晓，但还是可以从后世节仪中找到蛛丝马迹、潜移默化完善的过
      程。</p>
7     <p>年夜饭，又称年晚饭、团年饭、团圆饭等，特指年尾除夕(大年三十)的阖家聚餐。</p>
8     <p>节期间的庆祝活动极为丰富多样，有舞狮、飘色、舞龙、游神、庙会、逛花街、扭秧歌等</p>
9     <p>古代的祭仪情形虽渺茫难晓，但还是可以从后世的节仪中寻找到一些古俗遗迹。</p>
10    <p>春节文化作为中华传统文化的重要组成部分，承载着博大精深的中华文化底蕴，</p>
11    </div>
12    <div class="box2">
13        <img class="c1" src="img/199069562_1406136700.png" />
14    </div>
15  </div>
16  </div>
```

2. 控制样式

在样式表文件 style. css 中书写 CSS 样式代码，用于控制"内容"模块，具体如下。

```
1   .content {
2           width: 1200px;
3             height: 500px;
4             margin: 0 auto;
5   }
6   .box2 {
7             width: 800px;
8             height: 500px;
9           margin-top: -500px;
10  }
11  .box2 img {
12           width: 500px;
13           height: 500px;
14           margin-left: 550px;
15           margin-top: 50px;
16  }.c1  {
17          transition:width 1s, height 1s;
18          -moz-transition:width 1s, height 1s, -moz-transform 1s; /* Firefox 4 */
19          -webkit-transition:width 1s, height 1s, -webkit-transform 1s; /* Safari and Chrome */
20          -o-transition:width 1s, height 1s, -o-transform 1s; /* Opera */
21  }
22  .c1:hover{
23          transform:rotate(360deg);
24          -moz-transform:rotate(360deg); /* Firefox 4 */
25          -webkit-transform:rotate(360deg); /* Safari and Chrome */
26          -o-transform:rotate(360deg); /* Opera */
27  }
28  .box {
29          width: 300px;
30          height: 400px;
31          margin-top: -550px;
32          margin-left: 200px;
33          text-indent: 2em;
34  }
35  .box h1{
36          color: #aa0000;
37  }
38  .box p:nth-of-type(odd) {
39          color: #aa5500;
40  }
41  .box p:nth-of-type(even) {
42          color: #dd9300;
43  }
```

保存 index. html 与 style. css 文件，刷新页面效果如图 8-24 所示。

图 8-24 “内容”模块效果

3.6 制作“页脚”模块

“页脚”段落由<h3>标签定义。

3.6.1 样式分析

控制“页脚”模块的样式主要是宽度、高度、背景、字体大小。

3.6.2 模块制作

1. 搭建结构

在 index. html 文件中书写“页脚”模块的 html 结构代码，具体如下。

```
<div class="footer">
    <h3>Copyright 2021—2022 CHUNJIE.  All Rights Reserved. </h3>
</div>
```

2. 控制样式

在样式表文件 style. css 中书写 css 样式代码，用于控制“页脚”模块，具体如下。

```
1    . footer {
2            margin: 0 auto;
3            width: 1200px;
4            height: 50px;
5            border-radius: 50px;
6            background: #F3C57F;;
7             margin-bottom: 30px;
8    }
9    . footer h3 {
10          text-align: center;
11          font-size: 20px;
12          line-height: 50px;
13          color: #EFEADC;
14   }
```

保存 index. html 与 style. css 文件，刷新效果如图 8-25 所示。

Copyright 2021 - 2022 CHUNJIE. All Rights Reserved.

图 8-25　“页脚”模块效果

课后习题

一、判断题

1. 在 E[att^=value]属性选择器中，E 指代的是某个标签。　（　　）
2. 在 E[att *=value]属性选择器中，E 可以省略。　（　　）
3. 在 CSS3 中，子代选择器主要用来选择某个元素的子元素。　（　　）
4. 在 CSS3 中，临近兄弟选择器使用减号“-”来链接前后两个选择器。　（　　）
5. 在 CSS3 中，:only-child 选择器用于匹配属于某父元素的唯一子元素的元素。（　　）
6. transition-duration 属性用于定义完成过渡效果需要花费的时间。　（　　）
7. animation-timing-function 用来规定动画的速度曲线。　（　　）
8. transition-delay 的属性值只能为正整数。　（　　）
9. animation-name 属性用于定义要应用的动画名称。　（　　）
10. animation-duration 属性用于定义整个动画效果完成所需要的时间。　（　　）

二、选择题

1. 在 CSS3 中，用来选择某个元素的第一级子元素的选择器是（　　）。

A. 子代选择器　B. 兄弟选择器　C. 属性选择器　D. 伪类选择器

2. 在 CSS3 中，用于为父元素中的第一个子元素设置样式的选择器是（　　）。

A. last-child　B. first-child　C. not　D. nth-child(n)

3. 在 CSS3 中，用于为父元素中的倒数第 n 个子元素设置样式的选择器是（　　）。

A. last-child　B. nth-of-type(n)

C. nth-last-child(n)　D. nth-child(n)

4. 在 CSS3 中，属于结构化伪类选择器的是（　　）。

A. last-child　B. nth-of-type(n)

C. not　D. nth-child(n)

5. 在 CSS3 中，（　　）选择器用来选择没有子元素或文本内容为空的所有元素。

A. last-child　B. empty　C. not　D. nth-child(n)

项目9

冬奥会主题网站首页——HTML5进阶

学习目标

- 了解 HTML5 的多媒体特性
- 掌握 HTML5 中音频相关属性运用并能在页面中添加音频文件
- 掌握 HTML5 中视频相关属性运用并能在页面中添加视频文件
- 了解 HTML5 数据的基本原理

学习路线

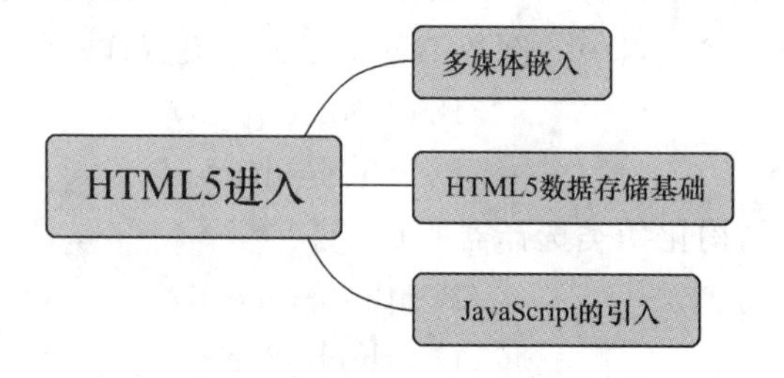

项目描述

奥林匹克运动对人的身体极限的追求，对人类潜能的开发，对人的精神品质的锤炼和升华，对它的背后所凝聚的历史、文化、民族、国家的精神财富的共享，都具有十分重要的意义。本项目计划制作一个“北京冬奥会”为主题网站。

学习并掌握本项目三个任务的相关基础知识，然后再动手制作该主题网站。

完成后网页效果如图 9-1 所示。

图 9-1　冬奥会主题网站首页效果

任务 1　多媒体嵌入

在网络传输速度越来越快的今天，视频和音频技术已经被广泛应用在网页设计中。网页设计的多媒体技术主要是指在网页上运用视频和音频传递信息的一种方式。

1.1　视频/音频嵌入技术

现在我们可以运用 HTML5 中新增的 video 标签和 audio 标签来嵌入视频或音频。到目前为止，绝大多数的浏览器已经支持 HTML5 中的 video 和 audio 标签。各浏览器的支持情况见表 9-1。

表 9-1　浏览器对 video 和 audio 标签的支持情况

浏览器	支持版本
IE	9.0 及以上版本
Firefox(火狐浏览器)	3.5 及以上版本
Opear(欧朋浏览器)	10.5 及以上版本
Chrome(谷歌浏览器)	3.0 及以上版本
Safari(苹果浏览器)	3.2 及以上版本

需要注意的是，在不同的浏览器上运用 video 或 audio 标签时，浏览器显示音视频界面的样式页略有不同(因为每个浏览器对内置视频空间样式的定义不同)。

1.2 视频文件和音频文件的格式

HTML5 和浏览器对视频和音频文件格式都有严格的要求，仅有少数几种视频、音频格式的文件能够同时满足 HTML5 和浏览器的需求。因此想要在网页中嵌入音、视频文件，首先要选择正确的音频、视频文件格式。下面对 HTML5 中视频和音频的一些常见格式具体介绍。

1.2.1 HTML5 支持的视频格式

在 HTML5 中嵌入的视频格式主要包括 ogg、mpeg4、webm 等，具体介绍如下。

• ogg：一种开源的视频封装容器，其视频文件格式后缀为“.ogg”，里面可以封装 vobris 音频编码或者 theora 视频编码，同时 ogg 文件也能将音频编码和视频编码进行混合封装。

• mpeg4：目前流行的视频格式，其视频文件格式后缀为“.mp4”。同等条件下，mpeg4 格式的视频质量较好，但它的专利被 MPEG-LA 公司控制，任何支持播放 mpeg4 视频的设备，都必须有一张 MPEG-LA 公司颁发的许可证。目前 MPEG-LA 公司规定，只要是互联网上免费播放的视频，均可以无偿获得使用许可证。

• webm：是由 Google 公司发布的一个开放、免费的媒体文件格式，其视频文件格式后缀为“.webm”。由于 webm 格式的视频质量和 mpeg4 较为接近，并且没有专利限制等问题，因此 webm 已经被越来越多的人所使用。

1.2.2 HTML5 支持的音频格式

在 HTML5 中嵌入的音频格式主要包括 ogg、mp3、wav 等，具体介绍如下。

• ogg：当 ogg 文件只封装音频编码时，它就会变成为一个音频文件。ogg 音频文件格式后缀为“.ogg”。ogg 音频格式类似于 mp3 音频格式，不同的是，ogg 格式是完全免费并且没有专利限制的。同等条件下，ogg 格式音频文件的音质、体积大小优于 mp3 音频格式。

• mp3：目前主流的音频格式，其音频文件格式后缀为“.mp3”。同 mpeg4 视频格式一样，mp3 音频格式也存在专利、版权等诸多的限制，但因为各大硬件提供商的支持，使得 mp3 依靠其丰富的资源和良好的兼容性仍旧保持较高的使用率。

• wav：微软公司开发的一种声音文件格式，其后缀名为“.wav”，作为无损压缩的音颜格式，wav 的音质是 3 种音频格式文件中最好的，但是 wav 的体积也是最大的。war 音频格式最大的优势是被 Windows 平台及其应用程序广泛支持，是标准的 Windows 文件。

1.3 嵌入视频和音频

1.3.1 在 HTML5 中嵌入音频

在 HTML5 中，使用 video 标签嵌入视频的基本语法格式如下：

```
<video src="视频文件路径" controls="controls"></video>
```

在上面语法中，src 属性用于设置视频文件路径，controls 属性用于控制是否显示播放控件，这两个属性是 video 标签的基本属性。最值得一提的是，在<video>和</video>之间还可以插入文字，当浏览器不支持<video>标签时，就会在浏览器中显示该文字。

video 标签中还可以添加其他属性，进一步优化视频的播放效果，具体见表 9-2。

表9-2 <video>标签常用属性

属性	属性值	描述
autoplay	autoplay	当页面载入完成后自动播放视频
loop	loop	视频结束时重新开始播放
preload	auto/meta/none	如果出现该属性，则视频在页面加载时进行加载，并预备播放。如果使用autoplay，则忽略该属性
poster	url	当视频缓冲不足时，该属性值链接一个图像，并将该图像按照一定的比例显示出来

代码演示如例9-1所示。

课堂体验　例9-1

```
1    <<! DOCTYPE html>
2    <html>
3    <head>
4    <meta charset="utf-8">
5    <title>在 HTML5 中嵌入视频</title>
6    </head>
7    <body>
8    <video src="video/wenhua. mp4" controls autoplay loop>浏览器不支持 video 标签</video>
9    </body>
10   </html>
```

运行例9-1，效果如图9-2所示。

图9-2　使用video标签播放视频

1.3.2　在HTML5中嵌入音频

在HTML5中，使用audio标签嵌入音频的基本语法格式如下：

使用audio标签嵌入音频文件的基本语法格式如下：

```
<audio src="音频文件路径" controls="controls"></audio>
```

从上面语法可以看出，audio标签的语法格式和video标签类似，在audio标签的语法中src属性用于设置音频文件的路径，controls属性用于为音频提供播放控件，在<audio>和</audio>之间同样可以插入文字，当浏览器不支持audio标签时，就会在浏览器中显示该文字。代码演示如例9-2所示。

课堂体验 例 9-2

```
1   <! DOCTYPE html>
2   <html>
3       <head>
4           <meta charset="utf-8">
5           <title>在 HTML5 中嵌入音频</title>
6       </head>
7       <body>
8           <audio src="music/1. MP3" controls="controls">浏览器不支持 audio 标签</audio>
9       </body>
10  </html>
```

运行例 9-2,效果如图 9-3 所示。

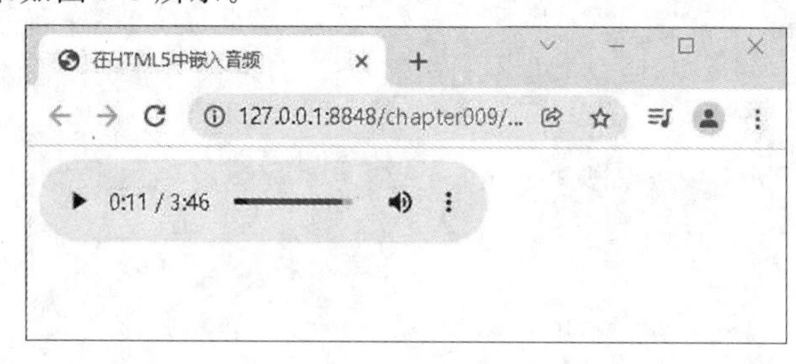

图 9-3 使用 audio 标签播放音频

在例 9-2 中,第 8 行代码的<video>标签用于定义音频文件。图 9-3 为谷歌浏览器默认的音频控件样式,当单击播放按钮时,就可以在页面中播放音频文件。在<video>标签中还可以添加其他属性,来优化音频的播放效果,具体见表 9-3。

表 9-3 **<video>标签常用属性**

属性	值	描述
autoplay	autoplay	当页面载入完成后自动播放音频
loop	loop	音频结束时重新开始播放
preload	auto/meta/none	如果出现该属性,则音频在页面加载时进行加载,并预备播放。如果使用 autoplay,则忽略该属性

1.3.3 视频和音频文件的兼容性问题

虽然 HTML5 支持 ogg、mpeg4 和 webm 的视频格式,以及 ogg、mp3 和 wav 的音频格式,但并不是所有的浏览器都支持这些格式,因此我们在嵌入视频音频文件格式时,就要考虑浏览器的兼容性问题。表 9-4 列举了各浏览器对音、视频文件格式的兼容情况。

表 9-4 **浏览器支持的音、视频格式**

视频格式					
	IE9 以上	Firefor4.0 以上	Opera10.6 以上	Chrome6.0 以上	Safari3.0 以上
ogg	不支持	支持	支持	支持	不支持
mpeg4	支持	支持	支持	支持	支持
webm	不支持	支持	支持	支持	不支持
音频格式					
ogg	不支持	支持	支持	支持	不支持
mp3	支持	支持	支持	支持	支持
wav	不支持	支持	支持	支持	支持

在 HTML5 中，运用 source 标签可以为 video 标签或 audio 标签提供多个备用文件。运用<source>标签添加音视频的基本语法如下。

```
<audio controls="controls">
    <source src="音视频文件地址" type="媒体文件类型/格式">
    <source src="音视频文件地址" type="媒体文件类型/格式">
    ……
</audio>
```

source 标签一般使用 src 属性和 type 属性，对它们的具体介绍如下。

• src：用于指定媒体文件的 URL 地址。

• type：指定媒体文件的格式类型。其中类型可以为“video”或“audio”，格式为视频或音频文件的格式类型。

1.3.4　调用网络音频视频文件

在为网页嵌入音视频文件时，我们通常会调用本地的音视频文件，调用本地音视频文件虽然方便，但需要使用者提前准备好文件，操作十分烦琐。为 src 属性设置一个完整的 url，直接调用网络中的音频、视频文件，就可以化繁为简。例如下面的示例代码：

```
<audio src="music/1.mp3" controls="controls">浏览器不支持 audio 标签</audio>
```

更换 src 的值调用音频文件的 URL。

调用网络视频文件的方法和调用音频文件方法类似，需要获取相关视频文件的 url 地址。需要注意的是，如果音视频外链所在的网站变动，外链地址将会失效。

```
src="http://www.0dutv.com/plug/down/up2.php/3589122.mp3"
```

提示

在网页中嵌入音频或视频文件时，一定要注意版权问题，我们尽量选择一些授权使用的音频或视频文件。

1.4　CSS 控制视频的宽和高

在网页中嵌入视频时，经常会为 video 标签添加宽高，给视频预留一定的空间。给视频设置宽高属性后，浏览器在加载页面时就会预先确定视频的尺寸，为视频保留合适大小的空间，保证页面布局的统一。可以运用 width 和 height 属性直接为 video 标签设置宽高。若不定义视频宽高，视频会按原始大小显示，浏览器没有办法控制视频尺寸，只能按照视频默认尺寸加载视频，从而导致页面布局混乱。

任务 2 HTML5 数据存储技术

随着互联网的快速发展，基于网页的应用越来越普及，同时也变得越来越复杂，为了满足用户日益更新的需求，网站系统经常会在本地设备上存一些数据，例如记录历史活动信息(用的登录账号)，这就涉及网页中的一些数据存储知识，本节将简单介绍数据存储的相关知识。

2.1 原始存储方式——Cookie

说到“ Cookie”大家可能比较陌生，但我们在进行登录账户时，经常会看到在页面中有下次“自动登录”的提示，提醒我们保存账号和密码，这样我们下次访问就不需要再输入账号和密码，直接登录，这就是 Cookie 的作用之一。

Cookie 的功能类似于会员卡。现实生活中，商家为了有效管理和记录顾客的信息，通常会用办理会员卡的方式，将用户的姓名、手机号等基本信息记录下来，顾客一旦接受了会员卡，以后每次去消费，都可以出示会员卡，商家就会根据顾客的历史消费记录，计算会员的优惠额度以及积分的累加等。

在 Web 应用程序中，Cookie 是网站为了辨别用户身份而存储在用户本地终端上的数据。当用户通过浏览器访问 Web 服务器时，服务器会给用户发送一些信息，这些信息都保存在 Cookie 中。当该浏览器再次访问服务器时，会在请求同时将 Cookie 发送给服务器，这样，服务器就可以对浏览器做出正确的响应。利用 Cookie 可以跟踪用户与服务器之间的会话状态，通常应用于保存浏览器历史、保存购物车商品和保存用户登录状态等场景。

为了更好地理解 Cookie 的原理，接下来我们通过图 9-4 来演示 Cookie 在浏览器和服务器之间的传输过程。

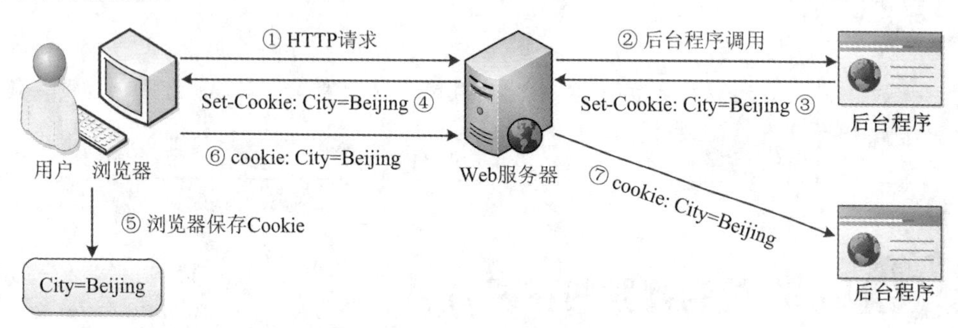

图 9-4 Cookie 的传输过程

图 9-4 描述了 Cookie 在浏览器和服务器之间的传输过程。当用户第一次访问服务器时，服务器会在响应消息中增加 Set-Cookie 头字段，将信息以 Cookie 的形式发送给浏览器。一旦用户接收了服务器发送的 Cookie 信息，就会将它保存到浏览器的缓冲区中。这样，当浏览器后续访问该服务器时，都会将信息以 Cookie 的形式发送给服务器，从而使服务器分辨出当前请求是由哪个用户发出的。

尽管 Cookie 实现了服务器与浏览器的信息交互，但也存在一些缺点，具体如下。

• Cookie 被附加在 HTTP 消息中，无形中增加了数据流量。

• Cookie 在 HTTP 消息中是明文传输的，所以安全性不高，容易被窃取。

• Cookie 存储于浏览器，可以被篡改，服务器接收后必须先验证数据的合法性。

• 浏览器限制 Cookie 的数量和大小(通常限制为 50 个、每个不超过 4 KB)，对于复杂的存储需求来说是不够用的。

2.2 HTML5 全新存储技术 Web Storage

由于 Cookie 存在诸多缺点，并且需要复杂的操作来解析，给用户带来很多不便，为此 HTML5 提出了新的网络存储的解决方案 Web Storage。该存储机制是对 HTML4 中 Cookie 存储机制的一个改善，它包括 localStorage 和 sessionStorage 两种。

1. localStorage

LocalStorage 主要的作用是本地存储。本地存储是指将数据按照键值对的方式保存在客户端计算机中，直到用户或者脚本主动清除数据，否则该数据会一直存在。也就是说，使用了本地存储的数据将被持久化。

localStorage 的优势在于拓展了 Cookie 的 4 KB 限制，并且可以将第一次请求的数据直接存储到本地，这个相当于一个 5 MB 大小的针对前端页面的数据库。相比于 Cookie，localStorage 可以节约带宽，但是这个功能需要高版本的浏览器来支持。

2. sessionStorage

sessionStorage 主要用于区域存储，区域存储是指数据只在页面的会话期内有效。Session 翻译成中文就是会话的意思，例如现实生活中，打电话时从拿起电话拨号到挂断电话这一系列过程可以称为一次会话。在 Web 开发中，一次会话是指从一个浏览器窗口打开到关闭的过程，当用户关闭浏览器，会话结束。

由于 sessionStorage 也是 Storage 的实例，sessionStorage 与 localStorage 中的方法基本一致，唯一区别就是存储数据的生命周期不同，localStorage 是永久性存储，而 sessionStorage 的生命周期与会话保持一致，会话结束时数据消失。从硬件方面理解，localStorage 的数据是存储在硬盘中的，关闭浏览器时数据仍在硬盘上，再次打开浏览器仍然可以获取；而 sessionStorag 的数据保存在浏览器的内存中，当浏览器关闭后，内存将被自动清除，因此 sessionStorag 中存储的数据只在当前浏览器窗口有效。

目前主流的 Web 浏览器都在一定程度上支持 HTMI5 的 Web Storage，见表 9-5。

表 9-5 主流浏览器对 Web Storage 的支持情况

IE	Firefox	Chrome	Safari	Opera
8+	2.0+	4.0+	4.0+	11.5+

任务 3 JavaScript 的引入

说起 JavaScript 其实大家并不陌生，在我们浏览的网页中或多或少都有 JavaScript 的影子。例如，我们浏览网站时焦点图会自动切换等，这些动态交互效果，都可以通过 JavaScript 来实现。本节简单介绍一下 JavaScript 的引入。

JavaScript 脚本文件的引入方式和 CSS 样式文件类似。在 HTML 文档中引入 Javscript 文件的方式主要有 3 种，即行内式、嵌入式、外链式。接下来，我们将对 JavaScript 的 3 种引入方式做详细讲解。

1. 行内式

行内式是将 JavaScript 代码作为 HTML 标签的属性值使用。例如，单击“test”时，弹出一个警告框提示“Hello”，具体示例如下。

```
<a href="javascript:alert('Hello');" >test</a>
```

JavaScript 还可以写在 HTML 标签的事件属性中，事件是 JavaScript 中的一种机制。

值得一提的是，网页开发提倡结构、样式、行为的分离，即分离 HTML、CSS、JavaScript 三部分的代码，避免直接写在 HTML 标签的属性中，从而有利于维护。因此在实际开发中并不推荐使用行内式。

2. 嵌入式

在 HTML 中运用<script> 标签及其相关属性可以嵌入 JavaScript 脚本代码，嵌入 JavaScript 代码的基本格式如下。

```
<script type="text/ javascript">
    JavaScript 语句;
</script>
```

上述语法格式中，type 是<script>标签的常用属性，用来指定 HTML 中使用的脚本语言类型。type="text/JavaScript" 就是为了告诉浏览器，里面的文本为 JavaScript 脚本代码。但是随着 Web 技术的发展，以及 HTML5 的普及、浏览器性能的提升，新版本的浏览器一般将嵌入的脚本语言默认为 JavaScript，因此在编写 JavaScript 代码时可以省略 type 属性。

JavaScript 可以放在 HTML 中的任何位置，但放置的位置会对 JavaScript 脚本代码的执行顺序有一定影响。因此在实际工作中一般将 JavaScript 脚本代码放置于 HTML 文档的<head></head>标签之间。由于浏览器载入 HTML 文档的顺序是从上到下，将 JavaScript 脚本代码放置于<head></head>标签之间，可以确保在使用脚本之前，JavaScript 脚本代码就已经被载入。

3. 外链式

外链式是将所有的 JavaScript 代码放在一个或多个以“. js"为扩展名的外部 JavaScript 文件中，通过<src>标签将这些 JavaScript 文件链接到 HTML 文档中，其基本语法格式如下：

```
<script type="text/ javascript" src="脚本文件路径"></script>
```

上述格式中，src 是<script>标签的属性，用于指定外部脚本文件的路径。同样的，在外链式的语法格式中，我们也可以省略 type 属性。

需要注意的是，调用外部 JavaScript 文件时，外部的 JavaScript 文件中可以直接书写 JavaScript 脚本代码，不需要写<script>引入标签。

在实际开发中，当需要编写大量的、逻辑复杂的 JavaScript 代码时，推荐使用外链式。相比嵌入式，外链式的优势可以总结为以下两点。

(1)利于后期修改和维护

嵌入式会导致 HTML 与 JavaScript 代码混合在一起，不利于代码的修改和维护；外链式会将 HTML、CSS、JavaScript 三部分代码分离开来，利于后期的修改和维护。

(2)减轻文件体积、加快页面加载速度

嵌入式会将使用的 JavaScript 代码全部嵌入 HTML 页面,这就会增加 HTML 文件的体积,影响网页本身的加载速度;而外链式可以利用浏览器缓存,将需要多次用到的 JavaScript 脚本代码重复利用,既减轻了文件的体积,也加快了页面的加载速度。例如,在多个页面中引入了相同的 JavaScript 文件时,打开第一个页面后,浏览器就将 JavaScript 文件缓存下来,下次打开其他引用该 JavaScript 文件的页面时,浏览器就不用重新加载 JavaScript 文件了。

任务 4 项目实施

学习完上面的理论知识,我们开始制作“冬奥会”视频网站。

4.1 准备工作

1. 创建网页根目录

在计算机本地磁盘任意盘符下创建网站根目录,新建一个文件夹命名为 Winter Olympics。

2. 在根目录下新建文件

打开网站根目录 Winter Olympics,新建 images 和 css 文件夹,分别用于存放需要的图片和 css 文件。

3. 新建站点

打开 Adobe Dreamweaver 开发工具,新建站点。在弹出的窗口中输入站点名称“Winter Olympics”,然后浏览并选择站点根目录的储存位置,单击“保存”按钮,站点创建成功。若使用其他开发工具,则直接在桌面创建项目 Winter Olympics 文件夹,其文件夹中包含 images、css 文件夹和 index. html 文件。将项目拖动到开发工具图标上即可。

4.2 效果分析

HTML 结构分析分为头部、导航、内容、尾部,效果如图 9-5 所示。

图 9-5 “冬奥会”首页效果

4.2.1 头部布局

下面对网页页面进行样式设定，首先设定头部页面布局。

```
<div id="banner"><img src="img/ninja160879026293561.png"></div>
```

现在对头部页面布局进行样式设定。

```
1    #banner{
2            width: 100%;
3            height: 150px;
4            background-image: url(../img/head-figure-bg.png);
5            background-size: 100% 150px;
6    }
7    #banner img{
8            width: 100%;
9            height: 150px;
10   }
```

保存文件，刷新页面，效果如图 9-6 所示。

图 9-6 头部效果

4.2.2 导航栏布局

下面对导航栏进行结构布局。

```
1    <div id="main">
2        <ul>
3            <li><a href="#">首页</a></li>
4            <li><a href="#">赛项</a></li>
5            <li><a href="#">直播</a></li>
6            <li><a href="#">回放</a></li>
7            <li><a href="#">投票</a></li>
8            <li><a href="#">个人</a></li>
9        </ul>
10   </div>
```

现在对头部导航栏布局进行样式设定。

```
1    #main{
2            width: 100%;
3            height: 50px;
4            background-color: #0755a7;
5    }
6    #main ul{
7            width: 900px;
8            height: 50px;
9            margin:0 auto;
10   }
11   li{
```

```
12              width:150px;
13              height：50px;
14              list-style：none;
15              float：left;
16              line-height：50px;
17          }
18          a{
19              text-decoration：none;
20              display：block;
21              text-align：center;
22              width：150px;
23              height：50px;
24              color：#fff;
25              font-size：20px;
26      }
27      a:hover{
28              display：block;
29              text-align：center;
30              width：150px;
31              height：50px;
32              color：#fff;
33              font-size：20px;
34              background-color：#17b8ee;
35      }
```

保存文件，刷新页面，效果如图 9-7 所示。

首页　赛项　直播　回放　投票　个人

图 9-7　导航栏效果

4.2.3　内容页面布局

下面对内容页面进行样式布局，里面包括视频模块。

```
1   <div id="content">
2     <div id="jx">
3           <p>冬奥·年|冰与火的交融，锤炼拼搏底色，力与美的碰撞，舞动冬奥精彩！</p>
4         <div id="video">
5           <video width="800" height="600" controls>
6            <source src="video/冬奥·年|冰与火的交融，锤炼拼搏底色，力与美的碰撞，舞动冬奥精
            彩！.mp4" type="video/mp4">
7            <source src="movie.ogg" type="video/ogg">
8           您的浏览器不支持 Video 标签。
9         </video>
10      </div>
11  </div>
12  </div>
```

现在对内容页面进行样式设定。

```
1    #content{
2            width: 100%;
3            height: 100vh;
4            background-image: url(../img/ec46c018c8b943548652.png);
5            background-size: 100% 1039px;
6            padding-top: 30px;
7    }
8    #jx{
9            margin:0 auto;
10           width: 700px;
11           height: 700px;
12           color: #0755A7;
13           font-size: 18px;
14           text-indent: 2em;
15           line-height: 30px;
16   }
17   #jx p{
18           margin-bottom: 20px;
19   }
20   #video {
21           width: 800px;
22           height: 600px;
23           margin: -10px 0 0 -80px;
24   }
```

保存文件,刷新页面,效果如图 9-8 所示。

图 9-8　内容页面效果

4.2.4　脚部布局

下面对脚部进行结构布局。

```
1    <div id="footer">
2    <p>版权Ⓡ北京 2022 年冬奥会和冬残奥会组织委员会</p>
3    <p>Beijing Organising Committee for the 2022 Olympic and Paralympic Winter Games All Rights
     Reserved</p>
4    </div>
```

现在对脚部进行样式设定。

```
1     #footer{
2             width：100%；
3             height：80px；
4             color：#FFFFFF；
5             text-align：center；
6         background-image：url(../img/copyright-bg.jpg)；
7         background-size：100% 298px；
8         line-height：20px；
9         padding-top：35px；
10        margin-top：-40px；
11    }
12    #footer p{
13          display：block；
14          margin：0 auto；
15          margin-bottom：20px；
16    }
```

保存文件，刷新页面，效果如图 9-9 所示。

图 9-9　脚部效果

课后习题

一、判断题

1. 在不同的浏览器中，同样的视频文件，其播放控件的显示样式相同。　（　　）
2. loop 属性让视频具有循环播放功能。　（　　）
3. 当 ogg 文件只封装音频编码时，它就会变成为一个音频文件。　（　　）
4. 运用 width 属性可以为 video 标签设置高度。　（　　）
5. 通过宽高属性来缩放视频，则该视频的原始大小也会随之改变。　（　　）

二、选择题

1. 下面的选项中，属于 HTML5 支持的视频格式是（　　）。

A. ogg　　B. mpeg4　　C. webm　　D. wav

2. 关于音频嵌入技术，下列选项说法正确的是（　　）。

A. 不同的浏览器中，同样的音频文件，其播放控件的显示样式相同

B. audio 标签用于为页面添加音频

C. 不同的浏览器中，同样的音频文件，其播放控件的显示样式不同

D. video 标签用于为页面添加音频

3. 下列选项中，属于浏览器支持的音频格式是（　　）。

A. ogg　　B. mpeg4　　C. webm　　D. wav

4. 下列选项中，用于为页面添加视频的标签是(　　)。

A. video　　B. audio　　C. image　　D. text

5. 关于 video 标签的描述，下列说法正确的是(　　)。

A. video 是一个视频标签

Bvideo 是一个音频标签

C. video 标签中可以添加 autoplay 属性

D. 在<video>和</video>之间可以插入文字

抗疫专题网站制作——实战开发

学习目标

- 熟悉网站规划的基本流程，能够整体规划网站页面
- 掌握静态网站页面的搭建，完成项目首页和子页的制作

项目描述

2020 年伊始，全球遭遇了开国以来最为重大的一次疫情——新冠肺炎疫情，在我们同胞遭受病毒灾害时，医护工作者却逆流而上驰援疫区。这些最美逆行者美丽的身姿是值得我们学习的，因此以“抗疫”为主题制作网站。

完成后网站首页效果如图 10-1 所示，详情页效果如图 10-2 所示，视频页效果如图 10-3 所示。

图 10-1　首页效果

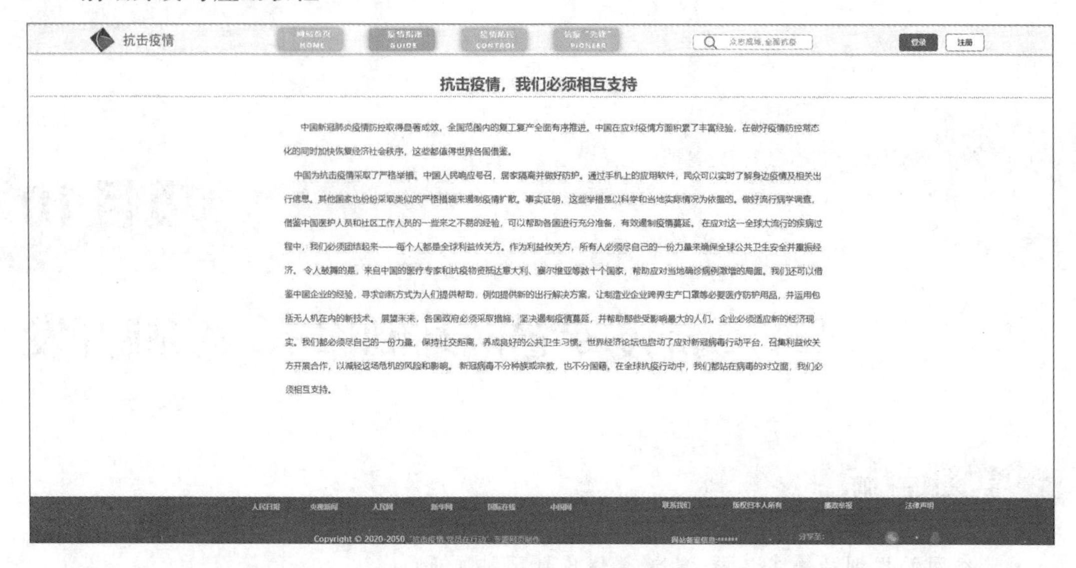

图 10-2　详情页效果

图 10-3　视频页效果

10.1 准备工作

作为一个专业的网页制作人员，当拿到一个页面的效果图时，首先要做的就是准备工作，主要包括效果图的分析、切片建站等。

10.1.1　建立站点

站点对于制作维护一个网站很重要，它能够帮助我们系统的管理网页文件。简单地说，建立站点就是定义一个存放网站中零散文件的文件夹。这样可以形成明晰的站点组织结构图，方便管理站内文件夹及文档等，下面将详细的讲解建立站点的步骤。

1. 创建网站根目录

在本地磁盘任意盘符创建网站根目录，新建文件夹为网站的根目录，命名为 Anti-epidemic。

2. 根目录下新建文件

打开网站根目录 Anti-epidemic,在根目录下新建 css、img 和 js 文件夹,分别用于存放所需的文件。

3. 新建站点

打开 Dreamweaver 工具,在菜单栏下选择"站点"新建站点命令,在打开的窗口中输入名称,然后,浏览选择站点根目录的存储位置。

4. 站点建立完成

单击"保存"按钮,这时在 Dreamweaver 工具面板组中可查看到站点的信息,表示站点创建成功。

10.1.2 站点初始化设置

下面开始创建网站页面。首先,在网站根目录文件夹下创建 3 个 html 文件,分别为 index. html、guide. html、video. html 然后在各个 css 文件中创建跟的对应的样式文件,分别为 index. css、guide. css、video. css。为了使文件命名与网站中对应的页面的关系更加清晰,下面逐一介绍各个页面的命名。

- index. html　　首页面
- guide. html　　"疫情指南"页面
- video. html　　"战疫视频"页面
- index. css　　首页面 css 文件
- guide. css　　"疫情指南"css 文件
- video. css　　"战疫视频"css 文件

10.2 首页面制作

10.2.1 首页面效果图分析

1. html 结构分析

大致可分为导航、Banner、通知公告、主题内容、版权信息 5 个模块。

2. css 样式分析

导航与尾部版权模块通栏显示,其他模块均宽 1200 px 且居中显示,也就述说页面版心为 1200 px,且字体样式均为微软雅黑。

另外,综合观察三个页面的效果图,其中导航,版权信息的结构和样式相同,所以这两个模块可以制作网页模板,以方便创建其他相同布局的页面。

3. 页面布局

页面布局对于改善网站的外观非常重要,是为了使网页页面结构更加清晰有条理,而对页面进行的排版,代码如下所示。

```
1   <! DOCTYPE html>
2   <html>
3   <head>
4   <meta charset="utf-8">
5   <title>众志成城,共抗疫情</title>
6   <link rel="stylesheet" type="text/css" href="css/index. css">
```

```
7    </head>
8    <body>
9    <! -- nav begin -->
10   <div class="nav"></div>
11   <! -- nav-end-->
12   <! -- banner begin-->
13   <div class="banner"></div>
14   <! -- banner end -->
15   <! -- inform begin -->
16   <div class="inform"></div>
17   <! -- inform end-->
18   <! -- main begin -->
19   <div class="main"></div>
20   <! -- main end -->
21   <! -- footer begin -->
22   <div class="footer"></div>
23   <! -- footer end -->
```

10.2.2 制作导航

1. 分析效果图

分析效果图不难看出。网页的导航可以分为左(logo)中(菜单)右(登录、注册、搜索)三部分。导航菜单可用无序列表来定义。

2. 准备图片素材

图片保存到 images 文件夹中。

3. 搭建结构

打开 index. html 文件,在文件内书写导航的结构代码如下:

```
1    <! DOCTYPE html>
2    <html>
3    <head>
4    <meta charset="utf-8">
5    <title>众志成城,共抗疫情</title>
6    <link rel="stylesheet" type="text/css" href="css/index. css">
7    </head>
8    <body>
9    <! -- 导航条 nav -->
10   <div class="nav">
11   <! -- logo -->
12   <span class="logo">
13   <img src="img/logo7. png" alt=""></span>
14   <ul class="nav-list">
15       <li class="item">
16               <a href="index. html">网站首页</a>
17               <span class="item-english">HOME</span>
18           <ul class="menu">
```

```
19              <li><a href="video.html">抗疫视频</a></li>
20              <li><a>抗疫新闻</a></li>
21          </ul>
22        </li>
23        <li class="item">
24          <a href="guide.html">疫情指南</a>
25          <span class="item-english">GUIDE</span>
26        </li>
27      <li class="item">
28          <a href=" #">疫情防控</a>
29          <span class="item-english">CONTROL</span>
30        </li>
31      <li class="item"><a href="#">抗疫"先锋"</a>
32          <span class="item-english">PIONEER</span>
33      </li>
34    </ul>
```

在 index.html 文件内书写搜索框的结构代码如下：

```
1    <!-- 搜索框 -->
2    <div class="search">
3    <span class="search-img">
4         <img src="./img/search.png" width="25px" height="25px" alt="" />
5    </span>
6         <input type="text" placeholder="众志成城，全面抗疫" name="text" />
7    </div>
8    <!-- 登录注册 -->
9    <div class="loginbar">
10    <span class="login" title="登录">登录</span>
11    <span class="regsiter" title="注册">注册</span>
12    </div>
13   </div>
```

2. 控制样式

所有的页面的导航均相同，书写对应的 css 样式，代码详情扫描二维码查看。

保存 index.html 文件，在浏览器中运行，效果如图 10-4 所示。

图 10-4 导航效果

源代码1

10.2.3 banner 和通告

1. 分析效果图

由效果图可以看出，banner 模块有 5 张图片构成，然后使用 js 脚本语言，实现图片轮播。通告模块有左右两部分构成，左边为图片与提示，右边为信息。

2. 准备图片素材

图片保存到 images 文件夹中。

图 10-5 “Banner”与通告效果

3. 搭建结构

打开 index.html 文件，在文件内书写结构代码如下。

```
1   <!-- 轮播图 -->
2   <div class="banner">
3   <div class="slideshow" id="slideshow">
4   <div class="slideshow-img" style="left:0px;">
5   <img src="./img/05.jpg" alt="" />
6   <img src="img/axd.jpg" alt="" />
7   <img src="img/qqq.jpg" alt="" />
8   <img src="img/axd.jpg" alt="" />
9   <img src="img/0000.jpg" alt="" />
10  </div>
11  <!-- 两侧按钮 -->
12  <span class="button" id="prev"><img src="img/prev%20(1).png" width="30px" height
    ="30" alt="" /></span>
13  <span class="button" id="next"><img src="img/prev.png" width="30px" height="30" alt
    ="" /></span>
14  <ol class="list" id="list">
15  <li class="up"></li>
16  <li></li>
17  <li></li>
18  <li></li>
19  <li></li>
20  </ol>
21  </div>
22  </div>
23  <!--通知 inform -->
24  <div class="inform">
25  <span class="inform-img"><img src="img/通知.png" alt="" />通知:</span>
26  <p class="infrom-text">疫情期间请您佩戴口罩，尽量减少外出！</p>
27  </div>
```

4. 控制样式

书写对应的 css 样式，代码详情扫描二维码观看。

源代码 2

设置完样式后，使用 js 脚本，即可实现轮播（在 body 后植入 js 文件，详情如下）。

```
<! -- jq 库 -->
<script src="js/jquery.min.js"></script>
<! -- 大轮播 js -->
<script src="./js/slideshow.js"></script>
```

10.2.4　主体内容区域

1. 分析效果

分析首页主体内容效果图可以看出主体内容模块大致由上下两部分构成。上部分又可以分为左右两部分，左边部分由上下两部分构成，下部分又由三部分图片构成，主体内容如图 10-6 所示。

国务院针对新型冠状肺炎疫情中央作出最新防控指示：

习近平：巩固疫情防控成果 决不能前功尽弃！	2020/9.10
抗击疫情，我们必须相互扶持！	2020/9.10
中央明确，下一步战役工作这样做！	2020/9.10
抗击疫情党员在行动！	2020/9.10
凝聚抗击疫情的磅礴力量！	2020/9.10
中共中央局委员会召开会议！	2020/9.10
以常态化战斗确保防疫发展“两不误”！	2020/9.10
加强对湖北省和武汉市疫情防控后续工作！	2020/9.10
居民注意个人卫生，多开窗通风透气！	2020/9.10
对武汉居住人员进行核酸检测	2020/9.10

战疫篇章/article

最美的青春在抗疫一线绽放!
截至目前，各省确证病例无明显增长!
奋战在防疫一线的“男丁格尔”
“疫情没有结束，我们就不能退”
“排雷英雄”妹妹坚守防疫一线!
“火神山”的摆渡人!
张俊洁：连续奋战不松懈!
柳帆：抗疫一线的社区英雄!

直击抗疫“一线”/view

图 10-6　主体效果区域分析

2. 准备图片素材

图片保存到 images 文件夹中。

3. 搭建结构

主体区域包含了很多模块，这里将先按照整体布局搭建一个完整的结构，在文件 index.html 内书写结构代码详情扫描二维码观看。

源代码 3

4. 控制样式

书写对应的 css 样式，代码详情扫描二维码观看。

源代码 4

10.2.5 底部版权区域

1. 分析效果图

底部版权模块大致可分为列表部分与版权信息部分，布局为通屏显示。效果如图 10-7 所示。

图 10-7 底部版权效果

2. 准备图片素材

图片保存到 img 文件夹中。

3. 搭建结构

打开 index. html 文件，在文件内书写结构代码详情扫描二维码观看。

源代码 5

4. 控制样式

书写对应的 css 样式，代码详情扫描二维码观看。

源代码 6

至此，网站首页整体制作完毕。

10.3 子页面详情页制作

详情页导航，版权信息的结构和样式与首页相同，所以这两个模块使用网页模板。

1. 分析效果图(图 10-8)

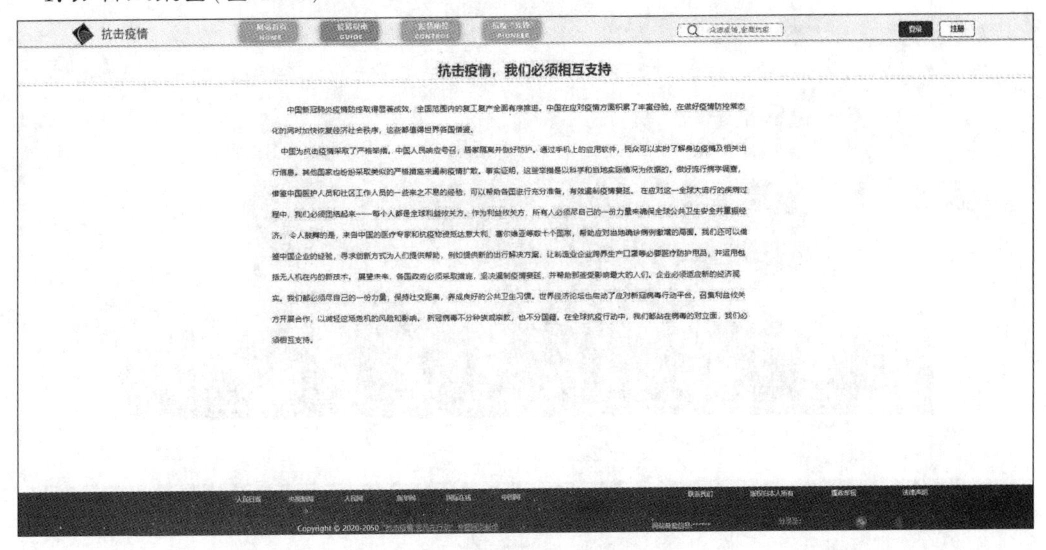

图 10-8　详情页效果

从效果图可以看出网页大致分为导航栏、信息栏、尾部版权，其中导航栏内容与样式均与其他页面样式相同，信息栏为<h1>与<p>构成。

2. 准备图片素材

图片保存到 img 文件夹中。

3. 搭建结构

打开 index. html 和 index. css 文件，找到 class 为 nav 与 footer 的<div>，复制到当前 guide. html 与 guide. css 文件内，其他代码详情扫描二维码观看。

源代码 7

4. 控制样式

书写对应的 css 样式，代码详情扫描二维码观看。

源代码 8

至此，子页面列表页制作完成。

10.4 子页面视频页制作

视频页导航，版权信息的结构和样式与首页相同，所以这两个模块使用网页模板。

1. 分析效果图(图 10-9)

图 10-9 视频页效果

2. 准备图片素材

图片保存到 img 文件夹中。

3. 搭建结构

打开 index.html 和 index.css 文件，找到 class 为 nav 与 footer 的<div>，复制到当前 video.html 与 video.css 文件内，其他代码如下。

```
1  <!-- main -->
2   <div class="container">
3  <h1>疫情不退,我们不退! ——致敬白衣天使!
4      <p class="time"></p>
5  </h1>
6      <div class="video_box">
7          <video src="video/疫情不退我们不退.mp4" controls autoplay></video>
8      </div>
9   </div>
```

4. 控制样式

书写对应的 css 样式，代码如下。

```
10  /* main */
11  .container {
12   width: 100%;
13   height: 650px;
14   position: relative;
15   top: 30px;
16  }
```

```
17  h1 {
18   text-align: center;
19   font-size: 28px;
20   color: darkred;
21   border-bottom: 2px gray dotted;
22   padding: 5px;
23  }
24  .time {
25     font-size: 13px;
26     color: #000000;
27     line-height: 30px;
28     text-align: center;
29  }
30  .container .video_box{
31     width: 80%;
32         height: 90%;
33         position: absolute;
34         top: 10%;
35         left: 10%;
36  }
37  .video_box video{
38         width: 100%;
39         height: 100%;
40  }
```

至此，子页面视频页制作完成。

参考文献

[1] 黑马程序员. HTML5+CSS3 网页设计与制作[M]. 北京:人民邮电出版社,2021.

[2] 工业和信息化部教育与考试中心. Web 前端开发(初级)上[M]. 北京:电子工业出版社,2020.

[3] 黑马程序员. 响应式 Web 开发项目教程[M]. 北京:人民邮电出版社,2021.

[4] 工业和信息化部教育与考试中心. Web 前端开发(初级)下[M]. 北京:电子工业出版社,2020.

[5] 储久良,Web 前端开发技术——HTML5、CSS3、JavaScript[M]. 北京:清华大学出版社,2018.

[6] 黑马程序员. 网页制作与网站建设实战教程[M]. 北京:中国铁道出版社,2018.

[7] 未来科技. HTML5+CSS3+ JavaScript 从入门到精通 [M]. 北京:水利水电出版社,2017.

[8] 传智播客高教产品研发部. HTML5+CSS3 网站设计基础教程 [M]. 北京:人民邮电出版社,2017.